旧工业建筑再生利用结构安全检测与评定

The Inspection and Assessment on Structural Safety for Regeneration of Old Industrial Buildings

李慧民　裴兴旺　孟　海　陈　旭　编著

中国建筑工业出版社

图书在版编目（CIP）数据

旧工业建筑再生利用结构安全检测与评定 / 李慧民等编著 .—北京：中国建筑工业出版社，2017.10

ISBN 978-7-112-21149-4

Ⅰ.①旧… Ⅱ.①李… Ⅲ.①旧建筑物—工业建筑—废物综合利用—结构安全度—安全鉴定 Ⅳ.①X799.1

中国版本图书馆CIP数据核字（2017）第207146号

本书以实际工程案例为依托进行编写，系统阐述了旧工业建筑再生利用结构安全检测与评定方法。全书分为6章，其中第1章论述了旧工业建筑再生利用结构安全检测与评定的基础理论；第2~5章分别从决策设计阶段、施工建造阶段、质量验收阶段、使用维护阶段探讨了旧工业建筑再生利用结构安全检测与评定的原则、程序、内容及方法；第6章则以陕钢厂再生利用项目为研究对象，对再生利用项目全过程的结构安全检测与评定理论加以论证，从而使得全书具有极强的实用性。

本书可作为旧工业建筑再生利用结构安全检测与评定从业人员的指导书籍，也可作为高等院校土木工程与安全工程等专业的教科书。

责任编辑：武晓涛
责任校对：李美娜 张 颖

旧工业建筑再生利用结构安全检测与评定

李慧民 裴兴旺 孟 海 陈 旭 编著

*

中国建筑工业出版社出版、发行（北京海淀三里河路9号）
各地新华书店、建筑书店经销
北京京点图文设计有限公司制版
北京君升印刷有限公司印刷

*

开本：787×1092毫米 1/16 印张：15¼ 字数：323千字
2017年12月第一版 2017年12月第一次印刷
定价：48.00元

ISBN 978-7-112-21149-4
（30797）

《旧工业建筑再生利用结构安全检测与评定》
编写（调研）组

组　　长：李慧民

副 组 长：裴兴旺　孟　海　陈　旭

成　　员：樊胜军　武　乾　赵向东　刚家斌　周崇刚
李　勤　李文龙　张文佳　张小龙　丁艺杰
盛金喜　田　卫　张　扬　张广敏　郭海东
徐晨曦　王孙梦　李家骏　赵　地　刘　青
蒋红妍　贾丽欣　钟兴润　黄　莺　张　勇
李宪民　赵明洲　陈曦虎　杨战军　张　涛
张　健　刘慧军　华　珊　谭菲雪　闫瑞琦
谭　啸　高明哲　齐艳利　黄依莎　李林洁
马海骋　万婷婷　田　飞　杨　波　牛　波
段小威　唐　杰　杨晓飞　肖琛亮　刘怡君

前　言

《旧工业建筑再生利用结构安全检测与评定》围绕旧工业建筑再生利用的基本理论和方法进行编写，在现行的检测、鉴定、加固修复标准规范的基础上，以“旧工业建筑再生利用项目全过程结构安全问题”为对象；以“结构安全检测、评定方法”为工具；以“确保决策设计阶段、施工建造阶段、质量验收阶段、使用维护阶段的结构安全”为落脚点，全面、系统地阐述了再生利用全过程各阶段结构安全检测、评定的理论与方法，并结合实际案例进行了论证。其中，第1章主要论述了旧工业建筑再生利用结构安全检测与评定的基础理论；第2～5章分别从决策设计阶段、施工建造阶段、质量验收阶段、使用维护等阶段探讨了旧工业建筑再生利用结构安全检测与评定的原则、程序、内容及方法；第6章以陕钢厂再生利用项目为依托，对再生利用项目全过程的结构安全检测与评定理论加以论证，使得全书具有极强的实用性。

本书由李慧民、裴兴旺、孟海、陈旭编著。其中各章分工为：第1章由李慧民、裴兴旺编写；第2章由李勤、孟海、陈旭、周崇刚、李文龙、丁艺杰编写；第3章由孟海、赵向东、李慧民、周崇刚、裴兴旺、徐晨曦编写；第4章由张文佳、李勤、赵向东、陈曦虎、裴兴旺、王孙梦编写；第5章由李文龙、陈旭、李慧民、张文佳、张涛、李家骏编写；第6章由孟海、李文龙、杨战军、李勤、裴兴旺、张小龙编写。

本书的编写得到了国家自然科学基金委员会（面上项目“旧工业建筑（群）再生利用评价理论与应用研究”（批准号：51178386）、面上项目“基于博弈论的旧工业区再生利用利益机制研究”（批准号：51478384）、面上项目“在役旧工业建筑再利用危机管理模式研究”（批准号：51278398））、住房和城乡建设部科学技术项目（“旧工业建筑绿色改造评价体系研究”，项目编号：2014-RI-009）的支持。此外，在编著过程中得到了西安建筑科技大学、中冶建筑研究总院有限公司、北京建筑大学、中天西北建设投资集团有限公司、中国核工业二四建设有限公司、西安市住房保障和房屋管理局、西安华清科教产业（集团）有限公司、乌海市抗震办公室、百盛联合建设集团等单位的技术与管理人员的大力支持与帮助。同时在编写过程中还参考了许多专家和学者的有关研究成果及文献资料，在此一并向他们表示衷心的感谢！

由于作者水平有限，书中不足之处，敬请广大读者批评指正。

作者

2017年5月

目　录

第 1 章　概述

国内对旧工业建筑再生利用的研究虽然有一定的进展，但对再生利用全过程中的结构安全风险研究尚不系统，缺乏定量分析和总结。因而，需要全面系统地识别出全过程中各类结构安全风险源，并据此建立一套系统的、完善的旧工业建筑再生利用全过程的结构安全风险评定体系，以确保旧工业建筑再生利用项目安全顺利地进行。

1.1　旧工业建筑再生利用结构安全检测与评定的基础

旧工业建筑再生利用结构安全检测与评定是在现行的检测、鉴定、加固修复标准规范的基础上，以“旧工业建筑再生利用项目全过程结构安全问题”为对象；以“结构安全检测、评定方法与技术”为工具；以“确保决策设计阶段结构安全可行、施工建造阶段结构安全可靠、质量验收阶段结构安全可用、使用维护阶段结构安全使用”为落脚点，全面、系统地分析各阶段结构安全检测与评定理论，如图 1.1 所示。

是否安全可行？

决策设计阶段
（安全评定）

如何安全可靠？

施工建造阶段
（安全评估）

是否安全可用？

质量验收阶段
（安全验收）

如何安全使用？

使用维护阶段
（安全使用）

图 1.1　旧工业建筑再生利用结构安全检测与评定

1.1.1　旧工业建筑再生利用相关概念

1. 工业遗产、工业建筑、旧工业建筑

（1）工业遗产

“工业遗产”是指具有历史、技术、社会、建筑或科学价值的工业文化遗迹，包括建筑和机械，厂房，生产作坊，矿场以及加工提炼场所，仓库，生产、转移和使用的场所，交通运输及其基础设施，以及用于居住、宗教崇拜或教育等和工业相关的社会活动场所。

这些遗产既包括工厂、车间等不可移动文物，也包括机器设备、工具、档案等可移动文物，还包括工艺流程、传统工艺技能等非物质工业遗产。

（2）工业建筑

“工业建筑”是指供人们从事各类生产活动的建筑物和构筑物，可以进行和实现各种生产工艺和过程的生产用房，是各种不同类型的工厂内各种建筑物的统称，不仅包括车间、库房等建筑物，还包括水塔、烟囱、仓库、管廊等构筑物。与民用建筑相比，工业建筑紧密结合生产，并且生产工艺不同的厂房具有不同的特征；有较大的面积和内部空间；建筑结构、构造复杂，技术要求高，采光、通风、屋面排水及构造处理较复杂。

（3）旧工业建筑

“旧工业建筑”是指已经使用较长时间的工业建筑，其中既包括具有一定历史意义或文化价值的建筑，也包括已经过时、不能满足新生产工艺或者已经停止生产活动的普通工业建筑。本书中的旧工业建筑是指那些还未达到设计使用年限，而由于自身功能需求不能满足经济或环境要求的长期废置不用的工业建筑。

2. 结构加固、增层改造、结构改造、再生利用

（1）结构加固

“结构加固”指对可靠性不足或业主要求提高可靠度的承重结构、构件及其相关部分采取增强、局部更换或调整其内力分布等措施，使其具有现行设计规范及业主所要求的可靠性。从结构体系角度来看，结构加固是为实现增层改造、结构改造、再生利用的一种结构补强方法；加固方法主要有粘钢加固、碳纤维加固、植筋加固等。

（2）增层改造

“结构增层”指原有结构层数不满足使用功能要求时，在保留原有建筑结构的基础上，增加一层或多层，使其满足结构使用功能的要求，从根本上改变旧结构体系、建立新结构体系，使结构适应新功能需要。从结构体系的角度来看，结构增层包括上部增层、内部增层、下部增层等，增层改造属于结构改造的一种结构形式。

（3）结构改造

“结构改造”指因建筑物使用情况发生变化，需改变用途，或引进新设备，或改革生产工艺，或满足相应需要等，必须使原有建筑物进行相应的结构变化。从结构体系的角度来看，结构改造包含了增层改造，结构改造涉及范围更大，改造的形式较多，主要有增层改造、抽柱改造、扩建改造、基础改造以及节能改造等。

（4）再生利用

“再生利用”指对闲置、废弃或者失去生产功能、不能满足现代功能需求的工业建筑，在保留原有建筑部分或全部主体结构的前提下，在尊重建筑初始文化及功能的条件下，通过修复，实现其功能转换，使建筑物获得新生。从功能转换的角度来看，再生利用范围更大，涉及的领域更多，涵盖的意义更广，结构加固改造、设备设施更新、屋顶绿化

等均是为实现结构再生利用使用功能而产生的一系列的工作内容。

3. 结构安全性检测与评定、结构性能检测与评定、结构安全检测与评定

（1）结构安全性检测与评定

依据《工业建筑可靠性鉴定标准》GB 50144 及《民用建筑可靠性鉴定标准》GB 50292，可靠性包括安全性、使用性，结构安全性检测与评定即仅就安全性开展检测与评定工作。

（2）结构可靠性检测与评定

根据《工业建筑可靠性鉴定标准》GB 50144、《民用建筑可靠性鉴定标准》GB 50292，分别在决策设计和使用维护阶段进行可靠性检测与评定（包括安全性和使用性评定）。

（3）结构抗震性能检测与评定

为探明旧工业建筑的结构抗震性能，依据《建筑抗震鉴定标准》GB 50023 对旧工业建筑再生利用前的决策设计、使用维护阶段进行抗震措施评定和抗震承载能力的评定。

（4）结构性能检测与评定

依据《工业建筑可靠性鉴定标准》GB 50144、《建筑抗震鉴定标准》GB 50023；结构性能检测与评定包括结构的可靠性检测与评定和结构抗震性能的检测与评定。

（5）结构安全检测与评定

“结构安全检测与评定”即“旧工业建筑再生利用结构安全检测与评定”，本书指为确保旧工业建筑再生利用全过程结构本体安全而开展的一系列检测评定手段和评价活动，重点在于过程控制。相比于结构安全性检测与评定，层次更高，含义更广。

1.1.2 旧工业建筑再生利用结构类型

旧工业建筑有多种分类方法，具体分类如下：①按功能类型分类：主要生产厂房，辅助生产厂房，动力用厂房，储存用房屋，运输用房屋等。②按产业类型分类：纺织类，电工类，机械类，仪表类等。③按生产状况分类：冷加工车间，热加工车间，恒温恒湿车间，洁净车间，其他特殊情况的车间，包括有爆炸可能性的车间，有大量腐蚀作用的车间，有防微震、高度噪声、防电磁波干扰等车间等。④按层数分类：单层厂房，多层厂房，混合层厂房。⑤按材料分类：砌体结构，钢筋混凝土结构，钢结构，混合结构等。⑥按结构体系分类：砖混结构，框架结构，排架结构等，相应比例如图 1.2 所示。

本书按照结构体系进行分类介绍，具体内容包括：

（1）排架结构

排架体系常用于高大空旷的单层建筑物，其柱顶用大型屋架或桁架连接，再覆以装配式的屋面板，根据需要，排架建筑屋顶可设置大型的天窗，或沿纵向设置吊车梁，如图 1.3 所示。排架结构主要用于单层厂房，由屋架、柱子和基础构成横向平面排架，是

厂房的主要承重体系，再通过屋面板、吊车梁、支撑等纵向构件将平面排架联结起来，构成整体的空间结构。排架由屋架或屋面梁、柱和基础组成，柱与屋架铰接，与基础刚接。排架结构是目前我国单层厂房中应用最普遍的一种结构形式，排架结构施工安装较方便，适用范围较广，除用于一般单层厂房外，还能用于跨度和高度较大，且设有较大吨位的吊车或有较大振动荷载及地震烈度较高的大型厂房。排架结构厂房中常见的安全性问题见表 1.1。

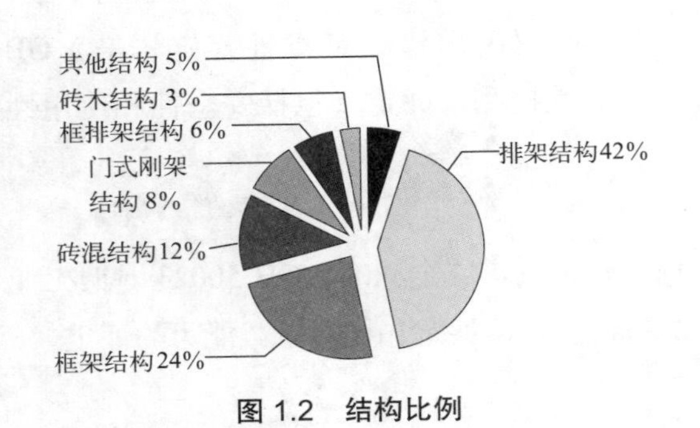

图 1.2　结构比例

图 1.3　排架结构

排架结构厂房常见的安全性问题　　表 1.1

序号	常见安全性问题	比例	常见修复措施
1	钢构件锈蚀	66%	除锈，并重新涂防锈漆，重要部位贴焊型钢加固
2	混凝土耐久性破坏	55%	清理疏松的混凝土层和钢筋锈层后，用修补砂浆修复，进行耐久性处理；严重部位应进行外包钢加固
3	非承重墙体严重风化、开裂	41%	对风化墙体可局部挖补修复，严重开裂部位注浆修补或表面增设钢筋网，加强整体性
4	屋面漏水	34%	修补屋面防水开裂部位，完善挡风架与屋面交接处防水层构造措施
5	柱间支撑、屋架下 弦杆件支撑屈曲	34%	对承载能力不足的杆件进行加固，对扭曲变形的支撑杆件进行更换或加固，按本地区抗震设防烈度补足缺少的支撑配置
6	构件不满足承载力要求	27%	粘贴碳纤维加固或贴焊型钢加固；梁、柱可进行外包钢或增大截面加固

（2）框架结构

框架结构是指由梁和柱以刚接或者铰接相连接，构成承重体系的结构，即由梁和柱组成框架共同承担使用过程中出现的水平荷载和竖向荷载。框架结构的工业建筑墙体不承重，仅起到围护和分隔作用，一般用预制的加气混凝土、膨胀珍珠岩、空心砖或多孔砖等轻质板材等材料砌筑或装配而成。框架结构有多种分类方式，其中最常用的是混凝土框架、钢框架。框架结构的梁、柱共同作用，承担水平向和竖向荷载，空间分割灵活、自重轻，改造中可以灵活划分空间，采用竖向分隔或横向隔断的方法来配合建筑平面进行空间布置，利于安排较大空间的建筑结构。框架结构厂房中常见的安全性问题见表 1.2。

框架结构厂房常见的安全性问题　　表 1.2

序号	常见安全性问题	比例	常见修复措施
1	混凝土耐久性破坏	59%	清理疏松的混凝土层和钢筋锈层后用修补砂浆修复，进行耐久性处理；严重部位进行外包钢加固
2	屋面漏水	47%	修补屋面防水开裂部位，完善挡风架与屋面交接处防水层构造措施
3	非承重墙体严重风化、开裂	44%	局部修复开裂、风化墙体，严重部位根部注浆修补或表面增设钢筋网，加强整体性
4	构件不满足承载力要求	37%	粘贴碳纤维加固或贴焊型钢加固；梁、柱可进行外包钢或增大截面加固
5	钢构件锈蚀	22%	除锈并重新涂防锈漆，重要部位贴焊型钢加固

（3）砖混结构

砖混结构是指在建筑物中竖向承重的墙、柱等采用砖或者砌块砌筑，横向承重的梁、楼板、屋面板等采用钢筋混凝土建造的结构形式。砖混结构是混合结构的一种，是以小部分钢筋混凝土及大部分砖墙承重的混合结构体系。砖混结构构造相对简单，但承载力及抗地震和振动性能较差，不宜用于地震区。一般仅存在于跨度、高度、吊车荷载等较小，地震烈度较低，楼面荷载不大，无振动设备，层数在 5 层以下，吊车起重量不超过 5t、跨度不大于 15m 的单层厂房。在旧工业建筑中，砖混结构的建筑类型较少。砖混结构厂房中常见的安全性问题见表 1.3。

砖混结构厂房常见的安全性问题　　表 1.3

序号	常见安全性问题	比例	常见修复措施
1	非承重墙体受潮 风化、开裂	69%	局部修复开裂、风化墙体，严重部位采用注浆修补或表面增设钢筋网，加强整体性
2	构件承载力不满足要求	18%	对墙体进行加固，对构造柱和圈梁进行耐久性处理
3	混凝土耐久性破坏	18%	清理疏松的混凝土层和钢筋锈层后用修补砂浆修复，进行耐久性处理；严重部位进行外包钢加固

（4）刚架结构

刚架结构是指柱和屋架合并为一个刚性构件，柱与基础的连接通常为铰接的结构形式。钢筋混凝土刚架与钢筋混凝土排架相比，可节约钢材约 10%，混凝土约 20%。一般采用预制装配式钢筋混凝土刚架，或选用钢刚架。钢筋混凝土刚架常用于跨度不大于 18m，一般檐高不超过 10m，无吊车或吊车起重量在 10t 以下的车间。在旧工业建筑中，单层厂房中的刚架结构主要是门式刚架，门式刚架依其顶部节点的连接情况有两铰刚架和三铰刚架两种形式。门式刚架构件类型少、制作简便，比较经济，室内空间宽敞、整洁。在高度不超过 10m、跨度不超过 18m 的纺织、印染等厂房中应用较普遍。门式刚架结构是目前新型工业厂房建筑的主要结构形式，因其施工快捷、质量轻、强度高等优点而迅速普及开来。门式刚架结构厂房中常见的安全性问题见表 1.4。

门式刚架结构厂房常见的安全性问题　表 1.4

序号	常见安全性问题	比例	常见修复措施
1	钢构件锈蚀或防火层脱落	100%	除锈并重新涂防锈漆和防火涂层，重要部位贴焊型钢加固
2	承载力不满足要求	55%	粘贴碳纤维加固或贴焊型钢加固
3	支撑杆件等屈曲	45%	对扭曲变形的支撑杆件进行更换或加固，按本地区抗震设防烈度补足缺少的支撑刚度
4	混凝土耐久性破坏	27%	清理疏松的混凝土层和钢筋锈层后用修补砂浆修复处理
5	围护墙体风化、开裂	27%	注浆修补或表面增设钢筋网，加强整体性

（5）其他

旧工业建筑中，除了上述四种类型，还存在其他结构形式的工业建筑：砖木结构、剪力墙结构、框 - 剪结构、大跨度空间结构。上述所示的几类旧工业建筑，由于其结构特殊，极为少见，在旧工业建筑再生利用中不再赘述。

1.1.3 旧工业建筑再生利用一般流程

1. 一般工作流程

旧工业建筑再生利用的一般工作流程通常按以下顺序进行：决策设计→施工建造→质量验收→使用维护，如图 1.4 所示。

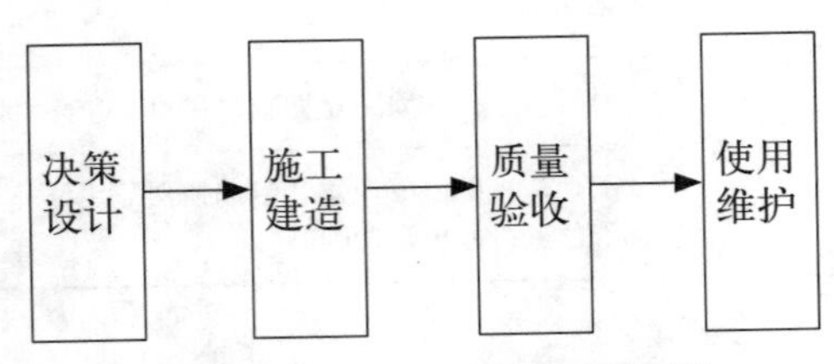

图 1.4　再生利用一般工作流程

当前，国内旧工业建筑再生利用行业的总体发展水平不高且不均衡，在决策设计阶段，指导旧工业建筑再生利用的政策法规不明确，规范和标准不统一。此外，由于旧工业建筑年代久远或受生产环境影响，存在一定程度的损害，现有的结构状况与原设计存在偏差，结构诊断技术水平比较低，检测手段比较落后，设计依据多参照现有新建建筑的设计规范等，增加了再生利用过程中的风险。

在施工建造阶段、质量验收阶段，再生利用项目所涉及的内容零星繁杂，施工组织和管理的难度较大，缺少配套的施工操作规范和质量验收标准，致使工程质量难以保证，此外，较短的建设周期、复杂的技术要求、较多的工程参与单位等特点决定了它是一个高风险的作业过程。

在使用维护阶段，由于再生利用项目的市场运作模式单一、封闭，旧工业建筑再生利用后在长期使用过程中，恶劣的使用环境导致其部分承重构件出现腐蚀、破坏和安全度降低的情况，不合理的使用破坏了结构的整体性，管理者对日常维护缺乏重视，致使旧工业建筑再生利用后年久失修，增加了使用过程中的结构安全风险。

因此，在对旧工业建筑进行再生利用的全过程中，如何确保决策设计阶段安全可行？施工建造阶段安全可靠？竣工验收阶段安全可用？后续使用过程阶段安全使用？是旧工业建筑再生利用领域亟待解决的关键技术问题。

2. 结构组成及传力路径

旧工业建筑再生利用结构安全检测与评定围绕结构安全问题，在开展全过程安全检测与评定工作时需明确结构的传力路径。常见的工业厂房传力路径如图 1.5 所示。

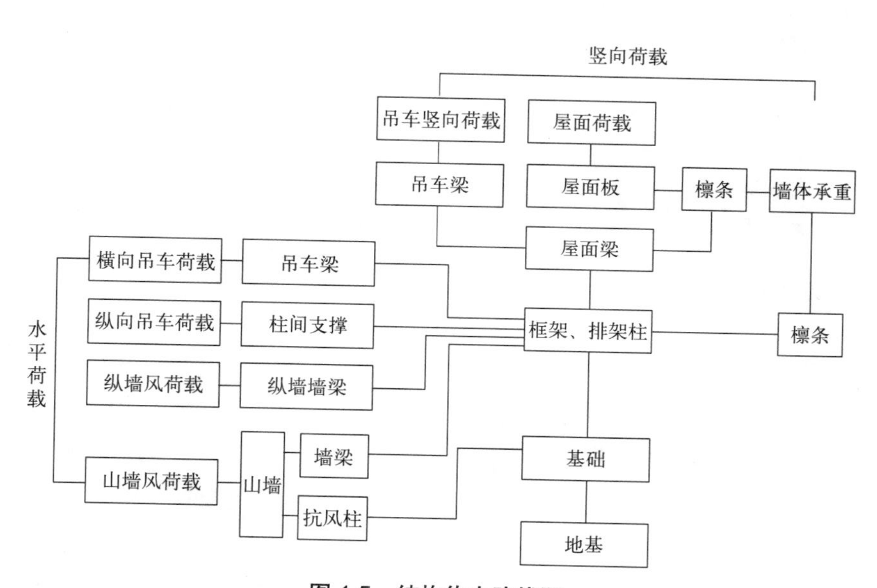

图 1.5　结构传力路线图

（1）横向排架：由柱及其所支撑的屋盖组成，是厂房的主要承重体系，承受结构的自重、风荷载、雪荷载和吊车的竖向荷载与横向荷载，并把这些荷载传递到基础。

（2）屋盖结构：承担屋盖荷载的结构体系，包括横向框架的横梁、檩条等。

（3）支撑体系：包括屋盖部分的支撑和柱间支撑等，一方面与柱、吊车梁等组成厂房的纵向框架，承担水平荷载；另一方面将主要承重体系由个别的平面结构连成空间的整体结构，从而保证厂房结构所必需的刚度和稳定。

(4) 吊车梁及制动梁：主要承受吊车水平及竖向荷载，并将这些荷载传到横向框架和纵向框架上。

(5) 墙架：承受墙体的自重和风荷载。

1.2 旧工业建筑再生利用结构安全检测与评定的内涵

1.2.1 结构安全检测与评定基本范围及特点

1. 结构安全检测与评定的基本范围

旧工业建筑再生利用的本质是对原有建（构）筑物使用功能的改变，结构安全检测与评定的基本范围如图 1.6 所示，所指对象是被废弃或闲置的旧工业建筑单体（砖混结构厂房、混凝土结构厂房），与原生产相配套的构筑物、大型设备、交通运输设备等。

(a) 工业建筑单体
西安建筑科技大学华清学院（陕西钢铁厂）

(b) 构筑物（原生产配套）
上海当代艺术博物馆

(c) 大型设备（原生产配套）
北京时尚设计广场

(d) 交通运输设施（原生产配套）
某水泥厂运输系统

图 1.6 旧工业建筑再生利用结构安全检测与评定范围

根据相应使用功能转变，应进行相应的结构安全检测与评定。一方面是针对其本身的结构安全进行检测与评定，另一方面是针对其结构本身影响到的区域进行检测与评定，例如，大型设备被移作景观，应对其地基基础的承载力进行检测与评定，避免结构荷载过大导致倒塌事故发生。

根据其设计使用年限，进行相应的结构安全检测与评定。一方面，若结构本体不在再生利用的范围内，拟定拆除的结构本体可不进行结构安全检测与评定。另一方面，若结构本体在再生利用的范围内，但结构本体不再承担相应的荷载时，接近到达或到达使用年限的，应进行结构安全检测与评定，旨在探明结构本身的结构状况，为后续决策提供依据。

2. 结构安全检测与评定现阶段的特点

目前国内旧工业建筑再生利用实施刚刚起步，不完善的检测与评定体系凸显了结构安全风险问题的严重性。众多的参建主体有着不同的项目目标和期望，其产生的不同利益诉求往往会加剧相互之间的矛盾，这在一定程度上增加了旧工业建筑再生利用项目目标实现过程的结构风险性。

（1）再生利用过程的复杂性

旧工业建筑再生利用过程中必然会有新元素的加入，如新功能、新材料，这些要素对旧工业建筑来说是陌生的，为了减少对既有建筑的破坏（甚至无破坏），如何正确选择再生模式和处理方式，也是一个比较复杂的问题；其次，旧工业建筑的再生利用是结构、材料、空间以及细部的综合体现，在再生利用过程中需要综合考虑多方面因素。

（2）再生利用过程的特殊性

旧工业建筑再生利用除了具有复杂性之外，还具有其他旧建筑改造所不具有的特殊性：首先，旧工业建筑不是完整设计，呈现在设计者面前的不再是一块空空的基地，而是已有的建筑；其次，由于旧工业建筑结构多为大跨结构，其内部空间开敞，相对于一般旧建筑，更易将之再生利用为具有其他功能用途的建筑；最后，旧工业建筑的时代性决定了其带有强烈的时代感与专一性，可以利用这些要素创造出独特的艺术效果。充分认识再生利用过程中的复杂性和特殊性，有利于后期检测与评定工作的开展，为决策者确定再生利用模式提供依据，旧工业建筑再生利用前后对比照如图 1.7 所示。

（a）再生利用前

（b）再生利用后

图 1.7　旧工业建筑再生利用前后对比

(3) 结构性能检测与评定是再生利用过程的关键环节

通过可靠性检测与评定分析，对已有结构的结构构成（包括结构形式、结构布置、构件尺寸及连接构造等）、材料（包括材料组成、力学性能等）、结构的损伤及缺陷（包括程度、原因和范围等）和使用历史情况及结构上的作用等进行详尽的了解，并依据有关标准对结构构件可靠性现状进行评价。为旧工业建筑的维修及抢修提供技术依据，为旧工业建筑改变使用条件、改建或扩建提供依据，为整体结构或构件制定修复或加固方案提供技术依据。

(4) 旧工业建筑再生利用是当前国际普遍关注的焦点

工业建筑作为生产的基础设施，其技术状态直接影响生产的正常进行。新中国成立初期，我国建造的大多数工业建筑将陆续进入老化期，其技术状态已阻碍了生产的进步，影响了产品的质量，限制了生产品种的发展。目前，我国在经历了大规模的建设后，已将重点转向了旧工业建筑再生利用，其比新建模式能更快地回收资金。因此，旧工业建筑再生利用可以促进国民经济的发展，是一项具有良好经济效益和重大社会意义的举措。

1.2.2 结构安全检测与评定阶段划分及流程

旧工业建筑再生利用结构安全检测与评定阶段划分及流程如图 1.8 所示。

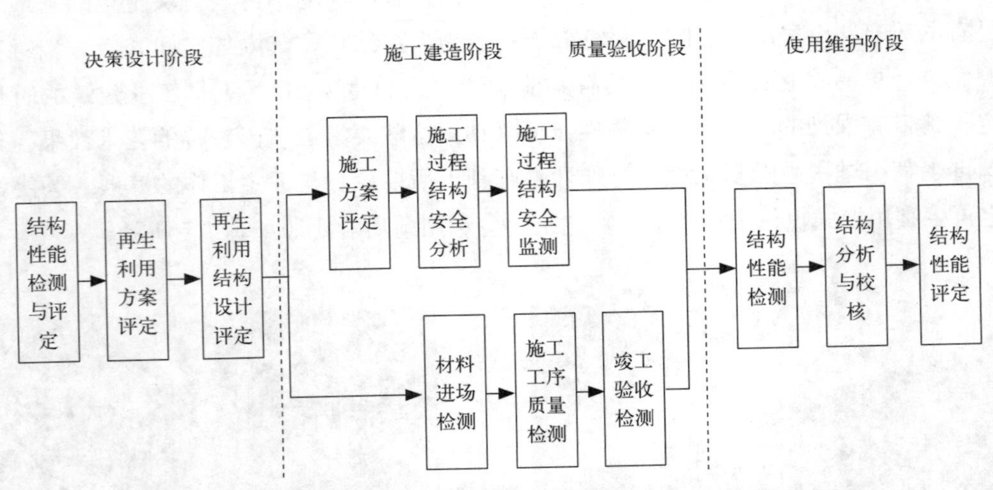

图 1.8 旧工业建筑再生利用结构安全检测与评定阶段划分及流程

1. 决策设计阶段

(1) 结构性能检测与评定。依据《工业建筑可靠性鉴定标准》GB 50144、《建筑抗震鉴定标准》GB 50023 进行结构可靠性检测与评定、抗震性能检测与评定，确保不满足使用要求的结构构件得到加固补强处理，亦为后续决策提供依据，确保后续使用安全。

（2）再生利用方案评定。再生利用方案的选择是项目成功与否的关键。再生利用方案选择和设计时，应根据结构性能检测与评定结果，结合结构的实际情况和再生利用目的及使用要求，并充分考虑施工队伍的技术水平和施工场地条件，进行综合分析，选择合理的方案，使其技术可靠，施工方便，经济合理。

（3）再生利用结构设计评定。结构设计包括被加固构件的承载力验算、构件处理和施工图绘制。结构设计要考虑结构加固改造后续使用年限以及设备荷载是否存在变化，针对不同的使用要求，加固改造的范围和程度应有所不同，并且应注意新加部分与原结构构件的协同工作（新加部分的应力往往滞后于原结构，结构构造处理不仅要满足新加构件自身的构造要求，还要考虑与原结构构件的连接）。

2. 施工建造阶段

（1）施工方案评定。加固改造施工是再生利用过程的主要环节，是实施加固改造设计、保证加固改造质量的关键。由于加固改造施工工期较短，施工场地有限，现场条件较差，以及原有结构、构件的制约，且施工多在负荷或部分负荷的情况下进行，因此，加固改造施工应速战速决，保证施工安全，避免意外发生。

（2）施工过程结构安全分析。旧工业建筑再生利用进行施工过程监测时，宜同步进行施工过程结构分析。施工过程分析结果宜与监测结果对比分析，当发现结构分析模型不合理时，应修正分析模型，并重新计算。现场监测结果受到的影响因素较多，其中有多项因素存在一定的不确定性，如施工过程中的活荷载、地基沉降情况、结构上因日照产生的不均匀温度作用、传感器的漂移、混凝土的收缩徐变特性等。因此，当监测结果与施工过程模拟计算结果之间存在不一致，应进行分析，查明原因。结构分析结果与设计分析结果有较大差异时，应查明原因，确定处理方案。

（3）施工过程结构安全监测。施工方案的制定应充分考虑现场实际的施工环境的影响（原有结构、管线等制约）。施工前，在拆除原有废旧构件时，应特别注意观察有无与原检测情况不相符合的地方。施工时，需要尽量拆除一些荷载、增加一些预应力顶撑等，以减小原结构构件中的应力，因为加固改造施工多为负荷或部分负荷的情况下进行的。在施工过程中应进行结构安全监测，确保结构安全。

3. 质量验收阶段

依据《建筑结构加固工程施工质量验收规范》GB 50550、《既有建筑地基基础加固技术规范》JGJ 123 对施工建造阶段的结构安全进行检测与评定。工程竣工验收指建设工程项目竣工后，开发建设单位会同设计、施工、设备供应单位及工程质量监督部门，对该项目是否符合规划设计要求以及建筑施工和设备安装质量进行全面检验，取得竣工合格资料、数据和凭证。

4. 使用维护阶段

依据《民用建筑可靠性鉴定标准》GB 50292、《建筑抗震鉴定标准》GB 50023，进行再生利用后的结构可靠性检测与评定、抗震性能检测与评定，为再生利用后运营中的日常技术管理和大、中、小维修或抢修提供技术依据；为昔日错误设计、施工的善后处理提供技术依据；为后续招商引资、空间设计规划、装饰装修等提供技术依据。

1.2.3 结构安全检测与评定方法及依据标准

结构安全检测与评定工作包括的内容比较多，各个阶段依据的规范、标准见表 1.5。

依据规范、标准 表 1.5

层次	规范依据
决策设计阶段	1. 检测评定 《工业建筑可靠性鉴定标准》GB 50144 《建筑抗震鉴定标准》GB 50023 《旧工业建筑再生利用技术标准》T-CMCA4yyy 《建筑结构检测技术标准》GB/T 50344 《回弹法检测混凝土抗压强度技术规程》JGJ/T 23 《钢结构现场检测技术标准》GB/T 50621 《贯入法检测砌筑砂浆抗压强度技术规程》JGJ/T 136 等 2. 结构设计 《建筑结构荷载规范》GB 50009 《建筑抗震设计规范》GB 50011 《钢结构设计规范》GB 50017 《混凝土结构设计规范》GB 50010 《建筑地基基础设计规范》GB 50007 等
施工建造阶段	《建筑拆除工程安全技术规范》JGJ 147 《喷射混凝土加固技术规程》CECS 161 《碳纤维片材加固混凝土结构技术规程》CECS 146 《工程结构加固材料安全性鉴定技术规范》GB 50728 《混凝土结构后锚固技术规程》JGJ 145 等
质量验收阶段	《建筑结构加固工程施工质量验收规范》GB 50550 《钢结构工程施工质量验收规范》GB 50205 《建筑工程施工质量验收统一标准》GB 50300 《建筑工程饰面砖粘结强度检验标准》JGJ 110 《砌体结构工程施工质量验收规范》GB 50203 等
使用维护阶段	《民用建筑可靠性鉴定标准》GB 50292 《建筑抗震鉴定标准》GB 50023 等

1.3 旧工业建筑再生利用结构安全检测与评定的学习

《旧工业建筑再生利用结构安全检测与评定》是旧工业建筑再生利用领域的一本基础理论与实践应用相结合的专著。学习过程中要有扎实的数学、理论力学、材料力学、结构力学及专业课程等方面的知识，并能理解各种相关规范的规定和要求。全书主要针对旧工业建筑再生利用全过程中的决策设计阶段、施工建造阶段、质量验收阶段、使用维护阶段的结构安全检测与评定方法进行分析。

旧工业建筑再生利用结构安全检测强调实践性环节，应掌握常用仪器、设备的使用方法，能够正确处理检测数据，形成最终的检测报告。

旧工业建筑再生利用结构安全评定应重点了解相关标准的主要条文，包括评定等级的方法、评定等级的依据等。

本书阐述了旧工业建筑再生利用结构安全检测与评定的相关基础知识，解决了在旧工业建筑再生利用的全过程中，如何在决策设计阶段确保安全可行，施工建造阶段确保过程结构安全，质量验收阶段结构安全可用，使用维护阶段安全使用等一系列问题。

通过本书的学习，我们需要掌握旧工业建筑再生利用结构安全检测与评定的相关理论知识，懂得基本的检测原理与方法，并合理选择、正确运用检测仪器，对照检测规范和评定标准能够正确判断出建（构）筑结构的使用状态，最后编制安全检测与评定报告，并在其中提出处理意见，为保证旧工业建筑再生利用全过程的结构安全提供服务。

第 2 章　决策设计阶段结构安全检测与评定

伴随着社会经济的发展，产业结构的调整，由于服役期较长，环境的风化腐蚀，维修检查等管理不善，生产工艺落后等原因，大量年代久远的旧工业建筑已不能使用。大量处于城市中心地带的工业企业逐渐转向郊区，出现了大批旧工业建筑“关、停、并、转”的现象，这些旧工业建筑面临随时被废弃或拆除的风险。本章节旨在通过检测与评定的方式，保证旧工业建筑再生利用在决策设计阶段的结构安全。

2.1　决策设计阶段结构安全检测与评定基础

2.1.1　一般工作流程

旧工业建筑再生利用决策设计阶段的一般工作流程如图 2.1 所示。

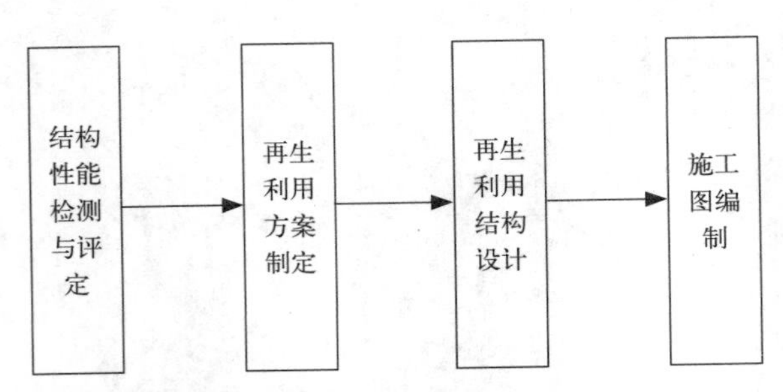

图 2.1　决策设计阶段一般工作流程

(1) 结构性能检测与评定

对旧工业建筑进行再生利用前，根据使用要求和功能转变，对需再生利用的结构进行全面、细致的调查与检测，并通过验算和理论分析，按照国家有关鉴定标准，得出可靠性、抗震性能评定结论，为结构进行再生利用方案制定、结构设计提供科学的依据。

(2) 再生利用方案制定

根据结构性能检测与评定结果，综合考虑再生利用后的结构性能、综合经济指标和施工条件等因素，并听取施工单位和业主的意见，经过有关技术专家的论证，基于业主单位对使用功能的要求，确定具体可行的再生利用方案。设计方案应最大限度地满足新的使用功能要求，且具有施工可行性、安全可靠性以及经济性。

（3）再生利用结构设计

合理选定再生利用后的结构受力模型以及荷载大小，进行不同工况下的结构验算，作为再生利用设计的依据，应有效控制新结构体系的变形，保证新结构体系的安全；尽量减少对原结构的影响。再生利用后，结构整体的抗震性能不能削弱、不能出现局部薄弱层。结构设计流程：现状调查→使用年限确定→节点细部设计→基础设计。

1）现状调查：应坚持原结构图纸、检测评定报告及现场勘察 3 个方面相结合的原则，保证设计师对结构现状有准确、直观的认识，这是后续设计施工顺利的保证。

2）使用年限确定：除了规范建议的后续使用年限，还应根据业主的要求确定，有加建部分的应按加建部分的使用年限统一设计。除了结构计算，还应注意使用年限对加固材料选择的影响，结构胶、植筋胶等加固材料的耐久性应达到结构设计使用年限要求。

3）节点细部设计：细部构造措施是确保再生利用项目成功的重要因素，再生利用后组合结构的荷载通过新增结构进行传递，新增结构的连接应合理、可靠，对连接关键部位绘制详图。不同的工程项目其建筑结构形式、荷载大小、变形控制要求、施工空间差异较大，需考虑项目的复杂性以及非重复性的特点。例如，对于依托式的增层类型，节点计算应有较大的安全系数，节点详图设计还应考虑施工的可行性。如选用依托式钢结构增层，新增钢梁在既有混凝土结构上的锚固节点十分关键；如选用依托式混凝土结构增层，则新增混凝土结构与原混凝土结构的连接节点十分关键，除了植筋、凿毛、刷界面剂等措施，受力很大的关键节点还可采取抗剪措施加强新老混凝土的结合。

4）基础设计：无论是新增基础还是加固基础，都应考虑可能对周围建筑物产生的影响，对新增基础还应采取避免新老基础不均匀沉降的措施。如图 2.2（a）所示。

（4）施工图编制

依据《建筑结构加固施工图设计表示方法》07SG111-1 绘制施工图，再生利用施工图要保证详细、准确、全面。施工图绘制完成需由建设主管部门认定的施工图审查机构按照有关法律、法规，对施工图涉及公共利益、公众安全和工程建设强制性标准的内容进行审查。施工图未经审查合格的，不得使用。如图 2.2（b）所示。

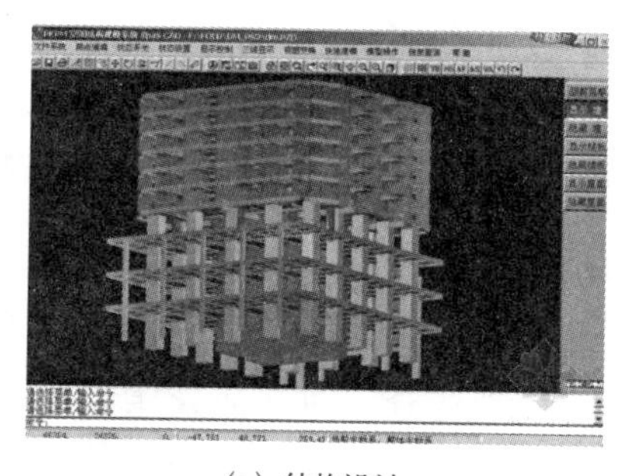

（a）结构设计

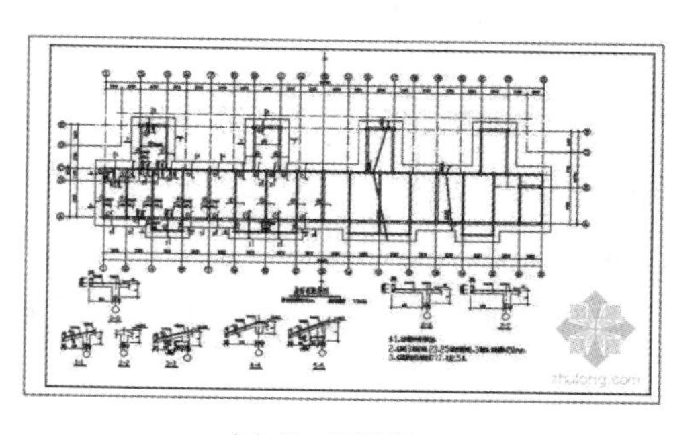

（b）施工图绘制

图 2.2　结构设计及施工图绘制

2.1.2 检测与评定内容

(1) 结构性能检测与评定

旧工业建筑再生利用结构性能检测与评定，目的是保证整个再生利用过程的安全进行，对原有结构的性能进行综合性评定，是关系后续如何安全再生利用的关键，是旧工业建筑再生利用结构如何进行决策设计的基础资料和基本依据。

(2) 再生利用方案评定

旧工业建筑再生利用方案评定，目的在于保障项目在决策设计阶段选型科学，有利于后续结构设计、加固改造施工等。旧工业建筑建造年代跨度大，结构形式多样、设计荷载大、承载力好、内部空间高大开阔等，使其再生利用方案有着无限的可能性。

(3) 再生利用结构设计评定

旧工业建筑再生利用结构设计评定，目的在于保障项目在决策设计阶段结构分析可靠，设计验算真实，所确定的加固改造方法、加固改造部位有利于后续结构施工。施工图纸符合相关技术规范要求，便于指导施工。

2.1.3 检测与评定程序

决策设计阶段的结构安全检测与评定程序依据决策设计的一般工作流程及内容制定，如图 2.3 所示。

2.2 结构性能检测与评定

旧工业建筑再生利用前应进行结构性能检测与评定，结构性能检测与评定应包括可靠性和抗震性能检测与评定。结构性能检测与评定对象可以是整个建筑物，或结构和生产线中相对独立的部分，或功能上相对独立的部分。结构性能评定应初步确定旧工业建筑再生利用后的设计使用年限，初步确定的使用年限可由业主或委托单位根据历史资料、现场初步调查结果和拟定再生模式等确定。

2.2.1 结构性能检测

接受委托开展现场检测之前应进行必要的初步调查，调查内容包括：①核查委托方提供的旧工业建筑原建设资料完整性。建设资料应包括岩土工程勘察报告、设计图、竣工图、施工及验收资料等。②核查委托方提供的旧工业建筑维修记录情况。维修记录应包括历次修缮、改造、使用条件改变以及受灾情况等。③现场查勘时，应核实委托方提供的资料与建筑的符合程度，了解建筑实际使用状况、结构体系和结构布置变更情况，初步观察地基和基础状况，观察结构构件出现的变形、损伤等情况。

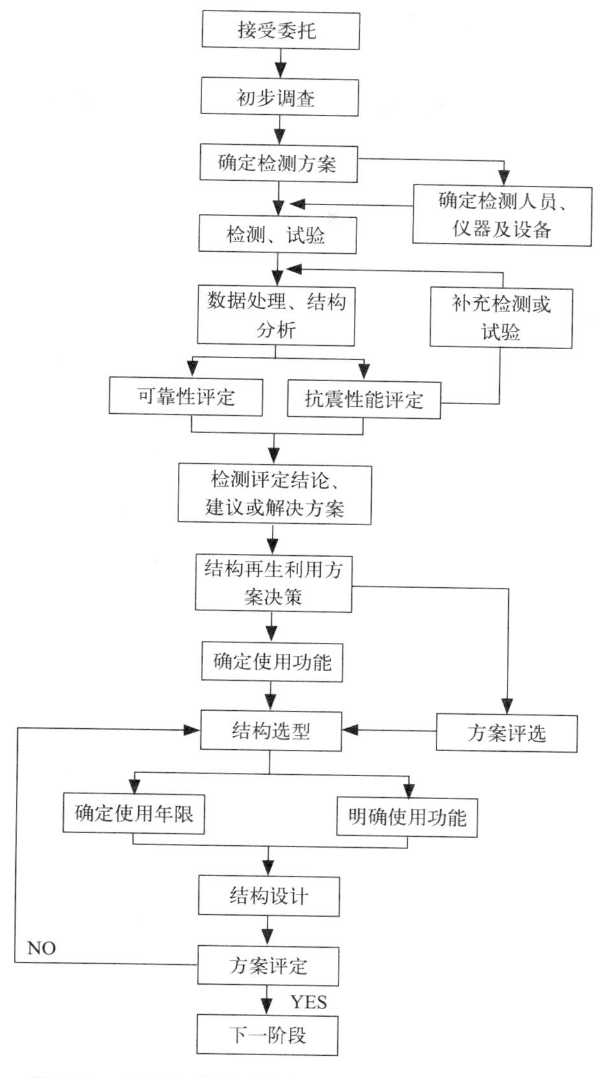

图 2.3　结构安全检测与评定程序（决策设计阶段）

1. 旧工业建筑再生利用年代分类

决策设计阶段结构性能检测内容较多，过程复杂，运用的技术和方法也千差万别。在对结构进行检测时，要根据具体项目的特点进行细分，依据检测目的，结合旧工业建筑结构的实际状况和现场条件，来确定如何进行检测。再生利用结构性能检测与评定中，综合考虑旧工业建筑原设计后续使用年限、抗震设防类别、图纸资料有效情况、建筑状况和建筑使用功能与设计相符情况等因素将结构性能检测项目类别分为三类，见表 2.1。

2. 检测方案与抽样比例

决策设计阶段结构性能检测，应根据检测项目、检测目的、建筑结构状况和现场条件选择适宜的检测方法，制定切实科学的检测方案。决策设计阶段结构性能检测方案宜

旧工业建筑再生利用结构性能检测项目类别划分标准 **表 2.1**

初步确定的设计使用年限	抗震设防类别	资料情况	建筑状况	建筑使用功能与设计	项目类别
$0 < y \leqslant 20$ 年	丙类	有效 关键资料缺失无效	良好 一般 较差	相符 不相符	3 类
$20 < y \leqslant 30$ 年	丙类	有效	良好	相符	2 类
		其他情况			3 类
$30 < y \leqslant 40$ 年	丙类	有效	良好	相符	1 类
		有效	良好	不相符	2 类
		有效	一般	相符	2 类
		其他情况			3 类
$y > 40$ 年	丙类	有效	良好	相符	1 类
		有效	良好	不相符	2 类
		有效	一般	相符	2 类
		有效	较差	相符	2 类
		其他情况			3 类
—	甲类	—	—	—	3 类
	乙类	—	—	—	3 类

包括下列主要内容：

（1）工程概况，包括原设计、施工及监理单位，结构类型，建造年代等；

（2）检测目的或委托方的检测要求；

（3）检测的依据，包括检测所依据的标准及有关的技术资料等；

（4）检测范围、检测项目和选用的检测方法；

（5）检测的方式、检验批的划分、抽样方案和检测数量；

（6）检测人员和仪器设备情况；

（7）检测工作进度计划；

（8）所需要的配合工作，包括水电要求、配合人员要求等；

（9）检测中的安全与环保措施；

（10）提交的检测报告。

决策设计阶段结构性能检测中抽样比例的确定，可根据旧工业建筑项目的类别，结合检测项目的特点，按下列原则进行选择：

（1）结构损伤、外观缺陷等检查项目宜全数检查。

（2）构件截面尺寸、强度等检测项目应按最小抽样容量检测。

（3）结构连接构造的检测，应选择对结构安全影响大的部位进行抽样。

（4）构件结构性能的实荷检验，应选择同类构件中荷载效应相对较大和施工质量相对较差构件或受到灾害影响、环境侵蚀影响构件中有代表性的构件。

（5）按检测批检测的项目，应进行随机抽样，且最小样本容量的判定见表 2.2。

旧工业建筑再生利用结构抽样检测的最小样本容量　　表 2.2

检测批的容量	检测项目类别和样本最小容量			检测批的容量	检测项目类别和样本最小容量		
	1 类	2 类	3 类		1 类	2 类	3 类
2 ~ 8	2	2	3	501 ~ 1200	32	80	125
9 ~ 15	2	3	5	1201 ~ 3200	50	125	200
16 ~ 25	3	5	8	3201 ~ 10000	80	200	315
26 ~ 50	5	8	13	10001 ~ 35000	125	315	500
51 ~ 90	5	13	20	35001 ~ 150000	200	500	800
91 ~ 150	8	20	32	150001 ~ 500000	315	800	1250
151 ~ 280	13	32	50	> 500000	500	1250	2000
281 ~ 500	20	50	80	—	—	—	—

3. 检测内容与要求

（1）旧工业建筑检测要点

钢铁、化工、有色等部门的旧工业建筑的工作环境和使用条件比一般民用建筑恶劣，现场检测时除按照常规检测外，还应特别注意检测积灰、振动、腐蚀、高低温交替、大面积堆积、湿热交替和偶然事故等作用的部位或区段。此外应重点检查：①出现渗水漏水部位的构件；②受到较大反复荷载或动力荷载作用的构件；③暴露在室外的构件；④受到腐蚀性介质侵蚀的构件；⑤受到污染影响的构件；⑥与侵蚀性土壤直接接触的构件；⑦受到冻融影响的构件；⑧委托方年检怀疑有安全隐患的构件；⑨容易受到磨损、冲撞损伤的构件。

对炼铁厂、电厂和位于下风向的厂房以及工业锅炉、部分轧钢车间等应检测屋面系统及隐蔽部位积灰超载和构件节点锈蚀情况。对有较大振动的厂房（如锻造和烧结厂房、有硬钩吊车的厂房、附近有较大振动源的厂房等）应着重检测动荷载对结构的影响程度。对生产腐蚀性产品的化工厂房，应注意检测混凝土、钢材、砖砌体及地下结构构件的腐蚀情况，如图 2.4 所示。有高温设备和有高温作用的生产车间（如轧钢、冶炼、烟道烟囱、各种高温炉等），除应检测热源附近承重构件的自身的受损、破坏情况外，还应注意检测对相邻结构构件的不利影响，如图 2.5 所示。受重荷载或大面积堆载的建筑物（如原料库、成品库等），应重点检测因堆载或重载引起的柱子倾斜、墙体开裂和地基不均匀沉降。经常受湿热作用的厂房结构和区段，应注意检测由于湿热作用、浸水、冲水造成的构件锈蚀和腐蚀。偶然事故的调查，如吊车桥架掉轨、严重撞伤建筑物、爆炸、火灾等事故对建筑物结构的损伤情况。如果建筑物的结构构件原先的使用状态发生改变时，应给予充分的关注。如提高吊车吨位、吊车超载运行、改变结构构件的原设计受力状态等，必要时应检测结构构件的受力状态、最大内力和结构的变形位移等。

图 2.4　某开关电器厂酸洗车间

图 2.5　某风电设备制造厂高温锻造车间

总体来说，旧工业建筑再生利用前的结构性能检测，应根据相关规范和标准的要求，包括使用条件的调查与检测和结构现状的调查与检测。

（2）使用条件调查

使用条件调查包括结构荷载、生产使用环境、维修和改造的历史、原建筑设计使用年限内条件变化等内容。

1）结构荷载调查。结构荷载调查，可根据旧工业建筑结构的实际情况来进行，主要包括以下内容，具体情况见表 2.3。

结构上的荷载调查　　表 2.3

荷载类别	调查项目
永久荷载	旧工业建筑结构构件、围护结构构件及装饰装修配件、固定设备的支架、桥架、管道及其运输的物料等永久荷载； 预应力、土压力、水压力、地基变形等作用引起的永久荷载
可变荷载	楼面、地面、屋面活荷载，地面堆载，风、雪荷载等可变荷载； 吊车荷载； 由于温度作用引起的可变荷载
偶然荷载	由于地震作用或火灾、爆炸、撞击等引起的偶然荷载

结构上荷载的调查要遵守下列规定：

首先，结构上荷载标准值应按下列规定取值：①经调查，符合现行国家标准《建筑结构荷载规范》GB 50009 的有关规定时，应按现行国家标准的有关规定取值；当观察到超载或改变用途时，应按实际情况采用；②当现行国家标准《建筑结构荷载规范》GB 50009 未作规定或按实际情况难以确定时，应按现行国家标准《建筑结构可靠度设计统一标准》GB 50068 的有关规定执行。

其次，吊车荷载、相关参数和使用条件应按下列规定进行调查和检测：①当吊车及吊车梁系统运行使用状况正常，吊车梁系统无损坏且相关资料齐全符合实际时，宜进行常规调查和检测。②当吊车及吊车梁系统运行使用状况不正常，吊车梁系统有损坏或无吊车资料或对已有资料有怀疑时，除应进行常规调查和检测外，还应根据实际状况和鉴定要求进行专项调查和检测。

再者，设备等荷载的调查，应查阅原设计文件、设备和物料运输的资料，了解工艺和实际使用情况，同时还应考虑设备检修和生产不正常时，物料和设备的堆积荷载。当在过去的使用过程中没有发生异常情况时，可采用原设计文件的数据。对于使用过程中经历过技术改造的项目，应考虑设备的安装检修荷载；除此之外，当设备的振动对厂房有显著影响时，应进行振动的调查。

2）生产使用环境调查。对于旧工业建筑再生利用来说，生产使用环境的调查主要包括对结构性能造成影响或破坏的环境调查，见表 2.4。

生产使用环境调查　　表 2.4

环境类别	调查项目
地理环境	调查地形、地貌、工程地质、周围建（构）筑物等
气象环境	调查大气环境，降雨量、降雪量、霜冻期、风作用等对结构的影响； 调查室内高湿环境、露天环境、干湿交替环境、冻融环境等对结构的影响
灾害作用环境	调查地震、冰雪、洪水、滑坡等自然灾害对结构的影响； 调查建筑本身及周围发生火灾、爆炸、撞击等对结构的影响
生产工作环境	调查生产中使用或产生的腐蚀性液体、气体分布、浓度对结构的影响； 调查高温、低温工作环境及振动对结构的影响

3）维修和改造历史调查。维修和改造历史调查主要内容应包括建筑用途、使用年限，生产条件的变化，历次改造，检测、维修、维护、加固，用途变更与改扩建等情况。

（3）结构现状调查与检测

结构现状调查与检测应包括地基基础、上部承重结构、围护结构三部分。结构现状的调查与检测应以无损检测为主，有损检测为辅。对于重要性程度较高的旧工业建筑，应尽量避免破坏显著体现原建筑风貌的结构部分。检测项目见表 2.5，当旧工业建筑的工程图纸资料不全时，尚应现场测绘，并绘制工程现状图。

旧工业建筑再生利用的结构现状检测项目

表 2.5

检测项目		检测项目类别		
		1类	2类	3类
地基基础	场地稳定性	✓	✓	✓
	倾斜观测	✓	✓	✓
	材料强度	△	△	✓
	尺寸与偏差	△	△	✓
	沉降观测	△	△	△
	地基承载力试验	△	△	△
上部承重结构	结构整体性	✓	✓	✓
	尺寸与偏差	✓	✓	✓
	缺陷、损伤、腐蚀	✓	✓	✓
	构造与连接	✓	✓	✓
	位移与变形	✓	✓	✓
	材料强度	✓	✓	✓
	实荷检验	△	△	△
围护结构	构造与连接	✓	✓	✓
	损伤和破坏	△	△	✓
	材料强度	✓	✓	✓

注：表中“✓”表示必做项目，“△”表示选做项目。

1）结构现状调查与检测应符合下列规定：①具有有效图纸资料时，应检查实际结构体系、结构构件布置、主要受力构件等与图纸符合程度，检查结构布置或构件是否有变动，应重点调查与检测结构、构件与图纸不符或变动部分。② 图纸资料不全时，除应检查实际结构与图纸的符合程度外，还应重点检测缺少图纸部分的结构，并绘制相应的结构图纸。③无有效图纸资料时，除应通过现场检查确定结构类型、结构体系、构件布置外，尚应通过检测确定结构构件的类别、材料强度、构件几何尺寸、连接构造等，砌体结构构件应确定有无圈梁、构造柱及其位置，钢筋混凝土结构构件还应确定钢筋配置及保护层厚度，并绘制相应的结构图纸。

2）地基基础的调查与检测。地基与基础是建筑结构中的重要组成部分，它直接承受上部结构传来的所有荷载。旧工业建筑承受荷载较大，且在使用过程中经常受到动力荷载的影响。旧工业建筑进行再生利用前，要求地基基础拥有足够的稳定性和承载力，调查与检测工作内容如下：①查阅原有岩土工程勘察报告、有关图纸资料及工程沉降观测资料，重点察看地基的沉降、差异沉降，调查地基基础的变形及上部结构的反应。②调查旧工业建筑现状、实际使用荷载，场地稳定性及临近建筑、地下工程和管线等情况。对于 3 类旧工业建筑，还应补充开挖，验证基础的种类、材料、尺寸及缺陷、损坏情况。③当基础附近有废水排放地沟、集水坑、集水池或油罐池、沼气池等时，应重点检查废水的渗漏、对地基基础造成腐蚀等不利影响。④当地基基础不存在明显沉陷，上部结构不存在疑似因地基基础变形导致的梁、柱和围护墙体产生明显裂缝，厂房局部构件或整体倾斜超限，吊车轨道明显卡轨等结构缺陷时，可评定为无静载缺陷，不再进行进一步的调查与检测。⑤当存在第“④”条所述的结构缺陷时，应依据《建筑地基基础设计规范》GB 50007 和《建筑变形测量规范》JGJ 8 进行沉降观测，观测工作应聘请具有相应资质的单位及技术人员。⑥当地基基础发生明显沉陷、上部结构发生严重变形，地基沉降、差异沉降严重超限时，应委托具有相应资质的单位进行地勘作业，探明地基土性状并验算地基承载力和地基变形，当怀疑地基存在严重缺陷时，宜进行地基承载力试验。

3）上部承重结构的调查与检测。应调查结构体系的整体性、完整性、稳定性，具体包括原材料性能、材料强度、尺寸与偏差、构件外观质量与缺陷、变形与损伤、钢筋配置等内容，必要时，可进行结构构件性能的实荷检验或结构的动力测试。

①重点调查结构是否构成空间稳定的结构体系；重点检查结构有无错层、结构间的连接构造是否可靠等；重点检查混凝土结构梁、板、柱布置是否合理，砌体结构圈梁和构造柱的设置是否合理。

②对于受到环境侵蚀或灾害破坏影响的构件检测，应选择对结构安全影响较大部位或有代表性的损伤部位，在检测报告中应提供具体位置和必要的情况说明。

③结构构件的尺寸与偏差检测应以设计图为依据，当施工误差可忽略不计时可采用设计尺寸进行结构分析与校核。若设计图纸缺失，必须现场实测，并绘制实测图，结构分析与校核以现场实测复核数据为准。

④结构构件缺陷与损伤、腐蚀检测项目宜按表 2.6 确定。结构构件裂缝检测应包括裂缝位置、长度、宽度、深度、形态和数量，应给出裂缝的性质并拍照记录，受力裂缝宜绘制裂缝展开图。

结构构件缺陷与损伤、腐蚀检测项目　　**表 2.6**

构件类别	检测项目
混凝土结构构件	蜂窝、麻面、孔洞、夹渣、露筋、裂缝、疏松、腐蚀等
钢结构构件	夹层、裂纹、锈蚀、非金属夹杂和明显的偏析、锈蚀等
砌体结构构件	裂缝、墙面渗水、砌块风化、缺棱掉角、裂纹、弯曲、砂浆酥碱、粉化、腐蚀等

注：结构构件遭受损伤检测时，材料性能影响程度应根据腐蚀性液体、气体、高温、低温等致因确定。

⑤结构构件节点处的连接是结构检测的重点，对于难以到达的区域，检测方法宜采用升降机配合高清数码相机进行，发现严重缺陷时应细致察看并拍照记录。

⑥结构构件位移变形检测应包括受压构件柱、墙的顶点位移，受弯构件吊车梁、屋架梁的挠度，层间位移等，检测方法应符合现行国家标准《建筑变形测量规范》JGJ 8的有关规定。

⑦材料性能的测区或取样位置应布置在构件具有代表性的部位；当构件存在缺陷、损伤或性能劣化现象时，检测与评定报告应详细描述。混凝土材料强度检测宜选用超声回弹等无损检测方法，必要时可现场取芯检测，检测方法应符合现行国家标准《建筑结构检测技术标准》GB/T 50344的有关规定。如图2.6、图2.7所示。

图2.6　混凝土排架柱强度检测

图2.7　钢结构构件硬度检测

⑧当确有必要或委托方要求时，可对局部结构构件进行实荷检验，探明结构构件的实际承载能力，检验方法应符合现行国家标准《混凝土结构试验方法标准》GB50152的有关规定。

4）围护结构的调查与检测。除应查阅有关图纸资料外，并应符合下列规定：

①现场核实围护结构的布置、使用功能、老化损伤和破坏等；调查围护结构的构造连接状况及对主体结构的不利影响。

②对于难以目测的区域，检测方法宜采用高清数码相机进行，发现严重缺陷时应细致察看并拍照记录。

③围护结构状况较差，委托方拟定拆除或有其他要求时，可减少或取消该部分围护结构的检测数量及内容，并在报告中记录说明。

2.2.2　结构分析与校核

1. 结构分析与校核的基本原则

旧工业建筑再生利用前的结构安全检测与评定中，结构分析与校核应遵循表2.7的基本原则。

结构分析与校核的基本原则　　表 2.7

序号	具体原则
1	结构分析与结构或构件的校核方法，应符合国家现行设计规范的规定
2	结构分析与结构或构件所采用的计算模型，应根据现场实测尺寸等数据信息修正模型，符合结构的实际受力和构造状况
3	作用效应的分项系数和组合系数一般按现行国家标准《建筑结构荷载规范》GB 50009 的规定确定。根据不同时期内具有相同安全概率的原则，可对风荷载、雪荷载和荷载分项系数按目标使用年限予以适当折减
4	当结构构件受到不可忽略的温度、地基变形等作用时，应考虑它们所产生的附加作用效应
5	当材料的种类和性能符合原设计要求时，可按原设计标准值取值；当与原设计不符或材料性能已显著退化时，应根据实测数据按国家现行有关检测标准的规定取值
6	当混凝土结构表面温度长期高于 60℃，钢结构表面温度长期高于 150℃时，应按有关的现行国家标准计入由温度产生的附加内力
7	结构或构件的几何参数应取实测值，并结合结构实际的变形，施工偏差以及裂缝、缺陷、损伤、腐蚀等影响确定
8	当需要通过结构构件载荷试验检验其承载性能和使用性能时，应按有关的现行国家标准规范执行

2. 结构分析与校核的主要内容

（1）荷载及作用效应

进行承载力极限状态和正常使用极限状态验算时，结构荷载标准值应按《建筑结构荷载规范》GB 50009 和《工业建筑可靠性鉴定标准》GB 50144 的规定取值。

对结构构件进行分析和校核时，首先要考虑的是结构作用（荷载）取值的问题，即如何确定符合实际情况的荷载。要准确确定施加于结构上的荷载，首先要经过现场调查、检测和核实；经调查符合现行国家标准《建筑结构荷载规范》GB 50009 的，应按规范选用；当现行《建筑结构荷载规范》GB 50009 未作规定或按实际情况难以直接选用时，可根据《建筑结构可靠度设计统一标准》GB 50068 的有关原则规定确定。

对结构的两种极限状态进行结构分析时，应采用相应的荷载组合。作用效应的分项系数和组合系数一般按《建筑结构荷载规范》GB 50009 的规定确定。当现行荷载规范没有明确确定，且有充分工程经验和理论依据时，也可以结合实际按《建筑结构可靠度设计统一标准》GB 50068 的原则规定进行分析判断。当结构在施工和使用期的不同阶段有多种受力状况时，应分别进行结构分析，并确定其最不利的作用效应组合。

根据不同时期内具有相同的安全概率的原则，可对风荷载、雪荷载的荷载分项系数按目标使用年限予以适当折减。同时要考虑旧工业建筑在时间上不同于新建建筑的特点和今后不同的目标使用年限，风荷载和雪荷载是随时间参数变化的，一般鉴定的目标使用年限比新建的结构设计使用年限短，按照不同期间内具有相同安全概率的原则，对风荷载和雪荷载的荷载分项系数进行适当折减，采用的折减系数见表 2.8。

风（雪）荷载折减系数 表 2.8

目标使用年限	10	20	30 ~ 50
折减系数	0.90	0.95	1.0

注：对表中未列出的中间值，允许按插值法确定，当 $t<10$ 时，按 $t=10$ 确定。

楼面活荷载是依据工艺条件和实际使用情况确定的，随时间参数变化小，因此对于楼面活荷载不需折减。

结构可能遭遇火灾、爆炸、撞击等偶然作用时，尚应按国家现行有关标准的要求进行相应的结构分析。当结构构件受到不可忽略的温度、地基变形等作用时，应考虑它们产生的附加作用效应。例如，当混凝土结构表面温度长期高于 60℃，钢结构表面温度长期高于 150℃时，应按有关的现行国家标准规范计入由温度产生的附加内力。

（2）结构分析的计算模型

结构分析时应结合工程的实际情况和所采用的力学模型要求，对结构进行适当的简化处理，使其既能够比较正确地反映结构的真实受力状态，又适应于所选用分析软件的力学模型，从根本上保证分析结构的安全性，如图 2.8、图 2.9 所示。

图 2.8 某排架结构厂房计算模型

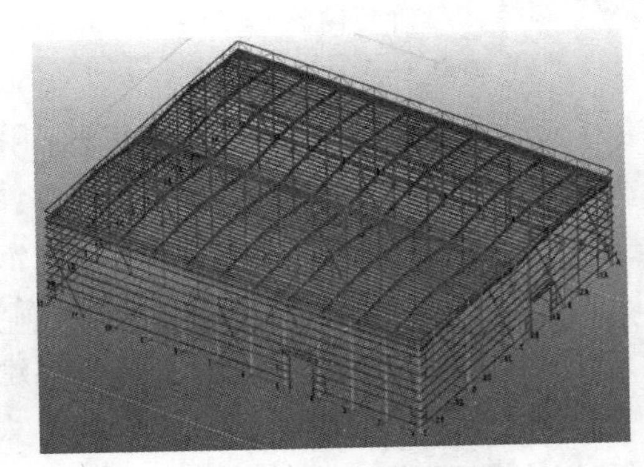

图 2.9 某框架结构厂房计算模型

结构分析的模型应符合下列要求：①结构分析采用的计算简图、几何尺寸、计算参数、边界条件、连接方式（刚接、弹性嵌固、铰接、简支等）以及结构材料性能指标应符合实际情况，并应有相应的构造措施加以保证。②结构上各种作用的取值与组合、初始应力和变形状况等，应符合结构的实际状况。应考虑施工偏差、初始应力及变形位移状况对计算简图加以适当修正。③结构分析中所采用的各种近似假定和简化，应有理论、实验依据或经工程实践验证。计算结果分析模型、计算图形宜根据结构的实际形状、构件的受力和变形状况、构件间的连接和支撑条件以及各种构造措施等，做合理的简化。④计算结果应能符合工程设计必要的精确度要求。当结构体系具有明显的空间作用时，应采用空间分析方法进行结构体系的力学分析，常用的方法包括平面抗侧力结构的空间协同工作分析方法和空间杆系分析方法，其中前者一般用于计算规则的框架结构、剪力墙结构和框架剪力墙结构，而后者可用于计算体型复杂的结构体系。

（3）结构分析与校核的条件

结构分析与校核应满足力学分析条件和变形协调条件，并采用合理的材料或构件单元的本构关系。①满足力学平衡条件。进行力学分析时，必须满足平衡条件。无论结构的整体或部分，在任何情况下，都必须满足力学平衡。②在不同程度上符合变形协调条件，包括节点和边界的约束条件。结构在荷载作用下会发生变形和位移，因为结构是连续体，各部分的变形是协调的，在边界、支座、节点上互相吻合，这就是满足变形协调条件。但有时因为对结构计算简图做了某些简化，对分析计算作了某些假定，造成难以完全满足各单元之间的变形协调，特别是难以满足边界约束条件的情况。因此，不一定要求从微观上严格满足变形协调，但在整体上，应满足变形协调条件，使结构分析的结果与实际情况不致有很大出入。③采用合理的材料本构关系或构件单元的受力-变形关系。构成结构的材料或单元在外部作用下，应力与应变存在着确定的对应关系，称为本构关系。描述本构关系的数学模型即为本构模型，结构分析应能满足本构关系。

（4）结构分析与校核的方法

结构应根据结构类型、构件布置、材料性能和受力特点选择合理的分析方法。以混凝土结构为例，目前常用的结构分析方法有以下五类：①线弹性分析方法；②塑性内力重分布分析方法；③塑性极限分析方法；④非线性分析方法；⑤试验分析方法。构件的校核一般包括砌体结构、混凝土结构和钢结构的构件校核。既有钢结构构件的承载能力宜按国家现行标准《钢结构设计规范》GB 50017 计算；既有砌体构件承载能力按国家现行标准《砌体结构设计规范》GB 50003 计算；有抗震设防要求的砌体结构其构件承载力验算须满足现行《建筑抗震鉴定标准》GB 50023 和《建筑抗震加固技术规程》JGJ 116 的相关规定；既有混凝土构件承载能力按国家现行标准《混凝土结构设计规范》GB 50010 计算；有抗震设防要求的混凝土结构及其构件承载力验算须满足现行《建筑抗震鉴定标准》GB 50023 和《建筑抗震加固技术规程》JGJ 116 的相关规定。

采用空间杆系分析方法和空间协同工作分析方法时，一般需借助计算软件进行计算，其中静力分析常采用矩阵位移法；动力分析采用广义坐标法或集中质量法；地震效应分析目前常采用振型分解反应谱法；罕遇地震作用下的弹塑性分析常采用时程分析法。

3. 材料强度取值

材料强度的标准值，应根据构件的实际状况和已获得的检测数据按下列原则取值：

（1）当材料种类和性能符合原设计要求时，使用过程未导致材料性能发展严重退化、劣化时，可按原设计标准值取值。

（2）当材料种类和性能与原设计不符或材料性能已显著退化时，应结合实测数据按现行国家标准《建筑结构检测技术标准》GB/T 50344 的有关规定修正取值。

(3) 当需要通过结构构件载荷试验检验混凝土构件承载能力时，可按现行国家标准规范《混凝土结构试验方法标准》GB 50152 执行。

当混凝土结构温度长期高于 60℃时，材料性能会有所降低，应考虑温度对材质的影响，可参照相关的规范标准取值。例如，根据《冶金工业厂房钢筋混凝土结构抗热设计规程》YS 12—79，温度在 80℃以上时，应考虑温度对强度的影响。当温度为 100℃时，混凝土轴心、抗压设计强度的折减系数分别为 0.85、0.75，混凝土弹性模量折减系数为 0.75。钢结构表面温度长期高于 150℃时，应当采取措施进行隔热处理，以避免钢结构表面温度超过 150℃。采取隔热措施后钢结构的计算可按常规进行设计。

4. 结构或构件的几何参数

结构或构件的几何参数应取实测值，并结合结构实际的变形、施工偏差以及裂缝、缺陷、损伤、腐蚀等影响确定。例如，对于既有钢结构构件，其截面积和抵抗矩的取值应考虑腐蚀损伤对截面的削弱,稳定系数可不考虑腐蚀损伤的影响。构件承载能力计算时，截面几何性质按实际厚度和公称厚度的较小者计算。当腐蚀后的残余厚度不大于 5mm 或腐蚀损伤量超过初始厚度的 25% 时，钢材质量等级应按降低一级考虑。

2.2.3 结构性能评定

旧工业建筑再生利用前的结构性能评定应根据现场调查与检测情况，地基基础和结构体系整体性、构件承载力、构造措施及各种缺陷、变形、损伤等情况，在进行结构分析与校核的基础上，依据相关规定进行评定。结构性能的评定包括结构可靠性评定和抗震性能评定，相应评定分级标准见表 2.9。

旧工业建筑再生利用决策设计阶段结构的性能评定分级标准　　表 2.9

等级	分级标准
I_{rs}	决策设计阶段结构可靠性符合《工业建筑可靠性鉴定标准》GB 50144 等现行国家标准的要求，结构整体安全可靠；建筑抗震能力符合《建筑抗震鉴定标准》GB 50023 等现行国家标准的要求，在初步确定的设计使用年限内不影响整体可靠性和抗震性能
II_{rs}	决策设计阶段结构可靠性略低于《工业建筑可靠性鉴定标准》GB 50144 等现行国家标准的要求，尚不影响整体安全可靠；或建筑抗震能力局部不符合《建筑抗震鉴定标准》GB 50023 等现行国家标准的要求；在初步确定的设计使用年限内尚不显著影响整体可靠性或整体抗震性能
III_{rs}	决策设计阶段结构可靠性不符合《工业建筑可靠性鉴定标准》GB 50144 等现行国家标准的要求，影响整体安全可靠；或建筑抗震能力不符合《建筑抗震鉴定标准》GB 50023 等现行国家标准的要求；在初步确定的设计使用年限内显著影响整体可靠性或整体抗震性能
VI_{rs}	决策设计阶段结构可靠性严重不符合《工业建筑可靠性鉴定标准》GB 50144 等现行国家标准的要求，已经严重影响整体安全可靠；或建筑抗震能力整体严重不符合《建筑抗震鉴定标准》GB 50023 等现行国家标准的要求；在初步确定的设计使用年限内严重影响结构整体可靠性或整体抗震性能

1. 结构可靠性评定

旧工业建筑再生利用结构可靠性评定包括安全性和使用性评定，结构可靠性评定是在对结构性能检测情况进行分析的基础上，根据结构分析与校核的结果，依据相应的评定标准和方法，按照构件、结构系统和旧工业建筑整体 3 个层次，各层分级并逐步进行安全性评定，其具体评定的层次、等级划分及内容见表 2.10。

决策设计阶段结构可靠性评定的层次、等级划分及内容　　**表 2.10**

<table>
<tr><th>层次</th><th>一</th><th colspan="2">二</th><th>三</th></tr>
<tr><td>评定对象</td><td>构件</td><td colspan="2">结构系统</td><td>旧工业建筑整体</td></tr>
<tr><td>等级</td><td>a_r、b_r、c_r、d_r</td><td colspan="2">A_r、B_r、C_r、D_r</td><td>$Ⅰ_r$、$Ⅱ_r$、$Ⅲ_r$、VI_r</td></tr>
<tr><td rowspan="3">地基基础</td><td rowspan="2">—</td><td>地基变形评级</td><td rowspan="3">地基基础评级</td><td rowspan="7">旧工业建筑整体可靠性评级</td></tr>
<tr><td>边坡场地稳定性评级</td></tr>
<tr><td>按同类材料构件各检查项目评定单个基础等级</td><td>基础承载力评级</td></tr>
<tr><td rowspan="2">上部承重结构</td><td>按承载能力、构造与连接、变形与损伤等检查项目评定单个构件等级</td><td>每种构件集评级</td><td rowspan="2">上部承重结构评级</td></tr>
<tr><td>—</td><td>按结构布置、支撑、系、结构间连接构造等项目进行结构整体性评级级</td></tr>
<tr><td rowspan="2">围护结构</td><td>按照承载能力等项目评定单个构件等级</td><td>每种构件集评级</td><td rowspan="2">围护结构评级</td></tr>
<tr><td>—</td><td>按照构造连接评定单个非承重围护结构构件等级</td></tr>
</table>

2. 结构抗震性能评定

结构抗震性能评定应根据结构检测结果，进行结构体系构造宏观分析以及结构抗震能力计算，对结构在设计使用年限内能否满足抗震要求进行综合评定。抗震性能检测与评定方法应按《建筑抗震鉴定标准》GB 50023 和《建筑抗震设计规范》GB 50011 执行，按照构件、结构系统和评定单元 3 个层次，各层分级并逐步进行抗震性能评定，其具体评定的层次、等级划分以及工作内容和评级标准分别见表 2.11、表 2.12。

旧工业建筑再生利用前的结构抗震性能评定应分为两级。第一级评定应以宏观控制和构造鉴定为主进行综合评定，第二级评定应以抗震验算为主结合构造影响进行综合评定。结构的抗震性能评定：当符合第一级评定的各项要求时，建筑可评为满足抗震评定要求，不再进行第二级评定；当不符合第一级评定要求时，应由第二级评定做出判断，应检查其抗震措施和现有抗震承载力再做出判断。当抗震措施不满足评定要求而现有抗震承载力较高时，可通过构造影响系数进行综合抗震能力评定；当抗震措施满足评定要求时，主要抗侧力构件的抗震承载力不低于规定的95%、次要抗侧力构件的抗震承载力不低于规定的90%，可不要求进行加固处理。

决策设计阶段结构抗震性能评定层次、等级划分及工作内容 **表 2.11**

<table>
<tr><th>层次</th><th>一</th><th colspan="2">二</th><th>三</th></tr>
<tr><td>评定对象</td><td>构件</td><td colspan="2">结构系统</td><td>评定单元</td></tr>
<tr><td>等级</td><td>a_s、b_s、c_s、d_s</td><td colspan="2">A_s、B_s、C_s、D_s</td><td>I_s、II_s、III_s、VI_s</td></tr>
<tr><td rowspan="3">地基基础</td><td rowspan="2">—</td><td>地基变形评级</td><td rowspan="3">地基基础抗震能力评级</td><td rowspan="6">旧工业建筑整体抗震性能评级</td></tr>
<tr><td>场地评级</td></tr>
<tr><td>按同类材料构件各检查项目评定单个基础抗震承载力等级</td><td>基础构件集抗震承载力评级</td></tr>
<tr><td rowspan="3">上部结构</td><td>各类构件抗震承载力评级</td><td>考虑抗震构造措施的抗侧力构件和其他构件集抗震承载力评级</td><td rowspan="3">上部结构抗震能力评级</td></tr>
<tr><td>—</td><td>结构体系、结构布置等抗震宏观控制的抗震构造评级</td></tr>
<tr><td>—</td><td>按照构造连接评定单个非承重围护结构构件等级</td></tr>
</table>

决策设计阶段结构抗震性能评定等级标准 **表 2.12**

<table>
<tr><th>层次</th><th>评定对象</th><th>等级</th><th>评级标准</th><th>处理要求</th></tr>
<tr><td rowspan="4">一</td><td rowspan="4">构件</td><td>a_s</td><td>符合《建筑抗震鉴定标准》GB 50023等现行国家标准的抗震承载力要求</td><td>不必采取措施</td></tr>
<tr><td>b_s</td><td>略低于《建筑抗震鉴定标准》GB 50023等现行国家标准的抗震承载力要求，尚不影响抗震承载力</td><td>可不采取措施</td></tr>
<tr><td>c_s</td><td>不符合现行《建筑抗震鉴定标准》GB 50023等现行国家标准的抗震承载力要求，影响抗震承载力</td><td>应采取措施</td></tr>
<tr><td>d_s</td><td>严重不符合《建筑抗震鉴定标准》GB 50023等现行国家标准的抗震承载力要求，已严重影响抗震承载力</td><td>必须采取措施</td></tr>
<tr><td rowspan="4">二</td><td rowspan="4">结构系统</td><td>A_s</td><td>符合《建筑抗震鉴定标准》GB 50023等现行国家标准的抗震能力要求，具有整体抗震性能</td><td>可不采取措施</td></tr>
<tr><td>B_s</td><td>略低于《建筑抗震鉴定标准》GB 50023等现行国家标准的抗震能力要求，尚不显著影响整体抗震性能</td><td>可能有个别构件或局部构造应采取措施</td></tr>
<tr><td>C_s</td><td>不符合《建筑抗震鉴定标准》GB 50023等现行国家标准的抗震能力要求，显著影响整体抗震性能</td><td>应采取措施，且可能少数构件或地基基础的抗震承载力或构造措施必须采取措施</td></tr>
<tr><td>D_s</td><td>严重不符合《建筑抗震鉴定标准》GB 50023等现行国家标准的抗震能力要求，严重影响整体抗震性能</td><td>必须采取整体加固或拆除重建的措施</td></tr>
</table>

续表

层次	评定对象	等级	评级标准	处理要求
三	评定单元	I_s	符合《建筑抗震鉴定标准》GB 50023 等现行国家标准的抗震能力要求，具有整体抗震性能。	可不采取措施
		II_s	略低于《建筑抗震鉴定标准》GB 50023 等现行国家标准的抗震能力要求，尚不显著影响整体抗震性能	可能有个别构件或局部构造应采取措施
		III_s	不符合《建筑抗震鉴定标准》GB 50023 等现行国家标准的抗震能力要求，具有整体抗震性能	应采取措施，且可能少数构件或地基基础的抗震承载力或构造措施必须采取措施
		VI_s	严重不符合《建筑抗震鉴定标准》GB 50023 等现行国家标准的抗震能力要求，具有整体抗震性能	必须采取整体加固或拆除重建的措施

2.3 再生利用方案评定

2.3.1 再生利用方案的内容

1. 旧工业建筑再生利用模式目标方案

根据旧工业建筑结构形式和其检测评定后的实际情况，结合相应的规划设计，基于不同使用功能要求，选择合理最优的再生利用模式，可以最大程度地保证再生利用后的建筑能够实现经济、社会、环境效益最大化。

(1) 再生利用模式分析

再生利用模式即旧工业建筑再生利用后新的功能类型。我国旧工业建筑再生利用主要模式包括创意产业园、商业办公、博物馆、艺术中心、展览馆、公园绿地、学校、住宅宾馆等。结合建筑类型对其再生模式进行分析，如图 2.10 所示（由于学校这类大体量的再生模式的选择主要依据厂区占地面积大小确定，所以图中未列及）。

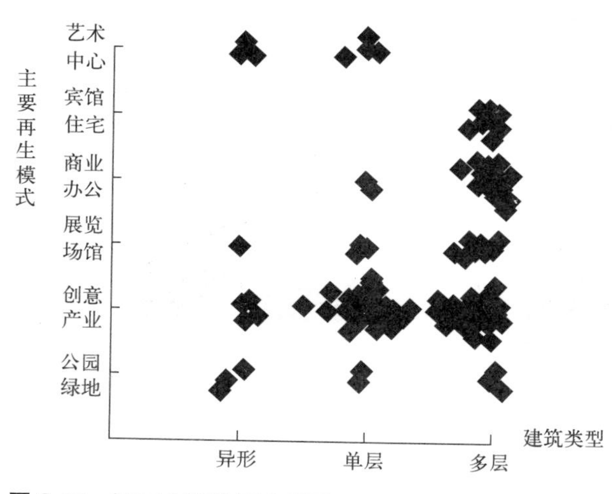

图 2.10　旧工业建筑再生利用项目建筑类型与再生模式

旧工业建筑具有相对比较完善的基础设施和坚固的主体结构，对其进行再生利用后充分发挥了建筑自身剩余的经济价值和社会价值。由于在再生利用过程中，通过设计进行了加固，会使其原有结构形式发生一定程度的改变，也会使其内部构造发生改变，进而使得其再生利用后使用功能与之前相比较有很大不同。受建筑特点和目标功能匹配度的影响，不同的建筑类型对应的再生模式有一定的规律可循，分类方式众多，按空间大小来划分，其再生利用模式见表 2.13。

按单层、多层、异形结构类型来划分，其再生利用模式见表 2.14。

旧工业建筑再生利用模式分析 表 2.13

旧工业建筑		旧工业建筑再生利用模式	
类型	特点	类型	
大型厂房	厂房空间高大，内部宽敞，具有跨度大，层高大的特点，往往设置天窗	展示空间	博物馆、艺术馆
		体育运动场所	篮球馆、羽毛球馆、乒乓球馆
		大会议厅	音乐厅、会议室、表演厅
中小型厂房	厂房柱网尺寸比较小，柱子高，层高相对较小，多为框架结构，部分为砖混结构	生活娱乐场所	餐厅、商场、宴会厅、住宅楼
		办公场所	办公楼、教学楼

旧工业建筑一般分类及其再生利用模式 表 2.14

分类	单层厂房	多层厂房	异形工业建筑
特点	跨度大，层高高，内部空间宽敞，结构多为框架或排架结构，结构坚固，围护结构多不承重，屋顶多设天窗，屋顶结构复杂，立面简单	多采用框架结构，结构坚固，围护结构不承重，跨度、层高较单层厂房小，屋顶一般不设天窗，屋顶结构简单	形体特殊，空间复杂，往往呈现出特殊的具有冲击力的视觉感受（水泥塔、储气罐、高炉烟囱等）
再生模式	适用于需要开敞空间的公共建筑，如博物馆、产业园、艺术中心、训练场、超市等	适用于没有大尺度空间要求的建筑，如办公楼、商场、公寓等	适用于创意型模式。如区域性地标建筑、公园绿地、室内剧院、娱乐场所、创意产业等
典型案例	如北京 798 艺术区、西安大华 1935、宁波美术馆等	如深圳南海意库、苏州登琨艳工作室等	如上海徐家汇公园、外滩 1 号酒吧、当代艺术博物馆等
实例			
	成都东区音乐公园	红坊	19 叁Ⅲ老场坊

(2) 影响旧工业建筑再生利用模式选择（结构选型）的因素

建筑结构选型是结构设计中颇为复杂的工作，其主要影响因素有：

1）建筑形式：使用功能，平面、立面及空间的规则性，柱网尺寸及分布，跨度及层高，建筑材料及荷载条件等，楼面均布活荷载相关参数见表 2.15。

楼面均布活荷载相关参数　　表 2.15

项次	类别	标准值 (kN/m²)	组合值系数 ψ_c	频遇值系数 ψ_f	准永久值系数 ψ_q
1	(1) 住宅、宿舍、旅馆、办公楼、医院病房、托儿所、幼儿园 (2) 教室、实验室、阅览室、会议室、医院门诊室	2.0	0.7	0.5 0.6	0.4 0.5
2	食堂、餐厅、一般资料档案室	2.5	0.7	0.6	0.5
3	(1) 礼堂、剧场、影院、有固定座位的看台 (2) 公共洗衣房	3.0 3.0	0.7 0.7	0.5 0.6	0.3 0.5
4	(1) 商店、展览厅、港口、机场大厅及其旅客等候室 (2) 无固定座位的等候室	3.5 3.5	0.7 0.7	0.6 0.5	0.5 0.3
5	(1) 健身房、演出舞台 (2) 舞厅	4.0 4.0	0.7 0.7	0.6 0.6	0.5 0.3
6	(1) 书库、档案库、储藏室 (2) 密集柜书库	5.0 12.0	0.9	0.9	0.8
7	通风机房、电梯机房	7.0	0.9	0.9	0.8
8	汽车通道及停车库： (1) 单向板楼盖（板跨不小于 2m） 客车 消防车 (2) 双向板楼盖（板跨不小于 6m × 6m）和无梁楼盖（柱网尺寸不小于 6m × 6m） 客车 消防车	4.0 35.0 2.5 20.0	0.7 0.7 0.7 0.7	0.7 0.7 0.7 0.7	0.6 0.6 0.6 0.6
9	厨房： (1) 一般的 (2) 餐厅的	2.0 4.0	0.7 0.7	0.6 0.7	0.5 0.7
10	浴室、厕所、盥洗室： (1) 第一项中的民用建筑 (2) 其他民用建筑	2.0 2.5	0.7 0.7	0.5 0.6	0.4 0.5
11	走廊、门厅、楼梯： (1) 宿舍、旅馆、医院病房、托儿所、幼儿园、住宅 (2) 办公楼、教学楼、餐厅，医院门诊部 (3) 当人流可能密集时	2.0 2.5 3.5	0.7 0.7 0.7	0.5 0.6 0.5	0.4 0.5 0.3
12	阳台： (1) 一般情况 (2) 当人群有可能密集时	2.5 3.5	0.7	0.6	0.5

2）建筑场地气候条件：环境温度、湿度变化范围，空气质量及腐蚀情况，主导风向及基本风压，雨、雪情况等。

3）建筑场地地质情况：地形地貌，土层分布及物理力学性质，地下水位及地下水腐蚀性，不良地质现象，场地类别等。

4）建筑所在地域地震动参数：基本烈度，设计基本地震加速度，设计地震分组，场地特征周期，地震安评情况，场地覆盖层厚度等。

5）当地建筑施工技术水平：材料供应，施工技术能力等。

如此多的影响因素，再加之安全可靠性、经济合理性及建设周期要求等，使得建筑结构选型难度极大。评价一个建筑的好与坏，不仅要考虑外观效果，还要注重结构及其他各专业设计与建筑特点及功能的适应性，更要满足建筑的功能合理，安全、经济、专业间完美结合、适应工期的要求。

2. 旧工业建筑再生利用结构类型目标方案

旧工业建筑再生利用时，往往会改变原有的生产功能并赋予其新的使用功能。再生利用结构类型目标方案是结构设计的指引，而旧工业建筑再生利用结构设计一般包括外接（图 2.11a、b）、增层（图 2.11c、d、f）、内嵌（图 2.11e）等基本形式，其中外接分为独立外接和非独立外接，增层分为内部增层和上部增层。根据与原结构的关系可以分为独立于原结构和依托原结构两大类，其中依托原结构又分为完全依托和部分依托。

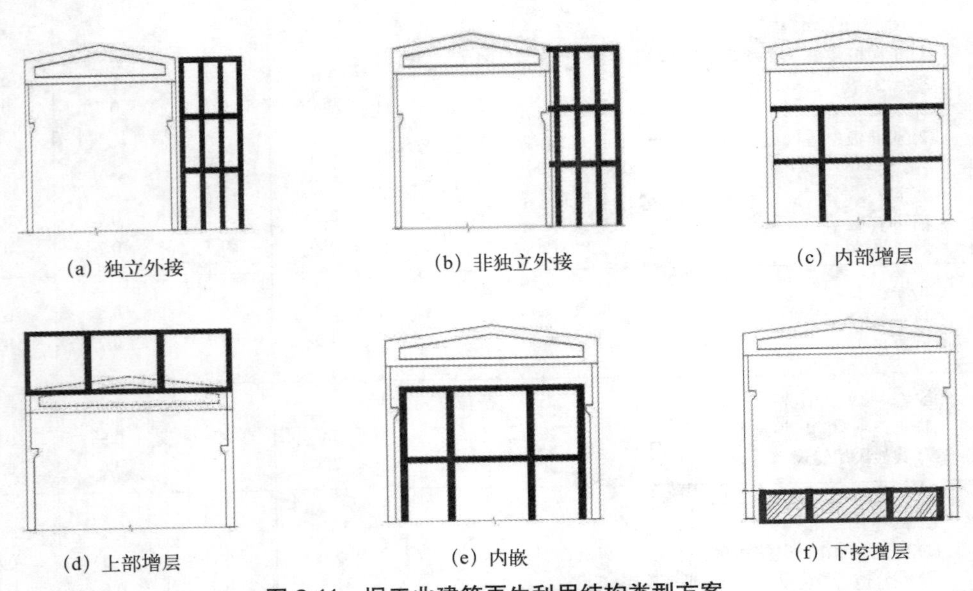

图 2.11　旧工业建筑再生利用结构类型方案

（1）独立于原结构。独立于原结构的结构改造方案即新增结构与原结构完全脱开，互不影响。这种方案优点在于保护原建筑、不需要考虑新老结构协同工作、新增结构布置较为灵活、结构加固工程量小、方便后期再改建等。该方案主要适用于：具有保护意义或结构安全性评级较低的，原结构承载力较差的，材料强度较低基本失去利用价值的，原结构较为复杂的，进行过加固改造但资料不全难以确定的旧工业建筑。

（2）完全依托原结构。完全依托原结构的新增结构改造方案即不增加竖向承重构件，完全依靠原结构承担增层荷载。这种方案优点在于保留工业建筑的大空间、充分利用原结构承载力、不涉及基础工程、造价相对较低等。该方案主要适用于：改造后要求保留大空间的建筑，原结构柱网跨度不大，承载力有较大富余的旧工业建筑。

（3）部分依托原结构。部分依托原结构的新增结构改造方案即增加竖向承重构件，同时依靠原结构承担增层荷载。这种方案优点在于能够减少基础工程施工，充分利用原结构承载力，易于控制增层结构高度以保证建筑净高等。该方案适用范围同“完全依托原结构”的情况。

根据再生利用结构的材料又可分为钢结构和钢筋混凝土结构：

（1）钢结构：由于钢结构具有夹层结构高度小、自重小、安装方便、工期短、拆卸回收利用方便等优点，因此增层改造项目较常采用钢结构。钢结构增层楼盖一般采用压型钢板与混凝土的组合楼板。

（2）钢筋混凝土结构：钢筋混凝土结构具有造价低、耐久性好、维护成本低、结构防火和隔声性能好等优点，因此在工业建筑增层改造中也得到广泛的应用。钢筋混凝土结构增层楼盖一般采用现浇梁板结构，当跨度较大且高度受限时，可采用现浇空心楼盖、预应力混凝土扁梁楼盖等减小增层结构的高度。

2.3.2 再生利用方案的制定

旧工业建筑再生利用方案遵循安全与经济效益相结合的原则，与拟建结构的设计一致，需解决安全和经济的问题，在保证结构安全、满足使用功能的前提下，寻求最佳再生利用方案。本书主要针对旧工业建筑常见的混凝土结构与砌体结构再生利用过程中对结构安全影响较大的增层改造模式进行分析。

1. 混凝土结构再生利用方案制定的基本要求

混凝土结构增层改造过程中，因功能的改变、荷载的增加等因素，不能按原设计准则继续承载，为了满足建筑物使用功能的要求，多数情况下会用到混凝土加固技术。目前，钢筋混凝土结构加固方法很多，有增大截面法、外包钢加固法、预应力加固法、改变结构传力途径加固法、植筋技术以及碳纤维加固技术等。混凝土结构的抗震性能一般优于砌体结构，因此，砌体结构增层方法基本上都适用于混凝土结构增层。在钢筋混凝土结构的增层中应用最多的有直接增层法和外套结构增层法，除此之外，地下增层法也一般用在混凝土结构中。混凝土结构再生利用（增层改造）方案的制定基本要求见表 2.16。

混凝土结构再生利用（增层改造）方案的制定基本要求 表 2.16

序号	基本要求
1	建筑物增层前，应根据建设单位的增层目标和建筑物本身状况，在符合城市规划要求的前提下，进行综合技术分析及可行性论证
2	为了进行技术和经济方面细致深入的分析和论证，首先要收集有关该既有建筑的原始资料，包括既有建筑各专业的图纸、结构设计计算书、地基勘察报告、竣工验收报告等方面的文件，还须对既有建筑的现状进行调查，并委托有资质的单位对结构安全性进行检测和鉴定。据此，根据功能要求、原建筑物的现状和潜力、抗震设防烈度、场地地质条件、检测鉴定结果和规划要求等因素进行既有建筑物的增层改造设计
3	当建筑物需要加固时，应做加固设计。一般情况下应先加固后增层，也可根据工程的实际情况边加固边增层
4	增层工程的建筑设计、结构设计及增层后整体结构的安全性应满足现行国家设计规范的有关规定
5	既有建筑物增层的建筑设计，不同于新建工程的建筑设计，它受到众多因素的制约，设计时既要顾及结构的安全，又要照顾立面造型的美观，并与原建筑及周围环境相互协调，最大限度地满足规划市容和环境的要求
6	在使用功能方面，每栋建筑都有明确的使用功能，并将这种要求体现在建筑的平面设计中。进行建筑物增层改造建筑设计时，首先应考虑建筑物增层后的用途，以其使用功能作为增层建筑设计的主要依据
7	此外，建筑物增层后，尚应满足日照、防火、卫生、抗震等有关现行国家设计规范的要求

2. 砌体结构再生利用方案制定的基本要求

近二十年来的既有建筑增层项目中，砌体结构占有相当大的比重。砌体结构采用黏土砖和砂浆砌筑而成，抗拉、抗弯、抗剪强度均较低，并呈现明显脆性特征，整体性较差，抗震能力有限。因此，砌体结构的增层具有一定的难度。

（1）砌体结构建筑增层前应根据使用单位的加层目标要求进行综合技术经济分析及可行性论证，并按照现行国家标准《民用建筑可靠性鉴定标准》GB 50292 及有关现行国家规范进行增层鉴定，经综合评定适宜增层者方可进行增层。增层建筑的建筑立面设计，要求造型美观，并应与原建筑及周围环境相互协调。建筑增层后应满足日照、防火、卫生、抗震等有关现行国家规范的要求。建筑增层设计时，应根据建筑物的重要程度按现行国家标准《建筑结构可靠度设计统一标准》GB 50068 的规定确定其安全等级。经增层鉴定，原建筑需加固（包括抗震加固）时，应结合加固或改造目标进行增层设计，施工时应按先加固后增层的原则进行。建筑增层设计前应进行现场调查，不应在地基有严重隐患的地区进行建筑增层。建筑增层设计时，应考虑增层施工和增层后对相邻建筑物的不利影响。

（2）砌体结构建筑增层材料选用应符合如下要求；建筑增层考虑加固因素，材料选用从严要求。砖材强度等级应大于 MU7.5，砂浆强度等级宜大于 M5（组合砖砌体砂浆面层宜大于 M10），混凝土强度等级宜大于 C20。建筑增层设计应尽量采用轻质材料。

（3）砌体结构建筑增层设计应选择合理的结构体系，应符合刚性方案要求，应有明确的传力路线和计算简图；并应按现行有关国家标准规范对增层后的建筑结构与地基基础进行验算。增层建筑的地基承载力可根据地质勘察资料确定；也可在原有地质勘察资料的基础上参照建筑使用年限依据成熟的经验确定。对原墙体结构及混凝土构件的承载力验算时，应根据砖材、砂浆、混凝土及钢材的实测强度等级进行验算。上部结构、地基基础的加固，应符合现行国家有关加固技术规范的规定。在增层建筑施工过程中应注意观测，如发现地基下沉、墙柱梁开裂、建筑倾斜、原基础或主体结构存在严重隐患，应立即停止施工，采取有效措施进行处理。

（4）对砌体结构建筑进行增层鉴定后适宜增层的，增层施工前应做好施工组织设计，采用切实可行的施工方法和确保工程质量与安全的措施。增层建筑除在施工过程中应进行监测外，尚应在工程竣工后按有关规定进行沉降观测。

（5）直接增层法的原则。多层砖房增层后的总高度、层数限值和建筑物最大高宽比应符合现行国家标准《建筑抗震设计规范》GB 50011 的要求，考虑到原房屋加固后虽满足规范要求，但仍不如新建结构好，因此可根据原建筑物的加固状况适当降低。

根据大量的统计分析，在满足抗震和地基要求的前提下，给出砖混结构增层的合理层数，按公式（2-1）计算和参考表 2.17 执行。

$$f=\frac{(N+n)35}{b} \tag{2-1}$$

式中：N——原有建筑物的层数；

n——新增建筑物的层数；

b——原设计基础底面宽度；

f——地基容许承载力。

砖混结构增层的合理层数 表 2.17

原有建筑物层数 \ 地基容许承载力（kPa）	80	100	120	140	160	180	200
1 层	1/2	2/3	3/4	3/4			
2 层	1/3	1/3	2/4	3/5	3/5		
3 层		1/4	1/4	2/5	2/5	3/6	3/6
4 层				1/5	1/5	2/6	2/6
5 层					1/6	1/6	2/7
6 层						1/7	1/7

注：表中分子为新增建筑物的层数，分母为总层数。

多层内框架砖房和底层全框架建筑物，其增层后的建筑物总高度和层数的限值不应超过表 2.18 的规定。

总高度（m）与层数限值　　表 2.18

抗震设防烈度 总高与层数 建筑物类型	6		7		8	
	高度	层数	高度	层数	高度	层数
底层框架砖房	19	6	19	6	16	5
多排柱内框架砖房	16	5	16	0	14	4
单排柱内框架砖房	14	4	14	4	11	3

注：建筑物的总高度指室内外地面到檐口的高度，半地下室可从室内地面算起，全地下室可从室外地面算起。

2.3.3 再生利用方案的评定

决策，是为了一个特定的目标，根据客观条件的可能性和在掌握一定的信息和经验的基础上，借用一定的工具、方法和技巧，对需要决定的问题的诸因素进行准确的计算和选优判断后，所做出的行动对策的工程。简单地说，决策就是考虑和选择解决问题方案的行为和过程。结构再生利用方案决策是一个多层次多变量的复杂过程，涉及结构的可靠性、使用年限、加固改造技术水平、经济折旧速率、投资费用控制等诸多因素，并关联结构工程、经济学科、管理以及其他相关学科领域。

1. 再生利用方案选择的基本策略

（1）基于改变使用功能的再生利用策略

基于改变使用功能的旧工业建筑再生利用的目的是使经过再生利用后的结构能够承担其后续使用年限内所可能遭遇到的所有外部作用，完成结构改变使用功能后的预期功能。而通常情况下，原结构构件抗力水平由于使用过程中外部作用而发生进一步的灰色模糊化和随机化，这就更要求加固改造后结构必须具备一定水平的可靠度。一般条件下结构的再生利用原则是使加固改造后的结构构件具有新建结构构件的可靠度水平，从而保证整个结构也具有同样的可靠度水平，满足《建筑结构可靠度设计统一标准》GB 50068 规定的标准。因此对旧工业建筑结构进行加固改造决策设计一般不存在加固改造时机的决策问题，其关键在于针对现有已服役结构的现状及特点，选择最佳的加固改造方法，以使此结构在加固改造后的使用效益达到最佳。

1）在固定再生利用费用条件下，加固改造结构可以具有完全不同的可靠度水平，如对于一般服役时间较短，结构整体及其构件截面强度、刚度无较大程度的衰减现象时，针对原结构而进行的加固改造处理就可以是仅在结构构件截面强度、刚度范围内进行，通过逐个满足各结构构件截面强度条件、刚度条件来达到加固改造的目的，最后再通过整体计算分析验算结构的整体承载能力和满足正常使用极限状态的水平，并逐步修正结构各构件的可靠度水平，以使结构改变其使用功能的加固改造费用限制在已知投资额的水平上。

2）在规定结构后续使用年限的情况下，对已有结构进行的加固改造决策实际上就是使加固改造后结构满足规定安全使用年限条件下，加固改造费用最小的数学规划问题。对不需要改变原结构几何构造形式的加固改造结构，结构加固改造可以按结构到达其极限使用年限时，结构各构件截面尽可能多地同时达到其使用极限状态，以使结构加固改造费用达到最低目标。对需要改变原结构几何构造形式的加固改造结构，加固改造决策的首要问题仍然是基于原结构破坏状态确定在规定后续使用时间内满足使用功能要求的加固改造结构形式；然后基于原结构进行加固改造设计；最后对结构进行整体分析，考虑各构件加固改造难度对加固改造费用的影响，以及外部腐蚀介质对结构抗力水平影响的不均匀性，调整各构件截面抗力水平设计，以使满足结构后续使用期要求的加固改造费用达到最低，结构加固改造效益达到最优。

(2) 基于目标可靠度水平的再生利用策略

腐蚀环境下钢筋混凝土结构由于外部侵蚀介质的不利影响，在结构使用若干年后，结构构件强度就可能达到其承载能力极限状态。通常外部侵蚀介质对钢筋混凝土结构的破坏，在不同结构部位所发生的腐蚀程度可能相差很大，受其他外部作用而发生破坏时，各构件截面所发生的破坏程度相差很大。当仅有个别构件截面强度可能达到极限强度而致使整个结构使用功能失效时，对其强度约束进行加固改造显然是一种比较合理而经济的处理方法。对确定的在役受腐蚀结构，当其加固改造时机、后续使用时间及可靠度已知时，可先计算结构加固改造的重要性系数，并按此系数修正荷载分项系数，根据现役结构的几何特征计算结构控制内力，设计结构加固改造各控制截面，调整结构构件截面几何尺寸，使该截面配筋设计达到“满意”水平，并经过多次几何尺寸及其配筋的修正，逐步使各控制截面最近一次的设计截面与上一次进行的“满意”设计较为接近，即达到了最优的加固改造方案。

(3) 基于价值工程与变权综合评价的再生利用策略

再生利用方案决策既是一个技术问题，又是一个经济问题。技术问题意为选定的方案应提高原有结构受力的承载能力，保证结构满足设计使用功能的实现；经济问题意为选择合理的方案，使得可用资金达到最佳的使用状况，以保证最小的资源耗费满足预定的加固目标要求。再生利用方案决策不仅要从工程技术角度来考察结构的设计水平和服务水平，确定加固处理后结构的综合性能，是否安全可靠、是否经久耐用，还要从经济上考察其效益的高低，也就是说工程决策者的优选应以功能和成本的合理结合即价值大小为依据。再生利用方案决策就是选择价值高的方案，也就是力求正确处理好功能与成本的关系，提高它们之间的比值，使资源得到更有效的利用。基于价值工程与变权综合评价的再生利用策略，首先建立旧工业建筑再生利用方案评价指标体系，根据有关研究成果和专家意见，由层次分析法确定功能指标权重，并按评价指标评价标准对指标进行评价，然后利用变权综合评价得到再生利用方案的评价值，本书仅就评定的指标体系进行详细分析，评价方法及流程等请参考专著《旧工业建筑再生利用评价基础》。

2. 再生利用方案的评定指标体系

首先要明确规定评价项目，即确定评价所需的各种指标和因素，然后分析各个再生利用方案对每一个评价项目的满足程度，最后再根据再生利用方案对各评价项目的满足程度来权衡利弊，判断各再生利用方案的总体价值，从而选出总体价值最大的加固方案，即技术上先进、经济上合理和社会环境上有利的再生利用最优方案，评定指标体系如图2.12所示。

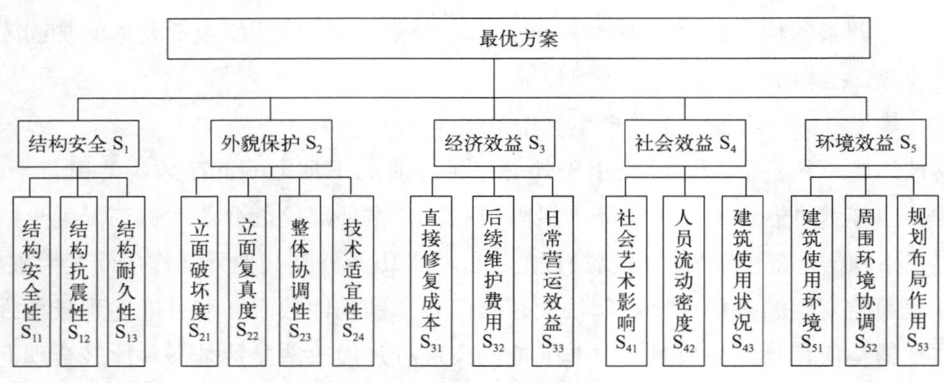

图 2.12 再生利用最优方案评定指标体系

(1) 结构安全

结构安全包括拟进行再生利用的旧工业建筑结构的安全性、抗震性、耐久性。安全性指是否能承受各种荷载作用和变形而不发生破坏，且在偶然事件发生后，仍能保持必要的整体稳定性。抗震性是指在地震作用下，结构构件的承载能力、变形能力、刚度及破坏形态的变化和发展是否满足要求。耐久性是指结构在正常维护的条件下是否满足构件耐久性使用年限内各项功能的要求。

(2) 外貌保护

外貌保护包括立面破坏度、立面复真度、整体协调性、技术适宜性。立面破坏度是建筑立面在加固修复过程中造成的二次破坏程度。立面复真度是立面修复是否与建筑的原貌保持一致，是否失真。整体协调性是再生利用后整体外貌是否与原结构及周边结构协调一致。技术适宜性是指为达到目标使用功能而拟采用的技术是否存在不适宜，造成对结构的“并发症”，即二次伤害。

(3) 经济效益

经济效益包括直接修复成本、后续维护费用、日常营运效益。直接修复成本是整个再生利用过程中规划设计、建筑设计、结构设计、施工等产生的费用（万/m^2）。后续维护费用是指在再生利用后的日常维护费用，参考计划大修、小修频率和实际情况进行量测。日常营运效益是再生利用后与再生利用前的固定年收入比值（万/年）。

（4）社会效益

社会效益包括社会艺术影响、人员流动密度、建筑使用状况。社会艺术影响指优秀的旧工业建筑是城市的文化瑰宝，亦是名片。人员流动密度是考虑旧工业建筑再生利用效益的最直接指标，参考《景区最大承载量核定导则》LBT 034，以最佳承载量为优值（人 /m^2）。建筑使用状况指再生利用后建筑的利用率、使用功能的变化程度。

（5）环境效益

环境效益包括建筑使用环境、周围环境协调、规划布局作用。建筑使用环境指拟再生利用后的建筑周围是否存在不利于继续使用的不良环境（强酸等）。周围环境协调是指与周围建筑是否协调，是否存在破坏性建设。规划布局作用是指拟再生利用后的旧工业建筑对该区域形成外部空间环境所起的规划积极与否。

2.4　再生利用结构设计评定

2.4.1　结构设计的方法

1. 旧工业建筑结构再生利用的整体设计原则

任何建筑都不是凭空设计出来的，正所谓无规矩不成方圆，既有旧工业建筑再生利用也需要遵循一定的原则，以保证其设计的合理性。原则包括“施工方便、技术可靠性原则”、“物料选取的基本原则”、“整体效果的方案制定原则”、“增加荷载值和承载能力计算”、“减少破坏，经济合理性原则”、“综合考虑地震作用”和“其他方面的原则”。

（1）总体效应原则、整体效果原则

结构设计方案包括结构需加固改造部分的基本范围、内容和加固改造后新旧结构之间的引导作用。在制定结构设计方案时，应充分考虑结构性能检测与评定结论、委托方提出的加固改造内容和项目，而且应考虑加固改造后建筑的总体效应。例如，对某一层柱子进行加固，有时会改变整个结构的动力特性，从而产生薄弱层，对抗震带来不利影响。因此，在制定结构设计方案时，应对建筑总体进行考虑，不能“头痛医头，脚痛医脚”，要全面了解结构的材料性能、构造形式和组成结构的具体体系，了解在结构中存在的缺陷和损伤等基本情况，对现有结构进行受力分析，并在此基础上进行勘察、检验。

（2）结构设计方案技术可靠、方便施工的原则

旧工业建筑的现实状况往往很复杂，因此进行结构设计时应充分考虑其实际现状。根据加固改造后结构的受力特点，在整体受力结构解析的情况下，保证补强后的结构部分在结构系统中可以清晰地传递作用力，达到结构本身的可靠与安全，但也应采取切实有效的措施，使新旧材料有效结合、连接可靠和协同作用。另外，综合考虑旧工业建筑再生利用的加固改造施工特点和施工技术水平、施工人员素质等因素，在制定再生利用施工组织时，应采取有效的措施、设计合理可行的加固改造方法，同时尽量考虑施工期

间的使用环境和相邻结构的影响。

(3) 材料选用和取值协调统一的原则

结构设计所选用原材料的种类和性能尽量与原有结构相统一，这样有利于新老结构的协同工作。加固改造所用钢材一般选用Q235级或Q345级钢材为主材(一级或二级钢)；所用的水泥、混凝土等拌合材料多选用强度等级不低于32.5的普通硅酸盐水泥；混凝土的等级应比原结构的混凝土强度等级提高一级，且加固上部结构构件的混凝土强度等级不应低于C25；加固混凝土中不应掺加粉煤灰、火山灰和高炉矿渣等混合材料；粘结材料及化学灌浆材料的粘结强度，应高于被粘结混凝土的抗拉强度和抗剪强度，以确保加固效果。当原结构材料种类和性能与原设计一致时，应按原设计值取值；当原结构无材料强度资料时，可通过实测评定材料强度等级，再按现行规范取值。

(4) 增加荷载值和承载能力计算、荷载计算原则、承载力验算原则

通常情况下结构补强加固设计时必须清楚荷载的取值以及承载能力。结构原设计和增加的荷载取值进行实地调查、检验，通常加固时荷载验算应按现行《建筑结构荷载规范》GB 50009的基本规定取值，对于工艺荷载和吊车荷载等，应根据使用单位提供的数据取值。当运用基本条件简化结构图还应根据原结构实际的支持构件或组件确定实际能承受的荷载和作用力。在验算承载力时，结构的计算简图应依据结构的实际尺寸和结构的实际受力状况确定。构件的截面面积应采用实际有效截面面积，即应考虑结构的损伤、缺陷、锈蚀等不利因素。验算时，应考虑结构在加固时的实际受力程度和加固部分的应力滞后特点，以及加固部分与原结构协同工作的程度，并对加固部分的材料强度设计值进行适当的折减，同时还应考虑实际荷载偏心、结构变形、局部损伤、温度作用等造成的附加内力。当加固后结构的重量增大时，尚应对相关结构的基础进行验算。

(5) 综合考虑地震作用与抗震设防相结合，尽量减少破坏经济合理原则

众所周知，地震灾害是各种自然灾害中最具破坏性的，作为地震多发国家，我国存在多条地震带，6度以上的地震设防区域遍布全国各地。然而，在20世纪80年代以前，多数建筑物没有考虑抗震设防，或考虑不足。因此，为保证在地震期间，结构有足够的安全储备，对其进行加固改造方案设计时，应考虑相应的抗震设防要求。此外，在正常情况下的原始结构承载力应充分利用，以避免原来结构或组件的拆卸或损坏。

此外，在进行施工时应当对实际结构的具体情况详细检查、勘察，然后根据检查结果随时灵活调整，采取预防措施，发现隐患立即排除，对耐高温、耐腐蚀、冻结和融化、振动以及地基的不均匀沉降等原因造成的结构性破坏，在建设过程中提出适当的应对方案，增加安全保护措施并及时消除不必要的安全问题，以确保结构最大的安全可靠性。

2. 旧工业建筑结构再生利用的施工与设计相协调

再生利用涉及结构体系的变动，必须要在加固改造前对再生利用过程中的安全性做

好充分的估量。若在改动过程中出现意外，后果不堪设想，所以对于设计原则和施工原则必须要进行系统详细的论述，这里以抽柱改造工程举例说明，见表 2.19。

施工与设计相协调原则　　表 2.19

序号	原则	具体内容
1	设计过程中针对不同情况的设计原则	①对于经评定满足使用要求的构件，设计中应采取修复、加固、更换等措施，如：对已经锈蚀的杆件，设计时应考虑其截面面积的折减； ②对一些新增加的重型平台结构，使其自成结构体系，与主厂房结构各自受力，这对整个厂房的整体结构是有利的； ③对新旧结构的连接，考虑到原厂房经过多年的使用，各部分构件都有不同程度的变形，相应高强螺栓孔的位置相互错动，所以尽量采用焊接连接； ④对原有屋架、托架，当不满足要求采取加固措施时，使原有构件在卸载的状态下进行加固，保证构件的新旧部分共同受力，避免应力滞后等现象发生； ⑤在主排架的结构分析中，对截面较小、刚度较差的柱子忽略其影响，这种考虑对整个结构体系来说是偏于安全的
2	施工图设计时应遵循的设计程序	①计算抽柱改造前在原有荷载作用下结构内力、结构刚度； ②根据工艺要求和现场实际情况，确定托梁抽柱方案，研究确定抽柱后结构新的传力路线及计算模型，计算抽柱后在新荷载作用下结构内力； ③根据新的结构形式及内力计算结果，设计托梁（或托架）及柱间支撑，对原结构有关柱、梁及地基基础进行加固设计； ④根据加固结果，对抽柱后结构进行整体刚度验算，与原计算结果进行对比，并根据具体施工方案和受力情况，对结构在施工过程中的强度和稳定进行验算
3	结构构造的基本原则	抽柱改造后的承载结构体系是既有结构构件和新增构件协同承担抽柱转移的荷载，包括自重、风、雪、地震等荷载作用。加固结构属于二次受力结构，加固前原结构已承担改造前静荷载（第一次受力），抽柱转移荷载均由新旧结构共同承担（第二次受力）。这样，整个加固结构在其后的第二次受荷过程中，新增结构的应力应变始终滞后于原有结构，因此必须要采取必要的构造措施，使得新旧结构能够协同变形： ①立柱、地基基础是原有建筑的重要结构，承担着整个厂房的最根本的支撑任务，必须确保在任何情况下都具备足够的承载力，必须进行承载力验算及强化设计； ②为了保证结构的超静定，新增托梁或者托架的支座可以进行刚性化处理，即使托梁或者托架存在设计或施工缺陷，整个结构也能够承担荷载，不至于引发大的安全事故；同样在往复荷载作用下，比如地震等，托梁不会丧失承载力； ③新增托梁的上、下弦杆为梁式，支座刚性，这样可以在腹杆失效甚至是上下弦杆局部失效时还拥有足够的承载力。中间腹杆采用超静定形式（焊缝或者高强螺栓连接），不仅可以实现在往复荷载作用下托梁具有足够的承载能力，还可保证少量腹杆失效后，托梁或者托架仍具备足够的承载能力； ④结构在施工过程中存在非完整性失效风险，为控制这一风险，在设计托梁或托架时，应按照施工过程保证托梁或者托架在任意变形下，结构都具有承受自重荷载以及上部结构自重荷载的能力。如单层厂房，可考虑固定于立柱的三角撑型结构设计
4	结构布置原则	抽柱改造在一定程度上改变了厂房的结构体系，但是需要保证改造前后的结构承载力性能以及抗震性能不发生较大变化。为了保证这一点，就不能简单地拆除原有的柱间支撑以及纵横向的水平支撑，而应该采用先装新支撑后拆旧支撑的原则进行支撑的移位和拆除。在抽柱改造过程中，防止连续倒塌也是一个很重要的设计原则。连续倒塌可能会对生命财产造成巨大的损害，因此为了避免这一损害的发生，在设计新增托架时应该考虑其超静定化问题，以防止某一杆件损坏或者失去承载能力
5	结构细部处理原则	细部处理指施工过程中对诸多节点等细节但却极其重要的结构局部进行的处理。改造后原有由待抽柱承受的荷载通过新增托架进行传递，故而新增托架与两侧柱的连接就显得非常重要，其细部构造处理关系着改造的成败以及改造后能否正常使用，必要时候需要对关键的细部结构绘制详图。抽柱改造一般是针对特定工程而言的，而不同的工程在施工空间的复杂程度、工程结构形式、变形控制要求等各个方面都会有较大差异。所以不同的再生利用工程有不同的设计要素，不可照抄照搬

3. 结构承载力计算基本假定

为方便分析，结构承载力计算应按以下基本假定计算分析，这里以混凝土结构加固举例说明。

（1）截面的平均应变符合平截面假定，即正截面应变应按现行规律分布。

任何种类的钢筋混凝土构件以及组合混凝土构件在其弹性阶段，其界面应变均满足平截面假定。即使构件达到承载力极限状态时，其平均应变仍可符合平截面假定。

（2）在构件的受拉区，不考虑混凝土的受拉作用，认为拉力全部由钢板或钢筋承担。

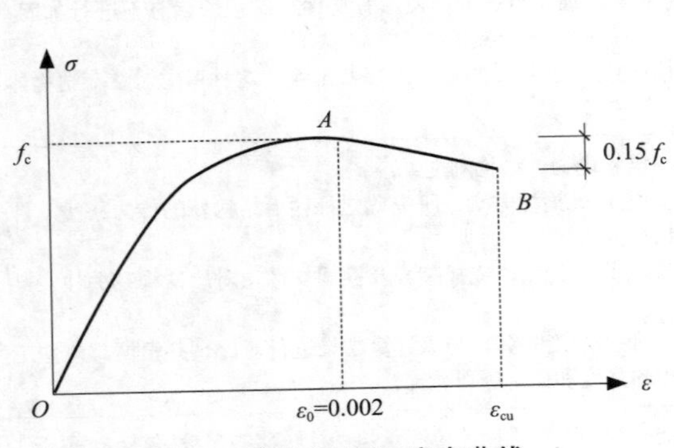

图 2.13　混凝土应力-应变曲线

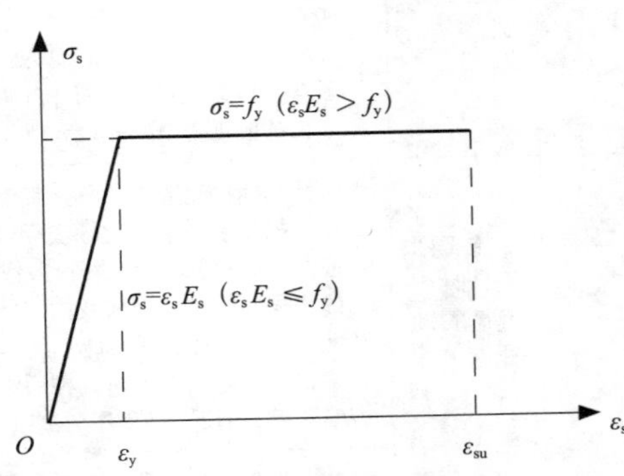

图 2.14　钢筋应力-应变曲线

（3）混凝土压应力 σ_c 与压应变 ε_c 之间的关系为：

当 $\varepsilon_c \leqslant \varepsilon_{co}$ 时，应力与应变的关系为抛物线关系，即 $\sigma_c=f_c[2\varepsilon_c/\varepsilon_0-(\varepsilon_c/\varepsilon_0)^2]$，其中 ε_0 为混凝土压应力刚达到其轴心抗压强度设计值 f_c 时的混凝土压应变。

当 $\varepsilon_{co}<\varepsilon_c \leqslant \varepsilon_{cu}$ 时，应力随着应变增加逐渐降低，即 $\sigma_c=f_c[1-0.15(\varepsilon-\varepsilon_0)/(\varepsilon_{cu}/\varepsilon_0)]$，其中 ε_{cu} 为正截面的混凝土极限压应变。具体如图 2.13 所示。

（4）纵向钢筋的应力 σ_s 与其应变 ε_s 为一斜线段与一水平线段的组合折线，如图 2.14 所示。其具体按公式（2-2）、（2-3）进行计算：

$$\sigma_s=\varepsilon_s E_s,\quad \varepsilon_s \leqslant \varepsilon_y \tag{2-2}$$

$$\sigma_s=f_y,\quad \varepsilon_y<\varepsilon_s<\varepsilon_{su} \tag{2-3}$$

上述公式中，f_y 为钢筋的屈服应力，ε_y 为钢筋的屈服应变，ε_{su} 为钢筋的极限拉应变，取 0.01，E_s 为钢筋的弹性模量。

4. 钢筋混凝土梁主要加固方法承载力计算

（1）碳纤维布加固法

采用碳纤维加固法加固钢筋混凝土梁时，其正截面抗弯承载力应按公式（2-4）、（2-5）、（2-6）、（2-7）计算，其正截面抗弯承载力计算简图如图 2.15 所示。

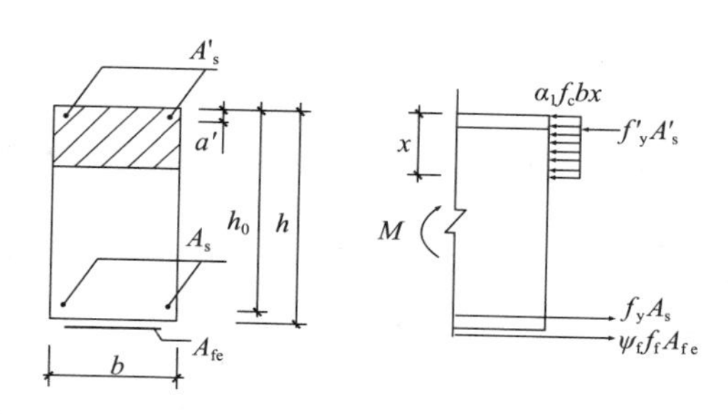

图 2.15　碳纤维布加固法正截面抗弯承载力计算简图

$$M \leqslant M_u = f'_y A'_s (h - a'_s) + \alpha_1 f_c bx (h - \frac{x}{2}) - f_y A_s (h - h_0) \tag{2-4}$$

$$\alpha_1 f_c bx = \psi_f f_f A_{fe} + f_y A_s - f'_y A'_s \tag{2-5}$$

$$\psi_f = \frac{\dfrac{0.8\varepsilon_{cu} h}{x} - \varepsilon_{cu} - \varepsilon'_f}{\varepsilon_f} \tag{2-6}$$

$$x \geqslant 2a'_s \tag{2-7}$$

式中：M——构件加固后的抗弯承载力；

f_y——原截面受拉钢筋的抗拉强度设计值；

f'_y——原截面受压钢筋的抗压强度设计值；

f_c——混凝土轴心抗压强度设计值；

α_1——受压区混凝土矩形应力图的应力值与混凝土轴心抗压强度设计值的比值；

x——等效矩形应力图形的混凝土受压高度；

b——截面宽度；

A_s——受拉区钢筋与钢板面积之和；

A'_s——受压区钢筋与钢板面积之和；

a'_s——受压钢筋合力点至截面受压区边缘的距离；

h_0——构件加固前的截面有效高度；

f_f——碳纤维布的抗拉强度设计值；

A_{fe}——碳纤维布的有效截面面积；

β_f——碳纤维布实际抗拉应变达不到设计值而引入的强度利用系数，当 $\beta_f > 1.0$ 时，取 $\beta_f = 1.0$；

ε_{cu}——混凝土极限压应变，取 $\varepsilon_{cu} = 0.0033$；

ε_f——碳纤维布拉应变设计值；

ε'_f——考虑二次受力影响时，碳纤维布的滞后应变。若不考虑二次受力影响，取 $\varepsilon'_f = 0$。实际应粘的碳纤维布的截面面积 A'_f，应按公式（2-8）计算：

$$A_f = \frac{A_{fe}}{K_m} \tag{2-8}$$

式中：K_m——碳纤维布厚度折减系数，当采用碳纤维预成型板时取1.0，当采用多层粘贴碳纤维布时$K_m = 1.16 - \frac{n_f E_f t_f}{308000} \leqslant 0.90 = 1.16$，其中$E_f$为碳纤维布弹性模量；$n_f$、$t_f$分别为碳纤维布的层数和单层厚度。

另外，为了保证加固后的构件在达到抗弯承载力之前，不会因抗剪承载力不足，而过早发生剪切破坏。因此，应对构件进行相应的抗剪加固。具体措施为，在碳纤维布延伸范围内，设置碳纤维U形箍，如图2.16所示。其斜截面抗剪承载力应按下列公式（2-9）、公式（2-10）计算。

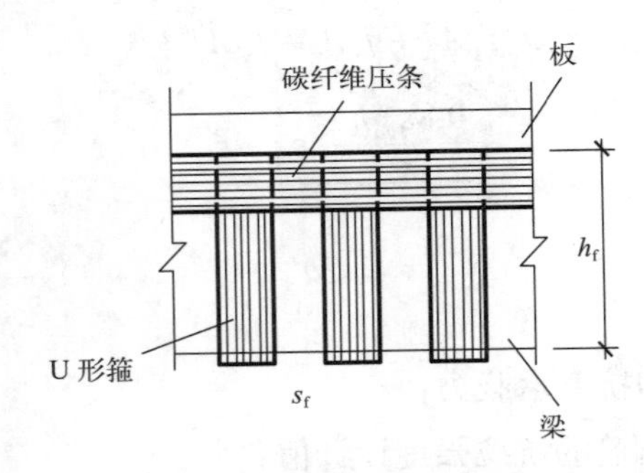

图2.16　碳纤维U形箍粘贴示意图

$$V \leqslant V_0 + V_f \tag{2-9}$$

$$V_f = \psi_{vb} f_f A_f h_f / s_f \tag{2-10}$$

式中：V——梁加固后的斜截面抗剪承载力；

V_0——梁加固前的斜截面抗剪承载力；

V_f——粘贴条带后，梁斜截面抗剪承载力的提高值；

ψ_{vb}——与条带加锚方式及受力条件相关的抗剪强度折减系数，其值查表2.20；

抗剪强度折减系数值ψ_{vb}值　　表2.20

受力分析 \ 加锚方式	环行箍及加锚封闭箍	胶锚或钢板锚U形箍	加织物压条的一般U形箍
均布荷载或剪跨比$\lambda \geqslant 3$	1.0	0.92	0.85
剪跨比$\lambda \leqslant 1.5$	0.68	0.63	0.58

A_f——同一截面处碳纤维布环形箍或U形箍的全部截面积，$A_f = 2n_f t_f b_f$，n_f、t_f分别为碳纤维布的层数和单层厚度，b_f为环形箍或U形箍的宽度；

h_f——梁侧面粘贴的环形箍或U形箍的竖向高度。对环形箍，$h_f = h$；

f_f——受剪加固采用的碳纤维布抗拉强度设计值，根据厂商提供的抗拉强度设计值折减系数 0.58 确定；

s_f——碳纤维环形箍或 U 形箍的间距。

为保证加固后的构件不发生斜压破坏，梁加固后的斜截面抗剪承载力尚应满足如下条件：

$$\text{当 } h_w/b \leqslant 4 \text{ 时，} V \leqslant 0.25\beta_c f_c b h_0 \text{；} \tag{2-11}$$

$$\text{当 } h_w/b \geqslant 4 \text{ 时，} V \leqslant 0.25\beta_c f_c b h_0 \text{；} \tag{2-12}$$

当 $4 < h_w/b < 6$ 时，按线性内插法确定。

（2）湿式外包钢加固法

采用湿式外包钢加固法加固钢筋混凝土梁，其正截面受压区高度应按公式（2-13）计算：

$$x= (\alpha_a f_{js} A_{js}+f'_y A_s-\alpha'_a f'_{js} A'_{js}-f'_y A'_s) /\alpha_1 f_c b \tag{2-13}$$

若所求的 x 满足条件：$2a'_s \leqslant x \leqslant x_b=\xi_b h_0$，则表明加固后的构件在达到承载力极限状态时，其受拉区的钢板和钢筋达到了其抗拉强度设计值。同时，受压区的钢板与钢筋也达到了其抗压强度设计值。此时，加固后构件的极限承载力可按公式（2-14）计算：

$$M_u = \alpha_1 f_c bx(h_0 - \frac{x}{2}) + f_y' A_s'(h_0 - a_s') \tag{2-14}$$

若所求的 x 满足条件：$x > x_b$，则表明加固后的构件在达到承载力极限状态时，其受拉区的钢板和钢筋没有达到抗拉强度设计值。此时，加固后构件的极限承载力可按公式（2-15）计算：

$$M_u = \alpha_1 f_c bx(h_0 - \frac{x_b}{2}) + f_y' A_s'(h_0 - a_s') \tag{2-15}$$

若所求的 x 满足条件：$x < 2a'_s$，则表明加固后的构件在达到承载力极限状态时，其受拉区的钢板和钢筋达到抗拉强度设计值，而受压区的钢板与钢筋没有达到其抗压强度设计值。则加固后构件的极限承载力可按公式（2-16）计算：

$$M_u = f_y A_s(h_0 - a_s') + \alpha_a f_{js} A_{js}(h_{01} - a_s') \tag{2-16}$$

式中：M_u——构件加固后的抗弯极限承载力；

f_y——原截面受拉钢筋的抗拉强度设计值；

f'_y——原截面受压钢筋的抗压强度设计值；

f_c——混凝土轴心抗压强度设计值；

α_1——受压区混凝土矩形应力图的应力值与混凝土轴心抗压强度设计值的比值；

α_a——新增型钢强度利用系数；

x——等效矩形应力图形的混凝土受压高度；

b——截面宽度；

A_s——受拉区钢筋与钢板面积之和；

A'_s——受压区钢筋与钢板面积之和；

α'_s——受压钢筋合力点至截面受压区边缘的距离；

h_{01}——加固后受拉型钢的合力点至截面受压边缘的高度，常取 $h_{01}=h_0$；

h_0——截面有效受压区高度。

同样，为保证加固后的梁在达到极限抗弯承载力之前，不发生剪切破坏，需对其进行斜截面抗剪加固。通常采取粘接并联 U 形箍的方式进行加固。则加固后的斜截面抗剪承载力可按公式（2-17）、（2-18）、（2-19）计算：

$$V \leqslant V_0 + V_{b,sp} \tag{2-17}$$

$$V_{b,sp} = \psi_{vb} f_{sp} A_{sp} h_{sp} / s_{sp} \tag{2-18}$$

$$A_{sp} = b_{sp} t_{sp} \tag{2-19}$$

式中：$V_{b,sp}$——粘钢加固后，斜截面抗剪承载力提高值；

V_0——原构件加固前斜截面的抗剪承载力设计值；

ψ_{vb}——与钢板的粘贴方式及与受力条件有关的抗剪强度折减系数；

A_{sp}——配置同一截面处箍板全部截面面积；

b_{sp}，t_{sp}——分别为箍板的宽度和厚度；

s_{sp}——箍板中心到中心的间距；

h_{sp}——箍板单肢粘贴于梁侧的长度；

f_{sp}——加固钢板抗拉设计值。

5. 钢筋混凝土柱主要加固方法承载力计算

（1）湿式外包钢加固法

在实际工程中，由于需考虑地震作用、风荷载等可变因素对钢筋混凝土结构的作用，结构中的偏心受压构件通常采用对称配筋。当采用湿式外包钢加固法对偏心受压构件进行加固时，应首先判断其在加固后属于大偏心受压构件，还是属于小偏心受压构件。外粘型钢加固柱的截面计算简图如图 2.17 所示。

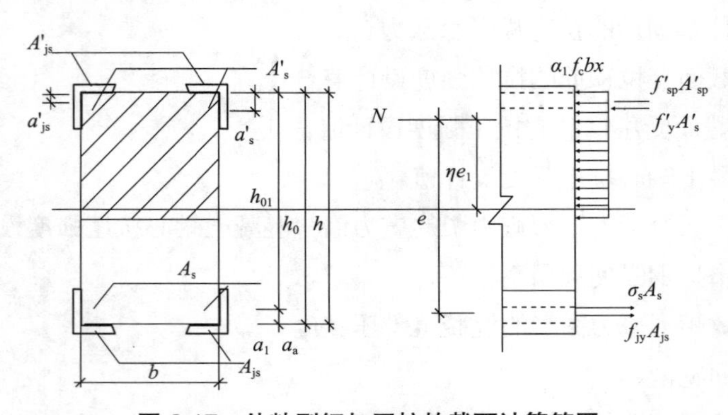

图 2.17　外粘型钢加固柱的截面计算简图

当截面受压区相对高度 ξ 不大于相对界限受压区高度 ξ_b，即 $\xi \leqslant \xi_b$ 时，构件属于大偏心受压构件；反之，构件属于小偏心受压构件。当判定其为大偏心受压构件时，其正截面承载力应按公式（2-20）、（2-21）计算：

$$N \leqslant \alpha_1 f_c bx + f'_y A'_s + \alpha_a f'_{jy} A'_{js} - f_y A_s - f_{jy} A_{js} \tag{2-20}$$

$$Ne \leqslant \alpha_1 f_c bx(h_0 - \frac{x}{2}) + f'_y A'_s(h_0 - a'_s) + \alpha_a f'_{jy} A'_{js}(h_0 - a'_{js}) + f_y A_s(a_s - a_{js}) \tag{2-21}$$

$$e = \frac{h}{2} + \eta e_i - a_s \tag{2-22}$$

$$e_i = e_0 + e_a \tag{2-23}$$

$$e_0 = M / N \tag{2-24}$$

$$e_a = \max\{h/30, 20\text{mm}\} \tag{2-25}$$

$$\eta = 1 + \frac{\zeta_1 \zeta_2 h_{01} I_0^2}{1400 e_i h^2} \tag{2-26}$$

$$\zeta_1 = 0.5 f_c A / N \tag{2-27}$$

$$\zeta_2 = 1.15 - 0.01 L_0 / h \tag{2-28}$$

式中：N——构件加固后的轴向压力设计值；

x——等效矩形应力图形的混凝土受压高度；

e——合力作用点至纵向受拉钢筋的距离；

b——原构件截面宽度；

f_c——原构件混凝土轴心抗压强度设计值；

f_y、f'_y——分别为钢筋抗拉、抗压强度设计值；

f_{jy}、f'_{jy}——分别为角钢抗拉、抗压强度设计值；

A_{js}、A'_{js}——分别为受拉、受压型钢截面面积；

A_s、A'_s——分别为受拉、受压钢筋截面面积；

a'_s——受压钢筋截面形心至原构件截面近边的距离；

a_s——受拉钢筋截面形心至原构件截面近边的距离；

a'_{js}——受压型钢截面形心至原构件截面近边的距离；

a_{js}——受拉型钢截面形心至原构件截面近边的距离；

α_a——新增型钢强度利用系数，除抗震设计时取 α_a=1.0 外，其他 α_a=0.9。粘钢板加固时，轴向压力使钢板与混凝土之间产生拉扯应力，容易使钢板剥离，因此计算中，取 α_a=0；

ζ_1——为截面曲率修正系数，当按公式（2-27）计算的 $\zeta_1>1$ 时，取 $\zeta_1=1$；

ζ_2——为构件长细比对截面曲率的影响系数，当按公式（2-28）计算的 $\zeta_2>1$ 时，取 $\zeta_2=1$；

η——为偏心距增大系数；

e_i、e_a——分别为初始偏心距和附加偏心距。

当判定其为小偏心受压构件时，其正截面承载力应按公式（2-29）、（2-30）、（2-31）、（2-32）计算：

$$N\leqslant\alpha_1 f_c bx+f'_y A'_s+\alpha_a f'_{jy}A'_{js}-\sigma_{so}A_s-\alpha_a\sigma_{jy}A_{js} \tag{2-29}$$

$$Ne\leqslant\alpha_1 f_c bx(h_0-\frac{x}{2})+f'_y A'_s(h_0-a'_s)+\alpha_a f'_{jy}A'_{js}(h_0-a'_{js})-\sigma_{so}A_s(a'_s-a_{js}) \tag{2-30}$$

$$\sigma_{so}=(\frac{0.8h_{01}}{x}-1)E_{so}\varepsilon_{cu} \tag{2-31}$$

$$\sigma_{js}=(\frac{0.8h_0}{x}-1)E_{js}\varepsilon_{cu} \tag{2-32}$$

式中：N、x、f'_y、f'_{jy}、f_c、α_a——均与公式（2-20）、（2-21）中对应参数的意义相同；

σ_{so}——原截面受拉边或受压较小一侧的纵筋的应力；

ε_{cu}——混凝土极限压应变；

α_1——受压区混凝土矩形应力图的应力值与混凝土轴心抗压强度设计值的比值；

A_{js}——受拉或受压较小一侧的型钢截面面积之和；

A'_{js}——受压较大一侧的型钢截面面积之和；

A_s——受拉或受压较小一侧的钢筋截面面积；

A'_s——受压较大一侧的钢筋截面面积；

a_{js}——受压较大一侧的型钢截面形心至原构件截面近边的距离；

h_0——加固后受拉或受压较小一侧型钢的截面形心至原构件截面受压较大边的距离；

h_{01}——加固前缘截面有效高度；

E_{so}——原构件钢筋弹性模量；

E_{js}——型钢的弹性模量。

（2）干式外包钢加固法

采用干式外包钢加固法对钢筋混凝土受压构件进行加固时，先按刚度将外力分配给外包钢构架和原构件，具体按公式（2-33）、（2-34）、（2-35）、（2-36）计算：

$$N_c=\frac{\alpha E_c A_c N}{\alpha E_c A_c+E_{js}A_{js}} \tag{2-33}$$

$$N_{js}=\frac{E_{js}A_{js}N}{\alpha E_c A_c+E_{js}A_{js}} \tag{2-34}$$

$$M_{c}=\frac{\alpha E_{c}I_{c}M}{\alpha E_{c}I_{c}+E_{js}I_{js}} \tag{2-35}$$

$$M_{js}=\frac{\alpha E_{js}I_{js}M}{\alpha E_{c}I_{c}+E_{js}I_{js}} \tag{2-36}$$

式中：N——加固后构件应承担的轴向压力设计值；

N_c——加固后原构件应分担的轴向压力设计值；

N_{js}——加固后钢构架应分担的轴向压力设计值；

M——加固后构件应承担的弯矩设计值；

M_c——加固后原构件应分担的弯矩设计值；

M_{js}——加固后钢构架应分担的弯矩设计值；

E_c——原构件混凝土的弹性模量；

E_{js}——外包型钢的弹性模量；

A_c——原构件的截面面积；

A_{js}——外包钢构架的截面面积；

I_c——原构件的截面惯性矩；

I_{js}——外包钢构架的截面惯性矩；

α——截面刚度折减系数，用于考虑混凝土开裂对原构件截面刚度的影响，一般取 $\alpha=0.8$。

加固后，对于原构件的承载力验算，应按《混凝土结构设计规范》GB 50010 中相应的公式进行验算，此处不再赘述。对于外包钢构架的设计，包括其肢杆的强度、稳定性和缀板的设计。

①肢杆的承载力验算，按公式（2-37）计算：

$$\frac{N_{js}}{A_{js}}+\frac{M_{js}}{\gamma W_{js}}\leqslant f'_{js} \tag{2-37}$$

式中：W_{js}——外包钢构架的截面抵抗距；

γ——塑性发展系数，当肢杆为角钢时，$\gamma=1.2$；

f'_{js}——肢杆的抗压强度设计值。

②单肢杆的稳定性。验算受压肢杆承担的轴力、缀板间肢杆的弯矩应按公式（2-38）、（2-39）、（2-49）计算：

$$N_{1}=(x+e)N_{js}/c \tag{2-38}$$

$$M_{1}=sV_{1} \tag{2-39}$$

$$V_{1}=\frac{A_{js}f'_{a}}{170}\sqrt{\frac{f_{y}}{235}} \tag{2-40}$$

式中：x——受拉或受压较小肢杆轴线至外包钢构架形心轴间的距离；

c——拉、压肢杆轴线间的距离；

s——缀板中心线间的距离；

V_1——分配到每一肢杆的剪力；

f_y——外包型钢的屈服强度。

受压肢杆的稳定性应按公式（2-41）、（2-42）计算：

$$\frac{N_1}{\varphi A_1}+\frac{M_1}{\gamma W_1(1-0.8\frac{N_1}{N_E})}\leqslant f_y \tag{2-41}$$

$$N_E=\pi^2 E_{js} I_{js}/s^2 \tag{2-42}$$

式中：φ——肢杆在弯矩作用平面内的轴心受压稳定系数；

A_1——单肢压杆的截面面积；

W_1——单肢压杆的截面弹性抵抗矩；

N_E——弯矩作用平面内的欧拉临界力。

③缀板设计。缀板所受的剪力和端部弯矩应按公式（2-43）、（2-44）计算：

$$T=2s\frac{V_1}{c} \tag{2-43}$$

$$M_z=sV_1=M_1 \tag{2-44}$$

式中：T——缀板承受的剪力；

M_z——缀板端部承受的弯矩。

（3）增大截面加固法

采用增大截面加固法对钢筋混凝土受压构件进行加固时，其正截面承载力可按公式（2-45）、（2-46）计算：

$$N\leqslant \alpha_1 f_c b(x-h_1)+f'_y A'_s+0.9(\alpha_1 f_{c1} b_1 h_1+f'_{y1}A'_{s1}-f_{y1}A_{s1}) \tag{2-45}$$

$$Ne\leqslant \alpha_1 f_c b(x-h_1)(h_{01}+h_1-x)/2+f'_y A'_s(h_{01}+h_1-a'_s)+0.9[\alpha_1 f_{c1} b_1 h_1(h_{01}-h_1/2)+f'_{y1}A'_{s1}(h_{01}-a'_{s1})] \tag{2-46}$$

式中：N——构件加固后的轴向压力设计值；

e——合力作用点至纵向受拉钢筋的距离；

x——等效矩形应力图形的混凝土受压高度；

b——原构件截面宽度；

f_c——原构件混凝土轴心抗压强度设计值；

f_{c1}——加固用混凝土轴心抗压强度设计值；

f_y、f'_y——分别为原截面钢筋抗拉、抗压强度设计值；

f_{y1}、f'_{y1}——分别为加固用钢筋抗拉、抗压强度设计值；

A_{s1}、A'_{s1}——分别为加固用受拉钢筋和受压钢筋的截面面积；

A_s、A'_s——分别为原截面受拉钢筋和受压钢筋的截面面积；

a'_{s1}——原截面受压钢筋截面形心至原构件截面近边的距离；

a_{s1}——加固用受压钢筋截面形心至加固后截面近边的距离。

2.4.2　结构设计的实施

1. 一般要求

旧工业建筑再生利用结构设计一般采用外接、增层、内嵌等基本形式。结构经可靠性、抗震性能检测与评定确认需要加固改造时，应根据评定结论和委托方提出的要求，由具有资质的专业技术人员按本书的规定和功能需求进行加固设计。加固设计的范围，可按整幢建筑物或其中某独立区段确定，也可按指定的结构、构件或连接确定，但均应考虑该结构的整体牢固性，并应综合考虑节约能源与环境保护的要求。加固设计应依据《混凝土结构加固设计规范》GB 50367 中 3.1.1 条、《砌体结构加固设计规范》GB 50702 中 3.1.1 条。加固方法在具体采用时，尚应在设计、计算和构造上执行现行国家标准《建筑抗震设计规范》GB 50011 和现行行业标准《建筑抗震加固技术规程》JGJ 116 的有关规定和要求。再生利用加固改造工程，应对旧工业建筑在施工期间及使用期间进行沉降观测，直至沉降达到稳定为止。此外，加固设计的基本要求应符合表 2.21 的相关要求。

旧工业建筑再生利用加固设计的基本要求　　表 2.21

序号	基本要求
1	加固设计应根据结构特点，选择科学、合理的方案，并应与实际施工方法紧密结合，采取有效措施，保证新增构件及部件与原结构连接可靠，新增截面与原截面粘结牢固，形成整体共同工作；并应避免对未加固部分，以及相关的结构、构件和地基基础造成不利的影响
2	对高温、高湿、低温、冻融、化学腐蚀、振动、温度应力、地基不均匀沉降等影响因素引起的原结构损坏，应在加固设计中提出有效的防治对策，并按设计规定的顺序进行治理和加固。旧工业建筑结构的加固设计，应依据再生利用后的使用功能综合考虑其技术经济效果，既应避免加固适修性很差的结构，也应避免不必要的拆除或更换
3	对加固过程中可能出现倾斜、失稳、过大变形或坍塌的旧工业建筑结构，应在加固设计文件中提出有效的临时性安全措施，并明确要求施工单位必须严格执行。其中，独立外接及内嵌应依据现行标准规范按新建建筑进行设计
4	应明确结构加固后的用途。在加固设计使用年限内，未经技术鉴定或设计许可，不得改变加固后结构的用途和使用环境
5	加固设计中，若发现涉及结构整体牢固性部位无拉结、锚固和必要的支撑，或这些构造措施设置的数量不足，或设置不当，均应在本次的加固设计中，予以补足或加以改造。加固后结构的安全等级，应根据结构破坏后果的严重性、结构的重要性和加固设计使用年限，由委托方与设计方按实际情况共同商定
6	为防止结构加固部分意外失效而导致的坍塌，在使用胶粘剂或其他聚合物的加固方法时，其加固设计符合上述要求外，尚应对原结构进行验算。验算时，应要求原结构、构件能承担 n 倍恒载标准值的作用。当可变荷载（不含地震作用）标准值与永久荷载标准值之比值不大于 1 时，取 n=1.2；当该比值等于或大于 2 时，取 n=1.5；其间按线性内插法确定

(1) 加固设计采用的结构分析方法

应符合现行国家标准《混凝土结构设计规范》GB 50010、《砌体结构设计规范》GB 50003、《钢结构设计规范》GB 50017、《建筑地基基础设计规范》GB 50007、《建筑抗震设计规范》GB 50011 等规定的结构分析基本原则。混凝土结构、砌体结构和钢结构应采用线弹性分析方法计算结构的作用效应。

(2) 加固设计使用年限的确定原则

结构加固后的使用年限，应由业主和设计单位共同商定。当结构的加固材料中含有合成树脂或其他聚合物成分时，其结构加固后的使用年限宜按 30 年考虑；当业主要求结构加固后的使用年限为 50 年时，其所使用的胶和聚合物的粘结性能，应通过耐长期应力作用能力的检验。使用年限到期后，当重新进行的可靠性鉴定认为该结构工作正常，仍可继续延长其使用年限。对使用胶粘方法或掺有聚合物加固的结构、构件，尚应定期检查其工作状态。检查的时间间隔可由设计单位确定，但第一次检查时间不应迟于 10 年。当为局部加固时，应考虑原建筑物剩余设计使用年限对结构加固后设计使用年限的影响。

(3) 承载能力极限状态和正常使用极限状态的设计、验算的相关规定及要求

结构上的作用，应经调查或检测核实。并应按《混凝土结构加固设计规范》GB 50367 相关规定和要求确定其标准值或代表值。被加固结构、构件的作用效应，应按下列要求确定：①结构的计算图形，应符合其实际受力和构造状况；②作用组合的效应设计值和组合值系数以及作用的分项系数，应按现行国家标准《建筑结构荷载规范》GB 50009 确定，并应考虑由于实际荷载偏心、结构变形、温度作用等造成的附加内力。结构、构件的尺寸，对原有部分应根据鉴定报告采用原设计值或实测值；对新增部分，可采用加固设计文件给出的名义值。原结构、构件的混凝土强度等级、砌体强度等级和受力钢筋抗拉强度标准值应按下列规定取值：①当原设计文件有效，且不怀疑结构有严重的性能退化时，可采用原设计的标准值；②当结构可靠性鉴定认为应重新进行现场检测时，应采用检测结果推定的标准值；③当原构件混凝土强度等级的检测受实际条件限制而无法取芯时，可采用回弹法检测，但其强度换算值应按《混凝土结构加固设计规范》GB 50367 相关规定进行龄期修正，且仅可用于结构的加固设计。加固材料的性能和质量，应符合规范要求。验算结构、构件承载力时，应考虑原结构在加固时的实际受力状况，包括加固部分应变滞后的特点，以及加固部分与原结构共同工作程度。加固后改变传力路线或使结构质量增大时，应对相关结构、构件及建筑物地基基础进行必要的验算。

(4) 抗震设防区结构、构件的加固，满足承载力要求之外的抗震要求

①加固方案应根据抗震鉴定结果经综合分析后确定，分别采用整体加固、区段加固或构件加固，加强整体性、改善构件的受力状况、提高综合抗震能力。②加固或新增构件的布置，应消除或减少不利因素，防止局部加强导致结构刚度或强度突变。③新增构件与原有构件之间应有可靠连接；新增的抗震墙、柱等竖向构件应有可靠的基础。④加固

所用材料类型与原结构相同时，其强度等级不应低于原结构材料的实际强度等级。⑤对于不符合鉴定要求的女儿墙、门脸、出屋顶烟囱等易倒塌伤人的非结构构件，应予以拆除或降低高度，需要保持原高度时应加固。

（5）材料的选用要求

旧工业建筑再生利用加固设计中材料选用的基本要求见表 2.22。

加固设计中材料选用的基本要求　　表 2.22

序号	项目	基本要求
1	混凝土	结构加固用的混凝土，其强度等级之所以要比原结构、构件提高一级，且不低于 C25，不仅是为了保证新旧混凝土界面以及它与新加钢筋或其他加固材料之间能有足够的粘结强度，还因为局部新增的混凝土，其体积一般较小，浇筑空间有限，施工条件远不及全构件新浇的混凝土。试验表明，在小空间模板内浇筑的混凝土均匀性较差，其现场取芯确定的混凝土强度可能要比正常浇筑的混凝土低 10% 以上，故有必要适当提高其强度。此外，混凝土所用骨料质量应符合国家标准《普通混凝土用砂、石质量及检验方法标准》JGJ 52 的规定
2	素混凝土	素混凝土结构的混凝土强度等级不应低于 C15，钢筋混凝土结构的混凝土强度等级不应低于 C20，采用强度等级 400MPa 及以上的钢筋时，混凝土强度等级不应低于 C25；预应力混凝土结构的强度等级不宜低于 C40，且不应低于 C30；承受重复荷载的钢筋混凝土构件，混凝土强度等级不应低于 C30
3	粉煤灰	加固可选用商品混凝土，但所掺粉煤灰等级应为 I 级，且烧失量不应大于 5%；聚合物混凝土、缩减混凝土、微膨胀混凝土、钢纤维混凝土、合成纤维混凝土或喷射混凝土进行旧工业建筑加固时，经检验其性能符合设计要求后方可使用；同时，不得使用铝粉作为混凝土的膨胀剂
4	钢材	钢材一般可选用钢筋、钢板、型钢和锚固件等；选用时应充分考虑加固部分应变滞后的特点，一般可选屈服变形较小的普通钢筋、钢材；预应力筋一般宜采用预应力钢丝、钢绞线和预应力螺纹钢筋等；各种材料的品种、性能和质量应符合现行国家规范和标准的要求；各种材料无出厂合格证、无标志或未经进场检验不得使用。当锚固件为植筋时，应使用热轧带肋钢筋，不得使用光圆钢筋；当锚固件为钢螺杆时候，应使用全螺纹的螺杆，不得采用锚入部位无螺纹的螺杆
5	焊接材料	结构加固用的焊接材料，其品种、规格、型号和性能应符合现行国家产品标准和设计要求。焊条应无焊芯锈蚀、药皮脱落等影响焊条质量的损伤和缺陷；焊条的含水率不得大于现行国家产品标准规定的允许值
6	纤维复合材料	加固用的纤维复合材的安全性能应符合现行国家标准《工业结构加固材料安全性鉴定技术规范》GB 50728 的规定。 ①加固用纤维复合材的纤维应为连续纤维，其品种和质量应符合下列规定： a. 承重结构加固用的碳纤维，应选用聚丙烯腈基不大于 15K 的小丝束纤维。 b. 承重结构加固用的芳纶纤维，应选用饱和吸水率不大于 4.5% 的对位芳香族聚酰胺长丝纤维。且经人工气候老化后 5000h 后，1000MPa 应力作用下的蠕变值不应大于 0.15mm。 c. 承重结构加固用的玻璃纤维，应选用高强度玻璃纤维、耐碱玻璃纤维或碱金属氧化物含量低于 0.8% 的无碱玻璃纤维，严禁使用高碱的玻璃纤维和中碱的玻璃纤维。 d. 承重结构加固工程，严禁使用预浸法生产的碳纤维织物。 ②对符合安全性要求的纤维织物复合材或纤维复合板材，当与其他结构胶粘剂配套使用时，应对其抗拉强度标准值、纤维复合材与混凝土正拉结强度和层间剪切强度重新做适配性检验，检验项目可适当减少。 ③旧工业建筑加固中用于混凝土或砂浆面层防裂的短纤维，可根据工程的需要，选用钢纤维或合成纤维；其质量和性能指标应符合相关标准的有关规定。用于砌体结构外加面层防止收缩裂缝的纤维，可根据工程实际条件和防裂要求，选用钢纤维或合成纤维。当采用合成纤维时，其抗拉强度不宜低于 280MPa

续表

序号	项目	基本要求
7	胶粘剂	①加固用的胶粘剂，宜按其基本性能分为A级胶和B级胶；对重要结构、悬挑结构、承受动力作用的结构、构件，应采用A级胶；对一般结构可采用A级胶或B级胶。 ②胶粘剂必须进行粘结抗剪强度检验。检验时，其粘结强度标准值，应根据置信水平为0.90、保证率为95%的要求确定。加固施工时严禁使用不饱和聚酯树脂和醇酸树脂作为胶粘剂。为了确保使用粘结技术加固的结构安全，必须要求胶黏剂的粘结抗剪强度标准值应具有足够高的强度保证率及其实现概率，在此采用95%的保证率。不饱和聚酯树脂和醇酸树脂由于其耐水性、耐潮湿性和耐湿热老化性能很差，在承重结构中作为结构胶使用，不仅会留下安全隐患，而且已有一些加固工程因使用这类胶而导致出现安全事故。因此，必须严禁其在承重结构加固中使用。 ③加固所用的胶粘剂，包括粘贴钢板和纤维复合材，以及种植钢筋和锚栓的用胶，其性能均应符合国家标准《工程结构加固材料安全性鉴定技术规范》GB 50718相关规定。国家标准《工程结构加固材料安全性鉴定技术规范》GB 50718针对工程最常用的改性环氧类结构胶，专门制定了适用于锚固型结构胶的检验项目及其合格指标供安全性鉴定使用
8	钢丝绳网	①采用钢丝绳网-聚合物砂浆面层加固钢筋混凝土结构、构件时，其钢丝绳的选用应符合下列规定： a. 重要结构、构件，或结构处于腐蚀介质环境、潮湿环境和露天环境时，应选用高强度不锈钢丝绳制作的网片。 b. 处于正常温、湿度环境中的一般结构、构件，可采用高强度镀锌钢丝绳制作的网片，但应采取有效的阻锈措施。 ②在区分环境介质和采取有效阻锈措施的条件下，将高强不锈钢绳和高强镀锌钢丝绳分别用于重要结构和一般结构，从而可以收到降低造价和合理利用材料的效果。依据《混凝土结构加固设计规范》GB 50367中4.5.1条。 ③结构加固用的钢丝绳的内部和表面严禁涂有油脂。结构加固用的钢丝绳若外涂油脂，则钢丝绳与聚合物改性水泥砂浆之间的粘结力将严重下降，以致无法传递剪切应力。 ④采用钢丝绳网-聚合物改性水泥砂浆（以下简称聚合物改性砂浆）面层加固旧工业建筑结构时，其聚合物品种的选用应符合下列规定： a. 对重要结构的加固，应选用改性环氧类聚合物配置。 b. 对一般结构的加固，可选用改性环氧类、改性丙烯酸酯类、改性丁苯类或改性氯丁类聚合物乳液配置。 c. 不得使用聚乙烯醇类、氯偏类、苯丙类聚合物以及乙烯-醋酸乙烯共聚物配置。 d. 在结构加固工程中不得使用聚合物成分及主要添加剂成分不明的任何型号聚合物砂浆；不得使用未提供安全数据清单的任何品种聚合物；也不得使用在产品说明书规定的储存期内已发生分相现象的乳液。 ⑤目前市场上的聚合物乳液绝大多数都是不能用于配制承重结构加固用的聚合物改性水泥砂浆，因此有必要弄清各种乳液的成分和性能。应明确的是，聚合物改性水泥砂浆中采用的聚合物材料，应有成功的工程应用经验（如改性环氧、改性丙烯酸酯、丁苯、氯丁等），不得使用耐水性差的水溶性聚合物（如聚乙烯醇等），禁止采用可能加速钢筋锈蚀的氯偏乳液、显著影响耐久性能的苯丙乳液等以及对人体健康有危害的其他聚合物。依据《混凝土结构加固设计规范》GB 50367中4.6.1条
9	聚合物砂浆	承重结构用的聚合物砂浆分为Ⅰ级和Ⅱ级，应分别按下列规定采用： ①板和墙的加固：当原构件混凝土强度等级为C30～C50时，应采用Ⅰ级聚合物砂浆；当原构件混凝土强度等级为C25及其以上时，可采用Ⅰ级或Ⅱ级聚合物砂浆。 ②梁和柱的加固，均应采用Ⅰ级聚合物砂浆。 Ⅰ级或Ⅱ级聚合物砂浆的安全性能应分别符合现行国家标准《工程结构加固材料安全性鉴定技术规范》GB 50728的规定。不论对进口产品或国内产品的性能和质量，都要通过现行国家标准《工程结构加固材料安全性鉴定技术规范》GB 50728进行检验，从而保证承重结构使用的安全
10	砂浆	旧工业建筑外加面层用的水泥砂浆，若设计为普通水泥砂浆，其强度等级不应低于M10；若设计为水泥复合砂浆，其强度等级不应低于M25。砌体结构外加面层的砂浆是要参与承重的，因而应对其强度等级提出要求。当喷射的是普通水泥砂浆时，其强度等级不应低于M10；当喷抹的是水泥复合砂浆时，其强度等级不应低于M25，以上数据是由相关的试验研究结果确定的。 旧工业建筑加固用的砌筑砂浆，可采用水泥砂浆或水泥石灰混合砂浆；但对防潮层、地下室以及其他潮湿部位，应采用水泥砂浆或水泥复合砂浆。在任何情况下，均不得采用收缩性大的砌筑砂浆。加固用的砌筑砂浆，其抗压强度等级应比原砌体使用的砂浆抗压强度等级提高一级，且不得低于M10。随着我国经济的发展，水泥已成为比石灰更容易获得的建筑材料，况且掺有外加剂的水泥砂浆，其性能优于混合砂浆

续表

序号	项目	基本要求
11	块体（块材）	旧工业建筑加固用的块体（块材），应采用与原构件同品种块体；块体质量不应低于一等品，其强度等级应按原设计的块体等级确定，且不应低于 MU10。砌体结构加固用的块体（块材），主要用于原材料受损块体的置换，其品种与原构件相同时，较易处理一些问题，故规定：一般应采用与原构件同品种的块体。至于外加的砌体扶壁柱，只要其外观能被业主接受，也可采用不同品种的块体砌筑。依据《砌体结构加固设计规范》GB 50702 中 4.1.1 条

2. 地基基础

大量工程实践证明，在进行地基基础设计时，采用加强上部结构刚度和承载力的方法，能减少地基的不均匀变形，取得较好的技术经济效果。因此，在选择地基基础加固方案时，同样也应考虑上部结构、基础和地基的共同作用，采取切实可行的措施，既可降低费用，又可收到满意的效果。地基基础加固设计可按以下步骤进行，如图 2.18 所示。

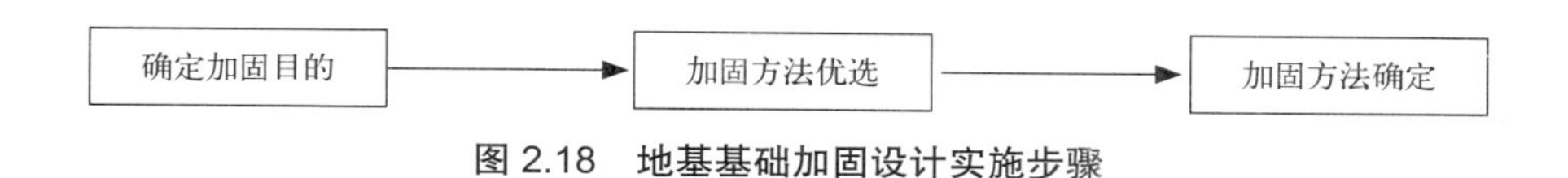

图 2.18　地基基础加固设计实施步骤

首先，确定加固目的。根据加固的目的，结合地基基础和上部结构的现状，在考虑上部结构、基础和地基的共同作用的基础上，选择并制定加固地基、加固基础或加强上部结构刚度和加固地基基础相结合的方案。其次，加固方法的优选。对制定的各种加固方案，应分别从预期加固效果，施工难易程度，施工可行性和安全性，施工材料来源和运输条件，以及对邻近建筑和周围环境的影响等方面进行技术经济分析和比较，论证优选加固方法。最后，通过现场试验确定具体施工工艺。其中，旧工业建筑再生利用加固设计的基本要求见表 2.23。

旧工业建筑再生利用加固设计的基本要求　　表 2.23

序号	基本要求	详情
1	地基基础加固设计应具备的资料	①场地岩土工程勘察资料。当无法搜集或资料不完整，不能满足加固设计要求时，应进行重新勘察或补充勘察。②旧工业建筑结构、地基基础设计资料和图纸、隐蔽工程施工记录、竣工图等。当搜集的资料不完整，不能满足加固设计要求时、应进行补充检验。③旧工业建筑结构、基础使用现状的鉴定资料，包括沉降观测资料、裂缝、倾斜观测资料等。④旧工业建筑再生利用过程中改扩建、纠倾、移位等对地基基础设计要求。⑤对旧工业建筑可能产生影响的邻近新建建筑、深基坑开挖、降水、新建地下工程的有关勘察、设计、施工，监测资料等
2	地基基础加固设计应验算项目	应验算地基承载力；应计算地基变形；应验算基础抗弯、抗剪、抗冲切承载力；受较大水平荷载或位于斜坡上的旧工业建筑物地基基础加固，以及邻近新建建筑、深基坑开挖、新建地下工程基础埋深大于既有旧工业建筑基础埋深并对其产生影响时，应进行地基稳定性验算

续表

序号	基本要求	详情
3	变形协调原则进行设计	由于旧工业建筑在长期使用下，变形已处于稳定状态，对旧工业建筑进行加固改造时，必然会改变原有受力状态，使新、旧地基基础受力重新分配，同时存在地基变形差异，所以应对比再生利用前后结构的受力状态，综合分析旧工业建筑加固改造施工方案产生的附加变形，按变形协调原则进行设计。旧工业建筑地基基础加固，应分析评价旧工业建筑加固改造施工方案对旧工业建筑附加变形的影响，遵循新、旧基础变形协调原则，并防止新设基础施工对原地基基础造成不利影响，若新、旧基础连接，应采取可靠的技术措施

(1) 基础加固方法及要求

当旧工业建筑原基础承载力和刚度不足，对地基、基础的加固施工会造成原基础、结构产生附加下沉和开裂，应在施工前对原基础进行加固补强，或增设混凝土构件以满足加固施工要求。对旧工业建筑地基基础的加固，加固方法、施工方案等对原基础的承载力和刚度均有一定的要求，若原基础承载力和刚度不能满足施工要求，则应采用适宜的基础加固方法对原基础进行加固补强，或根据实际情况采用增设混凝土构件的方法满足加固施工的要求。各类方法适用范围见表 2.24。

基础加固方法 表 2.24

名称		适用范围
基础补强注浆		因不均匀沉降、冻胀或其他原因引起基础裂损的加固
扩大基础	加大基础底面积法	上部荷载增加，地基承载力或基础底面积尺寸不满足设计要求，且基础埋置较浅，并具有基础扩大条件
	加深基础法	浅层地基土层可作为持力层，且地下水位较低
	抬墙梁法	原基础面积较小，建筑外侧场地狭窄

旧工业建筑各类基础加固设计与施工应符合现行标准《既有建筑地基基础加固技术规范》JGJ 123、《建筑桩基技术规范》JGJ 94。旧工业建筑基础的加固应结合结构设计要求与各类基础加固方法的适用范围综合考虑，从安全、经济、便捷的角度进行选择。

(2) 地基加固方法及要求

当旧工业建筑原地基承载力、变形和稳定性不满足再生利用结构设计要求时，可根据实际情况选择适宜的地基加固方法进行地基加固，各类方法适用范围见表 2.25。

旧工业建筑各类地基加固设计与施工应符合现行标准《既有建筑地基基础加固技术规范》JGJ 123、《建筑地基处理技术规范》JGJ 79、《建筑桩基技术规范》JGJ 94。旧工业建筑地基加固方法应综合考虑实际土质条件、实际工况、地区经验进行选择。

地基加固方法　　表 2.25

名称	适用范围
注浆加固	砂土、粉土、黏性土和人工填土
锚杆静压桩	淤泥、淤泥质土、黏性土、粉土、湿陷性黄土、人工填土
坑式静压桩	淤泥、淤泥质土、黏性土、粉土、湿陷性黄土、人工填土，且地下水位较低
树根桩	淤泥、淤泥质土、黏性土、粉土、砂土、碎石土、人工填土
石灰桩	地下水位以下的黏性土、粉土、松散粉细砂、淤泥、淤泥质土、杂填土、饱和黄土，对重要工程、地质条件复杂、缺乏经验地区，应先通过现场试验确定其适用性
旋喷桩	淤泥、淤泥质土、黏性土、粉土、砂土、黄土、素填土、碎石土，砾石粒径过大、含量过多的土或有大量纤维质的腐殖土，应通过现场试验确定其适用性
灰土挤密桩	地下水位以上的粉土、黏性土、素填土、杂填土和湿陷性黄土
水泥土搅拌桩	正常固结的淤泥和淤泥质土、素填土、软～可塑黏性土、松散～中密粉细砂、稍密～中密粉土、松散～稍密中粗砂、饱和黄土等地基
硅化注浆	单液硅化法适用于地基渗透系数为 0.1m/d ～ 2.0m/d 的湿陷性黄土，无压力单液硅化法适用于自重湿陷性黄土，双液硅化法适用于地基渗透系数大于 2.0m/d 的粗颗粒土
碱液注浆	非自重湿陷性黄土

（3）设计计算符合标准

旧工业建筑地基基础加固设计计算应符合标准见表 2.26。旧工业建筑再生利用结构功能发生改变，必须进行地基基础计算。旧工业建筑因原勘察、设计、施工或使用不当，再生利用时改造结构力系改变，自然灾害的影响等可能产生对建筑物稳定性的不利影响，应进行稳定性计算。旧工业建筑地基基础加固或增加荷载时，尚应对基础的抗冲、剪、弯能力进行验算。

设计计算符合标准　　表 2.26

计算内容	符合标准
地基承载力、地基变形计算、基础验算、抗冲切验算	《建筑地基基础设计规范》GB 50007 《既有建筑地基基础加固技术规范》JGJ 123
地基稳定性计算	《建筑地基基础设计规范》GB 50007 《建筑地基处理技术规范》JGJ 79
抗震验算	《建筑抗震设计规范》GB 50011

旧工业建筑地基基础加固后，建筑相邻柱基的沉降差、局部倾斜、整体倾斜的允许值，应符合现行国家标准《建筑地基基础设计规范》GB 50007 的有关规定。旧工业建筑地基基础加固后，地基变形控制主要是差异沉降和倾斜，应严格符合《建筑地基基础设计规范》GB 50007 给出的控制标准值。对于有相邻基础连接或地下管线连接时应视工程情况、可

采取措施的允许条件进行建筑物整体沉降控制。

3. 钢筋混凝土结构

(1) 混凝土结构加固方法及适用范围

旧工业建筑混凝土结构加固方法及适用范围见表 2.27。结构加固方法的选用应根据原结构实际状况和再生利用的使用要求，进行多方案比较，按技术可靠、安全适用、经济合理、方便施工等原则择优选用。本书规定了长期使用的环境温度不应高于 60℃，是按常温条件下使用的普通型树脂的性能确定的，当采用的钢板匹配的耐高温树脂为胶粘剂时，可不受此规定限制，但应受现行《钢结构设计规范》GB 50017 有关规定的限制。

旧工业建筑混凝土结构加固方法　　表 2.27

加固方法	适用范围	加固方法	适用范围
增大截面加固法	适用于吊车梁、屋架、排架柱等构件及一般构件的加固，特别是原截面尺寸显著偏小及轴压比明显偏高的构件加固	体外预应力加固法	适用于原构件刚度偏小，改善正常使用性能，提高极限承载能力的吊车梁、排架柱和屋架的加固
置换混凝土加固法	适用于受压区混凝土强度偏低或有严重缺陷的吊车梁、排架柱等承重构件的加固	预张紧钢丝绳网片 - 聚合物砂浆面层加固法	适用于旧工业建筑混凝土结构受弯、受拉及受压构件的加固
外包型钢加固法	适用于吊车梁、排架柱、屋架、楼板与排架柱的节点加固	绕丝加固法	适用于提高排架柱延性的加固
粘贴钢板加固法	适用于钢筋混凝土受弯、斜截面受剪、受拉及大偏心受压构件的加固。构件截面内力存在拉压变化时慎用	增设支点加固法	适用于对使用空间和外观效果要求不高的屋架等水平结构构件的加固
粘贴纤维复合材加固法	适用于钢筋混凝土受弯、受压及受拉构件的加固	结构体系加固法	适用于因概念设计不合理、不规范的旧工业建筑混凝土结构加固及抗震加固

1）采用以上方法对混凝土结构进行加固时，除体外预应力加固法外均应采取措施卸除全部或部分作用在结构上的活荷载。

2）采用体外预应力加固法、粘贴钢板加固法、粘贴纤维复合材加固法、预应力碳纤维复合板加固法、预张紧钢丝绳网片 - 聚合物砂浆面层加固法对混凝土结构进行加固时，其长期使用的环境温度不应高于 60℃。

3）结构体系加固法包括增设剪力墙加固法、增设钢支撑或消能支撑加固法。

4）与以上加固方法配套使用的技术有裂缝修补、后锚固、阻锈、喷射混凝土等。

5）当被加固结构、构件的表面有防火要求时，应按现行国家标准《建筑设计防火规范》GB 50016 规定的耐火等级及耐火极限要求，对胶粘剂和加固材料进行防护。

(2) 混凝土结构构件加固方法的相关规定

1）采用增大截面加固法时，按现场检测结果确定的混凝土结构构件的强度等级不应低于 C15。加固后构件的正截面承载力应按现行国家标准《混凝土结构设计规范》GB 50010 的基本假定进行计算。采用增大截面加固法，由于受原构件应力、应变水平的影响，虽然不能简单地按现行国家标准《混凝土结构设计规范》GB 50010 进行计算，但该规范的基本假定仍然具有普遍意义，应在加固计算中得到遵守。采用增大截面加固法、置换混凝土法或复合截面加固法加固后的吊车梁、排架柱等构件按整体截面进行受力验算时，为考虑二次受力的影响，新增材料的强度应乘以规定的折减系数。无论何种受力构件，均可近似地按一次受力计算，只是在计算中考虑到新增主筋在连接构造上和受力状态上不可避免地要受到种种影响因素的综合作用，从而有可能导致其强度难以充分发挥，故仍应从保证安全的角度出发，对新增材料的强度进行折减。

2）体外预应力加固法在混凝土结构构件中的适用情况：①以无粘结钢绞线为预应力下撑式拉杆时，宜用于连续梁和大跨简支梁的加固。②以普通钢筋为预应力下撑式拉杆时，宜用于一般简支梁的加固。③以型钢为预应力撑杆时，宜用于一般简支梁的加固。体外预应力加固法在工程上采用了三种不同钢材作为预应力杆件，设计人员应根据实际情况和《混凝土结构加固设计规范》GB 50367 条文说明 7.1 的适用要求，选用适宜的预应力加固方法。

3）体外预应力加固法、粘贴钢板加固法、粘贴纤维复合材加固法和预张紧钢丝绳网片—聚合物砂浆面层加固法不适用于素混凝土构件，包括纵向受力钢筋配筋率低于现行国家标准《混凝土结构设计规范》GB 50010 规定的最小配筋率的构件加固。①采用以上四种加固方法时，被加固的混凝土结构构件，其现场实测混凝土强度等级不得低于 C15，且混凝土表面的正拉粘结强度不得低于 1.5MPa。②粘贴钢板加固混凝土结构构件时，应将钢板受力方式设计成仅承受轴向应力作用。③采用粘贴纤维复合材和预张紧钢丝绳网片-聚合物砂浆面层加固混凝土结构构件时，应将纤维受力方式设计成仅承受拉应力作用。④粘贴钢板加固法、粘贴纤维复合材加固法和预张紧钢绞线网-聚合物砂浆面层加固法加固的承重构件最忌在复杂的应力状态下工作，故只能承受轴向应力作用。

4）增设支点法。采用增设支点法设计支撑结构或构件时，宜采用有预加力的方案。预加力的大小，应以支点处被支顶构件表面不出现裂缝和不增设附加钢筋为度。这是因为有预应力的方案，其预加力与外荷载的方向相反，可以抵消原结构部分内力，能较大地发挥支撑结构的作用。

5）绕丝加固法。采用绕丝加固法时，原构件按现场检测的混凝土强度等级不应低于 C10，但也不得高于 C50。排架柱其长边尺寸 h 与短边尺寸 b 之比，应不大于 1.5。

6）增设剪力墙。增设剪力墙后，剪力墙与柱形成的构件可按整体偏心受压构件计算。新增钢筋、混凝土的强度折减系数不宜大于 0.85；当新增混凝土强度等级比原框架柱高一个等级时，可直接按原强度等级计算而不再计入混凝土强度的折减系数。当新增混凝土的强度等级比原建筑结构构件提高一个等级时，考虑混凝土、钢筋强度折减的截面抗震验算可有所简化：仍按原构件的混凝土强度等级采用，即相当于混凝土强度乘以折减系数 0.85，将计算所需增加的配筋乘以 1.15，即为原钢筋级别所需要新增的钢筋。

(3) 混凝土结构整体加固方法的相关规定

1) 混凝土结构内部增层和上部增层应减少对原有承重结构的不利影响，设计时应按相关规定进行结构和构件计算。

2) 内部增层结构、上部增层结构、外接结构和内嵌结构应具有合理的刚度和承载力，避免因刚度突变形成薄弱部位，对可能出现的薄弱部位应采取措施。

3) 采用独立外接结构和内嵌结构时，新增建筑物结构与原结构的水平净距应满足抗震缝（地震区）或伸缩缝（非地震区）的要求，竖向净距应考虑新增建筑物的沉降影响。

4) 采用非独立外接结构和内部增层时，在对构件进行受力分析时应考虑新旧结构地基不均匀沉降的不利影响，并应采取有效防止连接节点破坏的构造措施。

5) 内部增层和上部增层宜采用轻质高强材料。

6) 当非独立外接结构与混凝土结构连接的横梁跨度较大时，横梁宜采用有粘贴预应力混凝土梁，或在每两层梁之间设置预应力空腹桁架。混凝土建筑非独立外接结构跨越原建筑的横梁，是设计中较难处理的问题。当跨度较大时，梁截面很高，使加层的层高随之加大。为了降低结构高度可以采用：对梁施加预应力、采用型钢组合梁、采用矢高等于层高的空腹桁架等。

7) 外接结构的纵向柱列，应在旧工业建筑的每层或隔层楼盖标高处设纵向梁，形成纵向框架体系。混凝土建筑外接结构的纵向框架系统比较好布置，宜成榀布置，尽量考虑到与横向框架的协调，形成空间框架体系。

8) 结构内部增层一般与原旧工业建筑加固改造密不可分。当原有建筑较宽大又较坚固时，内部增层可与既有建筑脱开处理；当既有建筑比较空旷又不够坚固时，通过内部增层改善室内的使用条件，又对原有建筑结构进行有效的加固。加固方式主要采用加强连接的做法，根据外围结构的类型、现状、抗震要求，因地制宜采取相应的连接加固措施。混凝土结构增层及增层节点如图 2.19、图 2.20 所示。

图 2.19 混凝土结构增层

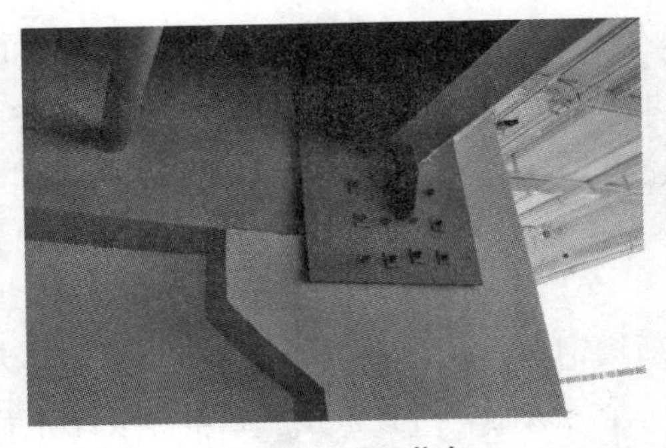

图 2.20 增层节点

采用内部增层时，应保证新旧结构的连接可靠，并应符合下列规定：①混凝土结构内部增层或楼盖进行拆旧换新时，室内纵、横墙与混凝土结构墙体连接处应增设构造柱并用锚栓与原墙体连接，新增楼板处应加设圈梁；②混凝土排架结构内部增层时，新增梁与原结构边柱宜采用铰接连接；③混凝土框架结构内部增层时，新增梁与原有框架柱之间可采用刚接或半刚接，并应对原框架边柱结构进行二次叠合受力分析，将原柱中内力与新增结构引起的内力叠加进行截面验算。

9）外接结构框架柱与基础采用刚性连接，基础的变形应控制在允许范围内，并应采取有效措施限制基础的转动。

（4）混凝土结构其他配套加固方法的相关规定

1）植筋受拉承载力的确定，虽然是以充分利用钢材强度和延性为条件的，但在计算其基本锚固深度时，按钢材屈服和粘结破坏同时发生的临界状态进行确定的。因此，在计算地震区植筋承载力时，对其锚固深度设计值的确定，尚应乘以保证其位移延性达到设计要求的修正系数。结构承重构件的植筋锚固计算应遵守下列规定：①植筋设计应在计算和构造上防止混凝土发生劈裂破坏；②植筋仅承受轴向力，且仅允许按充分利用钢材强度的计算模式进行设计；③植筋胶粘剂的粘结强度设计值应符合现行国家标准《混凝土结构加固设计规范》GB 50367 的相关规定；④抗震设防区的承重构件，其植筋承载力应按现行国家标准《混凝土结构加固设计规范》GB 50367 相关规定进行计算，但其锚固深度设计值应乘以考虑位移延性要求的修正系数。

2）混凝土结构承重构件植筋的锚固深度应经设计计算确定；不得按短期拉拔试验值或厂商技术手册的推荐值采用。

3）在抗震设防区的混凝土结构，以及直接承受动力荷载的结构构件，不得使用膨胀型锚栓作为承重构件的连接件。普通膨胀螺栓在承重构件中的应用不断出现危及安全的问题已是多年来有目共睹的事实。因此，不少省、市、自治区的建委或建设厅先后做出了禁用的规定，所以本书也做出了相应的强制性规定。

4）当在抗震设防区结构承重构件中采用锚栓时，应采用后扩底锚栓或特殊倒锥形胶粘型锚栓，且仅允许用于设防烈度不高于 8 度并建于Ⅰ、Ⅱ类场地的混凝土结构。

5）混凝土结构承重构件锚栓连接的设计计算，应采用开裂混凝土的假定；不得考虑非开裂混凝土对其承载力的提高作用。

4. 砌体结构加固设计方法

本节适用于砌体结构单层厂房和砖墙承重的单层空旷建筑物加固设计。其中单层厂房包括仓库、泵房等，单层空旷房屋指礼堂、食堂等。

（1）外加面层加固法

旧工业建筑砌体结构墙、柱承载力和刚度的加固，采用外加面层加固法，详见表 2.28。

钢筋混凝土面层加固方法属于复合截面加固法的一种。其优点是施工工艺简单、适应性强，受力可靠、加固费用低廉，砌体加固后承载力有较大提高，并具有成熟的设计和施工经验，适用于柱、墙和带壁柱墙的加固；其缺点是现场施工的温作业时间长，养护期长，对生产和生活有一定的影响。外加钢筋混凝土面层加固砌体结构应严格要求做好界面处理，并采取措施保证粘结质量，以使原构件与新增部分的结合面能可靠地传力、协同工作。钢筋网水泥砂浆面层加固法的适用范围及加固墙体的基本要求。为了使钢筋网水泥砂浆面层加固法加固有效，除了应注意提高砌体受压承载力外，还应要求原砌体构件的砌筑砂浆强度等级不宜低于 M2.5；当加固墙体受剪承载力时，除应要求原砌体构件的砌筑砂浆强度等级不应低于 M1 外，还强调以下几点：①钢筋网与墙面应有间隙及锚固；②钢筋网应与原构件周边牢固连接；③砂靠面层厚度不应大于 50mm。工程实践经验表明，只有采取了这些措施，才能保证加固工程的安全。块材严重风化（酥碱）的砌体，因表层损失严重及刚度退化加剧，面层加固法很难形成协同工作，其加固效果甚微。故此，本条规定了不应采用钢筋网水泥砂浆面层进行加固。

外加面层加固法　　表 2.28

加固方法	加固适用范围
钢筋混凝土面层加固法	当原厂房砌体与后浇混凝土面层之间的界面处理及其粘结质量符合本书的要求时，可按整体截面计算
钢筋网水泥砂浆面层加固法	①进行单层厂房砌体构件加固时，其原砌体的砌筑砂浆强度应满足：受压构件，原砌筑砂浆的强度等级不应低于 M2.5；受剪构件，对砖砌体，原砌筑砂浆强度等级不宜低于 M0.4； ②原厂房构件块材严重风化（酥碱）的砌体，不应采用此法进行加固

旧工业建筑砌体结构采用钢筋混凝土面层加固法进行加固设计时，对柱宜采用围套加固的形式，对墙和带壁柱墙宜采用有拉结的双侧加固形式；钢筋网水泥砂浆面层加固法分为单面加固与双面加固两种，且面层组合柱设计需进行受压验算与抗剪验算，加固后，其受压能力及抗剪能力应满足《砌体结构设计规范》GB 50003 及《砌体结构加固设计规范》GB 50702 相关规定。在满足构造要求情况下，外加面层加固后的结构可以利用《砌体结构设计规范》GB 50003 中组合砌体构件轴心受压构件承载力计算公式推出加固后结构轴心受压计算公式。外加钢筋混凝土面层对砌体墙面抗剪承载力的加固，可简化为原砌体的抗剪承载力加上钢筋混凝土面层的贡献。

对于 7、8 度地区，轻屋盖厂房组合砖柱的每侧纵向钢筋不少于 3ϕ8，且配筋率不小于 0.1%，可不进行抗震承载力验算。加固后，柱顶在单位水平力作用下的位移应按《建筑抗震加固技术规程》JGJ 116 的相关规定计算。原砌体的抗震承载力计算与现行国家标准《砌体结构设计规范》GB 50003 规定相同；其中砖砌体的弹性模量应按现行国家标准《砌体结构设计规范》GB 50003 的规定采用；混凝土和钢筋的弹性模量应按现行国家标准《混凝土结构设计规范》GB 50010 的规定采用。

面层组合柱的抗震承载力验算，可按现行国家标准《建筑抗震设计规范》GB 50011 的规定进行。其中，抗震加固的承载力调整系数，应符合《建筑抗震加固技术规程》JGJ 116 的相关规定；增设的砂浆、混凝土和钢筋的强度应乘以折减系数 0.85；A、B 类房屋的原结构材料强度应按现行国家标准《建筑抗震鉴定标准》GB 50023 的规定采用。而钢筋混凝土面层的贡献，根据现行《建筑抗震设计规范》GB 50011 在截面抗震验算中所建立的概念，可以简单地认为其抗震承载力与非抗震下的抗剪承载力相同，仅需将后者除以承载力抗震调整系数即可。这是一种偏于安全的处理方法。

（2）砌体柱加固法

砌体结构柱承载力及刚度的加固法详见表 2.29。

砌体柱加固法　　表 2.29

加固方法	加固适用范围
外加预应力撑杆加固法	①仅适用于 6 度及 6 度以下抗震设防区的烧结普通砖柱的加固； ②被加固砖柱应无裂缝、腐蚀和老化； ③被加固柱的上部结构应为钢筋混凝土现浇楼板； ④且能与撑杆上端的传力角钢可靠锚固； ⑤应有可靠的施加预应力的施工经验； ⑥此法仅适用于温度不大于 60℃的正常环境中
外包型钢加固法	适用于砖或混凝土柱、梁、屋架和窗间墙，以及烟囱等结构构件和构筑物的加固

外包型钢加固法常用角钢约束砌体砖柱，并在卡具卡紧的条件下，将组板与角钢焊接连成整体。该法属于传统加固方法，其优点是施工简便、现场工作量和湿作业少，受力十分可靠，适用于不允许增大原构件截面尺寸，却又要求大幅度提高截面承载力的砌体柱的加固；其缺点为加固费用较高，并需采用类似钢结构的防护措施。外加预应力撑杆加固法在钢筋混凝土结构中的应用虽然很好，但对变形敏感的砌体结构却不尽然。另外，还需要注意两点：①在采用预顶力方法加固时，对原结构局压区应进行校核，防止局压破坏；②采用外加预顶力撑杆对砖柱进行加固，虽能较大幅度提高柱的承载能力，但不应用于温度在 60℃以上的环境中。

砌体结构采用外包型钢加固法宜设计成以角钢为组合构件四肢，以钢缀板围束砌体的钢构架加固方式；外加预应力撑杆加固设计宜选用两对角钢组成的双侧预应力撑杆的加固方式，不得采用单侧预应力撑杆的加固方式。角钢在轴向力和砖砌体侧向力作用下，两缀板间角钢产生压弯应力，砌体侧向压应力一般不是太大，且主要由组板承受，对角钢来说可以忽略不计；撑杆中的预顶力主要是以保证撑杆与被加固柱能较好地共同工作制度。施加的预应力值不宜过高，且应在施工过程中严加控制为妥。基于砌体柱的抗拉能力弱，对偏心受压情况，仅允许组合砌体柱用预应力撑杆加固方法。

增设钢筋混凝土结构与原有厂房砖柱形成组合壁柱时，壁柱和套加固后按组合砖柱进行抗震承载力验算，且应符合《建筑抗震加固技术规程》JGJ 116 的相关规定，钢筋和混凝土的强度应乘以折减系数 0.85。壁柱和套的混凝土多采用细石混凝土，强度等级比较适宜采用 C20；钢筋较适宜采用 HRB335 级或 HPB235 级热轧钢筋，壁柱和套的厚度宜为 60 ~ 120mm，纵向钢筋宜对称配置，配筋率不应小于 0.2%，钢筋混凝土拉结腹杆沿柱高度的间距不宜大于壁柱最小厚度的 12 倍，配筋量不宜少于两侧壁柱纵向钢筋总面积的 25%；壁柱或套的基础埋深宜与原基础相同。

（3）砌体墙加固法

旧工业建筑砌体结构墙体的整体性加固详见表 2.30。根据粘贴纤维增强复合材的受力特性，此方法仅适用于砖墙平面内抗剪加固和抗震加固。当有可靠依据时，粘贴纤维复合材也可用于其他形式的砌体结构加固，如墙体平面外受弯加固等；根据钢丝绳网聚合物砂浆的受力特性，从严格控制其应用范围的审查意见出发，此方法仅适用于砖墙平面内受剪加固和抗震加固；考虑到聚合物改性水泥砂浆与砌体的粘结性能，规定现场实测的原构件砖强度等级不得低于 MU7.5 ，砂浆强度等级不得低于 M1. 0 ，并且墙体表面不得有裂缝、腐蚀和风化。否则，建议采用其他合适的方法进行加固。本条规定了采用这种方法加固的结构，其长期使用的环境温度不应高于 60℃ 。

砌体墙加固法 表 2.30

加固方法	加固适用范围
粘贴纤维复合材加固法	①原厂房砌体墙，其现场实测的砖强度等级不得低于 MU7.5；且砂浆强度等级不得低于 M2.5；②已开裂、腐蚀、老化的砖墙不得采用此法进行加固；且原厂房砖墙结构长期使用的环境温度不应高于 60℃；③粘贴在砖砌构件表面上的纤维复合材，其表面应进行防护处理，表面防护材料应对纤维及胶粘剂无害
钢丝绳网 - 聚合物改性水泥砂浆 面层加固法	①采用此法时，原厂房砌体墙按现场检测结果，块体强度等级不应低于 MU7.5 级；砂浆强度等级不应低于 M1.0；且块体表面与结构胶粘结的正拉粘结强度不应低于 1. 5MPa；②块材严重腐蚀、粉化的厂房墙体不得采用此法加固；③采用此法加固的墙体，其长期使用的环境温度不应高于 60℃
增设砌体扶壁柱加固法	当扶壁柱的构造及其与原厂房砖墙的连接符合本书规定时，可按整体截面计算

砌体结构墙体的整体性加固，墙体平面内受剪能力和抗震能力设计应满足《砌体结构设计规范》GB 50003 及《砌体结构加固设计规范》GB 50702 相关规定。原砌体的抗震受剪承载力计算与现行国家标准《砌体结构设计规范》GB 50003 规定相同，而碳纤维或者钢丝绳网—聚合物砂浆的贡献可以简单地认为其抗震受剪承载力与非抗震下的受剪承载力相同。这样的处理是偏于安全的。

（4）砌体结构构造性加固法

砌体结构构造性加固法详见表 2.31。钢筋网水泥复合砂浆砌体组合圈梁加固法可以很好地提高结构的承载力、刚度以及对墙体的约束能力，工程造价低；按本书设置的组合构造柱，其刚度较一般钢筋混凝土构造柱刚度亦有较大幅度提高，现行设计规范是指《砌体结构设计规范》GB 50003 和《建筑抗震设计规范》GB 50011。采用组合构造与楼板可靠连接时，凿孔穿通楼板不得伤及板内钢筋，砂浆填实；当梁下砌体局部受压承载力不足时，在梁端设置钢筋混凝土垫块，可增大砌体局部受压面积，是提高梁端砌体局部受压承载力的有效方法；当墙砌体可局部拆除时，为加强墙体的整体性，要求被拆除的砌体将砂浆强度等级提高一级并用整砖填筑。拆砌墙体时，应根据墙体破裂情况分段进行，拆砌前应对支承在墙体上的楼盖进行可靠的支顶。

砌体结构构造性加固法　　**表 2.31**

加固方法	加固适用范围
增设圈梁加固法	当原厂房墙体无圈梁或圈梁设置不符合现行设计规范要求，或纵横墙交接处咬槎有明显缺陷，或房屋的整体性较差时，应增设圈梁进行加固
增设构造柱加固法	构造柱的材料、构造、设置部位应符合现行设计规范要求
增设梁垫柱加固法	新增设的梁垫，其混凝土强度等级，现浇时不应低于 C20；预制时不应低于 C25。梁垫尺寸应按现行设计规范的要求，经计算确定，但梁垫厚度不应小于 180mm；梁垫的配筋应按抗弯条件计算配置
砌体局部拆砌加固法	原厂房墙体局部破裂，并查清其破裂原因后尚未影响承重及安全

当墙体局部破裂但在查清其破裂原因后尚未影响承重及安全时，可将破裂墙体局部拆除，并按提高一级砂浆强度等级用整砖填砌。旧工业建筑砌体结构外加圈梁应靠近楼（屋）盖设置，钢拉杆应靠近楼（屋）盖和墙面，外加圈梁应在同一水平标高交圈闭合，变形缝处两侧的圈梁应分别闭合，如遇开门墙，应采取加固措施使圈梁闭合；新增设的梁垫，其混凝土强度等级，现浇时不应低于 C20，预制时不应低于 C25；梁垫尺寸应按现行设计规范的要求，经计算确定，但梁垫厚度不应小于 180mm；梁垫的配筋应按抗弯条件计算配置，当按构造配筋时，其用量不应少于梁垫体积的 0.5% 。

上部增层砌体结构由于地震荷载作用，首层墙体的剪应力增加量较大，当墙体剪力设计值不能满足要求时，必须对原结构进行抗震加固设计。原结构为木屋架形式的上部增层，在拆除原屋顶后，沿墙顶浇筑封闭圈梁，通过圈梁与旧房墙体连接。新增墙体与原结构墙体宜上下对应，当砌筑在梁上时，应对梁进行抗弯抗剪验算，不应将墙体直接作用于楼板上。由于其原建筑承载能力较低，且建筑总高有限，不适宜进行内部增层改造，针对其特性分析，本书给出对砌体结构单层厂房和砖墙承重的单层空旷房屋进行上部增层及外接（非独立外接形式）改造。且改造时，应注意施工时遵照相关操作要求，保证建筑新旧构件的连接符合相关规定。

5. 钢结构加固设计方法

钢结构加固设计时，应从工程实际出发，合理选用材料、结构方案和构造措施，满足结构构件在运输、安装和使用过程中的强度、稳定性和刚度要求，并符合防火、防腐蚀要求。应优先采用通用的和标准化的结构和构件，减少制作、安装工作量。

（1）钢结构加固设计验算要求

钢结构加固设计可按下列原则进行承载能力及正常使用极限状态验算：①结构的计算简图应根据结构作用的荷载和实际状况确定。②结构的计算截面，应采用实际有效截面积，并考虑结构在加固时的实际受力状况，即原结构的应力超前和加固部分的应变滞后特点，以及加固部分与原结构共同工作的程度。③加固后如改变传力路径或使结构重量增大，应对相应结构构件及建筑物地基基础进行必要的验算。

（2）钢结构加固的主要方法及要求

钢结构加固的主要方法有：改变结构受力体系加固法、减轻荷载法、加大构件截面法和加大连接节点强度、阻止裂纹扩展等方法，当有成熟经验时，亦可采用其他的加固方法。施工方法有：负荷加固、卸荷加固和从原结构上拆下加固或更新部件进行加固。加固施工方法应根据用户要求、结构实际受力状态，在确保质量和安全的前提下，由设计人员和施工单位协商确定。改变结构受力体系的加固过程中，除应对被加固结构承载力和正常使用极限状态进行计算外，尚应注意对相关结构构件承载能力和使用功能的影响，考虑在结构、构件、节点以及支座中的内力重分布，对结构进行必要的补充验算，并采取切实可行的构造措施。

1）采用加大构件截面法加固钢结构构件时，被加固的构件受力分析的计算简图，应反映结构的实际条件，考虑损伤及加固引起的不利变形，加固期间及前后作用在结构上的荷载及其不利组合。对于超静定结构尚应考虑因截面加大，构件刚度改变使体系内力重分布的可能，必要时应分阶段进行受力分析和计算。

2）轴心受拉或轴心受压构件宜采用对称的或不改变形心位置的截面加固形式；当采用非对称或形心位置改变的截面加固时，应按《钢结构加固设计规范》CECS 77 相关公式进行计算。

3）加固的格构式轴心受压构件，当无初始弯曲且对称加固截面时，可按实腹式轴心受压构件强度计算公式进行计算；当按照实腹式构件的公式计算其稳定性时，对虚轴的长细比应按《钢结构设计规范》GB 50017 中相关条款计算取用换算长细比。当构件有初始弯曲损伤或非对称加固截面引起的附加偏心时，应根据损伤和附加偏心的实际情况，按照加固的格构式压弯构件进行强度和稳定性计算。

4）对实腹式轴心受压、压弯构件和格构式构件单肢的板件应按照《钢结构设计规范》GB 50017 第五章的有关规定验算局部稳定性。

5）加大截面法加固钢结构构件时，应保证加固件与被加固件能够可靠地共同工作、断面不变形和板件的稳定性，并且要便于施工。加固件的切断位置应尽可能减小应力集中并保证未被加固处截面在设计荷载作用下处于弹性工作阶段。

（3）钢屋架加固设计要求

对于钢结构屋架，在确定屋架杆件截面形式时，应保证杆件具有可靠的承载能力和抗弯刚度，同时应便于相互连接且用料经济。在确定截面形式后，根据轴心受拉、轴心受压和压弯的不同受力情况，按轴心受力构件或压弯构件计算确定；对于拉杆应进行强度验算和刚度验算，对于压杆应进行稳定性和刚度验算，压弯杆应进行平面内外的稳定性和刚度验算。对于钢结构屋架，可采用改变其截面内力的方法进行加固：

1）改变荷载的分布，如可将一个集中荷载转化为多个集中荷载；

2）改变端部支承情况，如可将铰接变为刚接；

3）增加中间支座或将简支结构端部连接成为连续结构。

（4）增层结构、非独立外接结构及其他情况的要求

对于内部增层结构、上部增层结构和非独立外接结构，可对原结构采用如下增加结构或构件刚度的方法进行加固：①增加支撑形成空间结构并按空间结构进行验算；②加设支撑增加结构刚度，或调整结构的自振频率等以提高结构承载力和改善结构动力特性；③增设支撑或辅助杆件使构件的长细比减少以提高其稳定性；④在排架结构中重点加强某一柱列的刚度，使之承受大部分水平力，以减轻其他柱列的负荷。

1）对于非独立外接钢结构、内部增层钢结构，上部增层钢结构，当原旧工业建筑为混凝土结构时，新增钢结构构件与原有混凝土结构的连接可通过机械锚栓、化学锚栓和植筋等方式实现，且应符合《混凝土结构后锚固技术规程》JGJ 145 的相关要求。

2）负荷下连接的加固，尤其是采用端焊缝或螺栓的加固而需要拆除原有连接和扩大、增加钉孔时，必须采取合理的施工工艺和安全措施，并做核算以保证结构连接在加固负荷下具有足够的承载力。

3）焊缝连接的加固，可依次采用增加焊缝长度、有效厚度或两者同时增加的办法实现。当仅用以上办法不能满足连接加固的要求时，可采用附加连接板的办法，附加连接板可以用角焊缝与基本构件相连；也可用附加节点板与原节点板对接，无论采用何种方法，都需进行连接的受力分析并保证连接能够承受各种可能的作用力。

4）螺栓或铆钉需要更换或加固其连接时，应首先考虑采用适宜直径的高强度螺栓连接。当负荷下进行结构加固，需要拆除结构原有受力螺栓、铆钉或增加、扩大钉孔时，除应设计计算结构原有和加固连接件的承载能力外，还必须校核板件净截面面积的强度。

5）用焊缝连接加固螺栓或铆钉时，应按焊缝承受全部作用力设计计算其连接，不考虑焊缝与原有连接件的共同工作，且不宜拆除原有连接件。

6）结构因荷载反复作用及材料选择、构造、制造、施工安装不当等产生具有扩展性或脆断倾向性裂纹损伤时，应设法修复。在修复前，必须分析产生裂纹的原因及其影响的严重性，有针对性地采取改善结构实际工作或进行加固的措施，对不宜采用修复加固的构件，应予以拆除更换。在对裂纹构件修复加固设计时，应按《钢结构设计规范》

GB 50017 相关条款进行疲劳验算，必要时应专门研究，进行抗脆断计算。

2.4.3　结构设计方案的评定

1. 结构设计方案的评定流程

（1）明确受损建筑的结构形式。主要结构形式：砌体结构、混凝土结构等。

（2）确定需要加固的部分构件。对各种结构形式的建筑物进行震害分析，快速鉴定受损建筑安全等级，并确定是否可加固后继续使用。

（3）根据实际受损程度选择可用的加固方法，初选加固设计目标方案 A、B、C 等。

（4）加固方案优选排序。建立再生利用设计方案的优选模型，对方案进行优选排序。

（5）综合分析，并选取最终执行的优化方案。按照优选排序，根据实际情况分析结果是否合理，并选取最终执行的优选方案。

本书仅就评定的指标体系进行详细分析，评价方法及流程等请参考专著《旧工业建筑再生利用评价基础》。

2. 结构设计方案的评定指标

建立旧工业建筑再生利用结构设计方案的评价指标体系是方案优选的关键所在，指标体系需科学合理，尽可能全面反映最优方案的各类因素，本书通过多年对旧工业建筑再生问题的研究，总结出影响旧工业建筑结构加固设计方案选择的因素如图 2.21 所示。

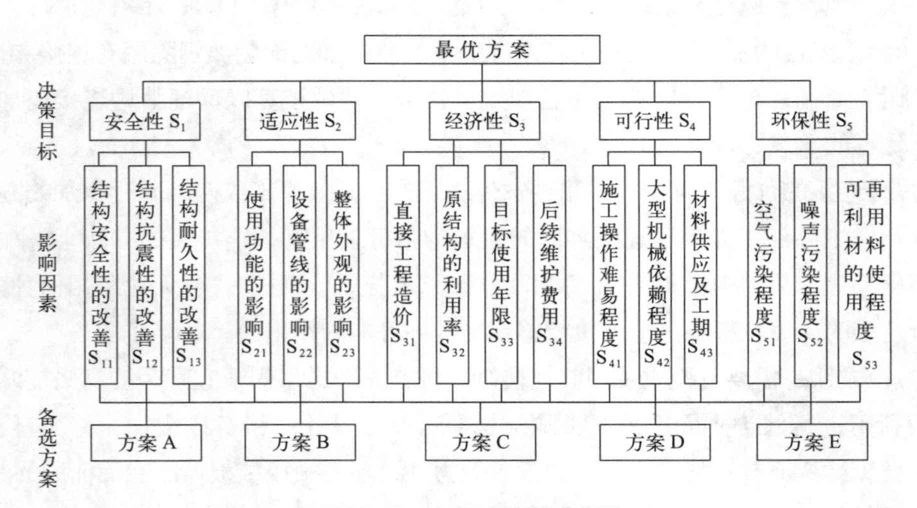

图 2.21　加固方案优选指标

方案优选指标体系的建立是方案优选工作开展的基础，正确并恰当地理解各指标的内涵有助于更好地做好加固方案优选工作，现将各优选指标的内涵总结如下：

（1）安全性 S_1

结构安全性、抗震性、耐久性的改善程度是指采用某种加固方案加固后结构性能的优化程度；主要包括对结构构件内力的影响、构件轴压比、结构层间位移和层间位移角、塑性铰、结构周期等，以上某一项指标不符合要求都会影响结构的正常使用。因此，务必选择一种满足上述指标要求的加固方案。

（2）适应性 S_2

使用功能的影响，设备管线的影响，整体外观的影响是再生利用目标方案对原结构的结构使用功能体验、内部空间布置、整体外观效果的影响程度。例如，再生利用后某些加固方案会使原有建筑外立面发生变化（如外附子结构），影响整体美观；某些加固方案会使整个结构体系发生改变（如增设剪力墙），影响设备管线的布置；某些加固方案会改变建筑的使用空间（如加大截面法），影响使用功能。

（3）经济性 S_3

经济性包括直接工程造价、原结构的利用率、目标使用年限、后续维护费用。其中，直接工程造价是指整个项目从开始施工到竣工验收后投入使用阶段所花费的所有费用，主要包括直接工程费、措施费、规费和税金等。此外，施工工期也是体现加固方案合理性的指标之一，施工工期的长短将直接影响施工成本和结构能否按时投入使用。而盲目地追求低成本只会使再生利用工程达不到应有的效果，甚至不能顺利完成；亦不能过分地追求施工技术的可行性、成熟性与保险性，而忽视费用支出。

后续目标使用年限是衡量再生利用结构设计方案优劣的指标之一，一般指结构经过加固以后预期可继续保证正常使用的时间；采用不同的方案进行加固后，结构的后续使用年限不同。后期维护费用是指经过加固后的结构在以后的正常使用过程当中定期或不定期地进行维护修缮所花费的费用，进行维护修缮可能是加固时的技术性要求或者后期使用过程中临时性要求，目的是为了保证结构始终保持一个良好的使用状态和功能面貌。

（4）可行性 S_4

可行性包括施工操作难易程度、大型机械依赖程度、材料供应及工期。施工操作难易程度主要指施工工艺的复杂程度、施工作业的劳动强度、加固方法的机械化程度以及劳务工人技术熟练程度等。该指标直接影响整个加固施工的进度（工期），而质量、进度（工期）、成本、安全是建筑工程四大关键性控制指标，加固方案选择时必须考虑以上四个方面尽可能达到最优。当某种加固方案的施工操作难度较大时，会直接导致劳动用工量增加、施工成本增加而且又延误工期。

（5）环保性 S_5

环保性包括空气污染程度、噪声污染程度、可再利用材料的使用程度。空气污染程度以空气污染指数作为参考值进行环境评价；噪声污染程度以国标《声环境质量标准》GB 3096 为参考依据。再利用或可循环材料的使用程度越高越好，参考《绿色建筑评价标准》GB/T 50378 中 4.2 节节材与材料资源利用的衡量标准取值。

第 3 章　施工建造阶段结构安全检测与评定

通常情况下，加固改造施工项目工程量较小，施工周期短，作业人员相对较少；安全投入极少，施工过程中的安全问题往往被忽略；从业人员对加固改造施工作业的特点及规律不甚了解，存在盲目作业、野蛮施工的现象，导致安全事故屡有发生。例如，2013 年 05 月 25 日，长春市某加固改造工地部分楼体发生坍塌，致 1 人遇难 12 人被困。2014 年 11 月 15 日，广州市白云区某民房在增层改造过程中发生整体坍塌，致 2 人遇难 7 人受伤。与普通的加固改造施工项目安全问题相比，旧工业建筑再生利用项目施工建造过程具有更强的不确定性，施工建造过程中结构安全的控制难度更大。

3.1　施工建造阶段结构安全检测与评定基础

3.1.1　一般工作流程

旧工业建筑再生利用施工建造阶段的一般工作流程如图 3.1 所示。

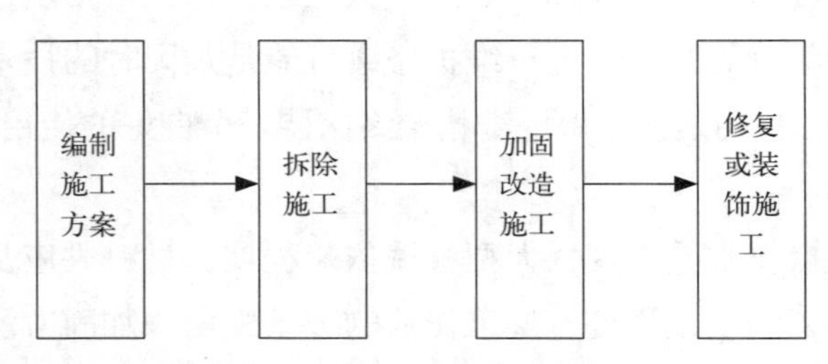

图 3.1　施工建造阶段一般工作流程

在施工建造过程中，关键工序是结构安全控制的重点，而关键工序是由影响结构安全的大小程度决定的，施工建造阶段关键工序如图 3.2 所示。

1. 再生利用施工建造阶段的关键工序

（1）施工前对原结构的清理、修整、支护

施工前对原结构的清理、修整和支护，是再生利用工程有别于新建工程的特点之一。对原结构加固部位的清理是为了便于施工，主要是拆除原结构上影响施工的管道和线路及其他障碍物；对原结构加固部位的修整主要是对原结构构件已有的缺陷、损伤进行处理等；对原结构的支护主要是搭设安全支撑及工作平台，保证整个施工过程顺利进行，并保证加固质量与施工安全。当发现原结构整体牢固性不良时，还必须设置保证结构安全的支撑。原结构、构件加固部位的修整，主要包括下列方面：①应清除各类原件表面的尘土、污垢、油渣，原有装修、饰面层；②对于混凝土构件还应清除浮浆，剔除其分化、剥落、疏松、起砂、蜂窝、麻面、腐蚀等缺陷至露出混凝土新面；对于构件的裂缝应采用相容性良好的裂缝修补材料进行修补；③对于钢结构构件还应除锈，脱脂并打磨至露出金属光泽；④对砌体构件还应剔除勾缝砂浆及其松动、粉化的砌筑砂浆层，必要时还应对残损部分进行局部拆砌；对裂缝应采用压力灌浆等方式进行修补。

(a) 对原结构的清理、修整、支护

(b) 卸载与临时卸载支撑设置

(c) 严重受损构件拆除

(d) 加固构件表面处理

(e) 植筋等加固工艺

(f) 卸载支撑拆除

图 3.2 施工建造阶段关键工序

(2) 卸载与临时卸载支撑设置

对于设计要求卸载的原结构构件，应进行卸载。卸载过程需支顶保护，支撑作用是作为结构构件卸载的安全防护，若顶升力过大会导致结构构件出现反向挠度，甚至使跨中处截面上部边缘或者支座处截面下部边缘超过极限拉应变，造成新的裂缝或破坏。

(3) 严重受损构件拆除

拆除施工中结构局部受力体系发生变化，结构发生内力重分布，对结构可能产生局部损害。拆除施工中的施工振动增大了结构损伤的可能，在施工振动冲击作用下结构构件发生较大变形，局部构件可能出现新的损伤和破坏。

(4) 加固构件表面处理

施工前应对原构件表面先凿除损伤层，例如，凿除受火温度为800℃以上的混凝土，然后再进行凿毛处理。在表面处理过程中，原结构构件可能会受到一定程度的损伤，削弱构件的承载力，从而在原有荷载作用下可能会造成结构破坏。

（5）植筋等加固工艺

加固施工方法很多，以植筋为例，一般采用植筋技术锚固加固钢筋，锚固必须在原有构件上（一般在柱或梁端）钻锚固孔，使结构构件在锚固处的有效截面减少。受损结构构件的端部是一个薄弱截面，在此区域钻孔施工应注意对结构局部产生破坏。

（6）卸载支撑拆除

支撑拆除改变了荷载的传力途径，使原来由支撑传递的竖向荷载重新分配到柱子上，梁的计算长度也由于支撑的取消而增长，梁内力也随之增加。卸载支撑的拆除可以看作为结构局部的加载，在加载过程中由于内力增大可能造成结构局部破坏。这也是检测结构加固效果的一个重要环节。

2. 再生利用施工特点及开展结构安全监测的意义

由于再生利用施工建造阶段结构存在一定不确定性和危险性，如果能够采取适当措施对事故前期的特征进行观测，发现问题并及时采取适当的补救措施，就能避免事故的发生。为了确保施工安全与结构内力和线形符合设计要求，施工监控已成为施工技术的重要组成部分。因此对于年代久远的大跨度旧工业建筑或检测评定等级为III、IV级的再生利用施工项目监测的重要性、必要性不言而喻。

（1）恒载影响大

大跨度旧工业建筑运营一段时间后，吊车梁、连系梁等构件承受上部结构的自重或其他荷载，而结构自重是控制旧工业建筑承载能力的重要因素。为此，目前无论是修筑新的大跨度工业建筑，还是对此类旧工业建筑的加固改造，均需要进行必要的施工监测与控制，这也是确保设计思想的实现、施工质量和施工安全的必要措施。

（2）荷载不明确

一般来说，加固改造难度或费用往往是巨大的。因此，要求加固改造设计应考虑实施过程存在的诸多不明确的施工荷载。施工机具荷载、拆除施工的荷载变化对维修施工的影响是必须要考虑的因素之一，并且有时施工荷载也不明确，加固改造过程中，极有可能因削弱了某些构件的承载力而发生事故。

（3）原结构的不确定性

早期所修建的工业建筑没有完善的技术档案，每个建筑的关键性技术资料，特别是隐蔽性工程的技术资料难以查找，并且原结构往往存在一些缺陷。其缺陷可能因为设计时所采用的诸如材料的弹性模量、构件自重、混凝土的收缩徐变系数、施工临时荷载的条件等设计参数，与实际工程中所表现出来的参数不完全一致而引起的，或者是由于施工中的种种误差，导致实际结构偏离理论设计模型。

（4）温度应力的影响大

大跨度旧工业建筑对温度变化与混凝土收缩、徐变等比较敏感。旧工业建筑再生利用过程中，常因温度应力影响而使旧工业建筑局部构件出现一些严重的裂缝，有的甚至因所产生的温度应力太大，对结构造成毁坏。因此，温度应力对结构的影响应受到旧工业建筑再生利用从业者的重视。

3.1.2　检测与评定内容

1. 再生利用施工过程结构安全监测的工作内容

施工过程结构安全监测内容概括起来有两大类：结构施工状态及荷载监测、结构响应监测，监测内容和变量见表 3.1。

再生利用施工过程监测系统的监测内容与变量　　表 3.1

序号	监测变量类型	监测变量	
1	结构施工状态及荷载	设置临时支撑工况、加固施工中的各种工况、拆除临时支撑工况、施工荷载等	
2	结构响应	局部形态变量响应	应变、倾斜、挠度、裂缝
		整体形态变量响应	沉降、倾斜、稳定性

（1）结构施工状态及荷载监测

结构施工状态和荷载直接关系到结构的安全，因此对结构加固改造施工组织计划、施工方案、施工工艺的调整应有详细的调查和记录。结构施工状态主要是根据施工进度将结构分为各种工况，如设置临时支撑状态、加固改造施工状态和拆除临时支撑状态等；荷载主要指加固改造过程中的施工荷载。

（2）结构局部及整体响应监测

结构响应分为局部形态变量响应，主要为构件应变、挠度和裂缝开展等，整体形态变量，主要为结构整体稳定性、沉降、倾斜等。详细划分时主要分为以下几点：

1）变形监测。无论采用何种加固改造方法，结构在施工过程中总要产生变形（倾斜、挠曲或沉降），由于结构的变形受到诸多因素的影响，极易使结构在施工过程中的实际位置状态偏离预期状态，从而造成原结构变形超过安全状态，或加固改造后的变形不满足设计与施工验收要求，影响结构加固改造的质量。结构加固改造施工变形监控的总目标就是在施工过程中保证原结构和加固改造后结构变形处于安全的范围，同时保证加固改造施工的实际位置状态与预期状态之间的误差在容许范围内，满足设计要求。

2）应力监测。结构在加固改造施工过程中以及在竣工后的受力状况是否与加固改造设计相符合是加固改造施工监控需明确的重要问题。通常通过结构应力的监测来了解实际应力状态，若发现实际应力状态与理论（计算）应力状态的差别超过应力允许限值，必须查找原因和调控，使之在允许范围内变化。结构应力控制的好坏不如变形控制易于发现，若应力控制不力将会给原结构构件造成危害，轻者影响加固改造后构件受力性能，严重者将发生结构或构件破坏。所以，相比变形监测，应力监测显得更加重要。

3）稳定控制。加固改造结构的稳定性关系到结构的安全，因此在加固改造施工过程中不仅要严格控制变形和应力，而且要严格地控制加固改造施工各阶段结构构件的局部和整体稳定。目前，对施工过程中可能出现的失稳现象，主要通过设置临时支撑起到防护作用，还没有可靠的监控手段，尤其是结构构件的长细比增大，受施工振动荷载或突发情况的影响，需要运用快速反应系统来保证加固改造施工的安全。施工中，除结构本身的稳定性必须得到控制外，施工过程中支设的临时支撑等施工设施也必须满足稳定性要求。

4）安全监测。加固改造施工中结构安全监测是加固改造施工控制的重要内容，只有保证了施工过程中的结构安全，才能保证其他控制和结构加固改造质量。实际上，结构加固改造施工安全控制是变形、应力和稳定监控的综合体现，只要上述各项参数得到控制，安全控制也就得到实现。由于原结构的形式不同，以及加固改造设计和施工方法不同，直接影响施工安全和质量，因此在施工控制中需根据实际情况，确定控制重点。

(3) 结构安全监测关键控制指标

关键工序可能对结构产生破坏，结构及构件破坏时都会发现一些宏观或微观的变化，主要表现在变形急剧加大，局部应力突增等，关键控制指标如下：

1)倾斜度。倾斜度应包括结构整体倾斜度和局部构件(如柱子)倾斜度。结构受损后，受损局部为一薄弱部位，在竖向荷载作用下部分柱子存在压弯变形，或者在偶然的水平荷载（如施工期间发生地震、台风等灾害）作用下，使结构出现侧移加大，整体倾斜增大，从而引起结构受力严重不均匀，引起结构的开裂，严重时造成结构的破坏。

2）挠度变形。水平构件在竖向荷载作用下会产生相应的挠度反应，该指标主要是为了控制构件的允许挠度变形和极限挠度变形。

3）应力变化。与变形一样，结构内力的变化也会反映在结构构件应力上，确保应力在控制范围内也是结构控制的重要内容，一般应力控制主要是通过应变测试控制来实现。

4）裂缝扩展值。由于施工振动、结构内力变化以及内力重分布的影响，结构构件原有裂缝可能有所扩展，也可能会产生一些新的裂缝，使结构构件的承载能力下降和刚度降低，从而导致变形过大，甚至结构构件破坏。因此裂缝扩展值也是一个重要控制指标。

除此之外，部分建筑基础沉降和沉降差也是重要的控制指标。

2. 影响再生利用施工过程结构安全性监测的因素

旧工业建筑再生利用施工监测的主要目的是在保证结构安全的前提下使施工实际状态最大限度地与理想设计状态（变形与受力）相吻合。要实现上述目标，就必须全面了解可能使施工状态偏离理想设计状态的影响因素，以便对施工实现有效控制。

(1) 结构参数因素

无论何种结构再生利用施工监测，结构参数都是必须考虑的重要因素。结构参数主要包括：结构构件截面尺寸、材料重度、材料强度和弹性模量、施工荷载等。结构参数是施工控制中结构加固改造和构件分析的依据，其真实性直接影响分析结果的精确性。但实际中，实际结构参数是不可能与设计完全吻合的，结构参数之间总是存在一定的误差，加固改造施工控制中如何使结构参数尽量接近真实结构参数是首先要解决的问题。

（2）结构分析模型

无论采用何种分析方法和手段，总是要对实际结构进行简化后建立计算模型，计算模型的各种假定、边界条件处理、模型自身的精度等，都与实际结构之间存在差异，这就使得理论计算控制指标存在一定的误差。控制中需要在这方面做大量工作，从而将计算模型误差的影响减到最低。

（3）施工监测因素

在进行应力与变形等监测的时候，因测量仪器性能、仪器安装、测量方法、数据采集以及环境情况等因素的影响，所以，再生利用施工过程中的监测结果总是存在误差。因此，在监控过程中要从监测设备、方法上尽量设法减小测量误差，同时在分析时应考虑各种原因导致的误差影响。

（4）施工管理因素

结构加固改造施工监测的目标是为了保证结构在加固改造施工过程中的施工安全与质量，其监测对象就是结构加固改造施工本身，施工管理的好坏直接影响结构加固改造施工的安全、质量和进度等，施工管理得当，施工对原结构产生的影响小，施工进度快，这必然为施工监测提供有利条件。

3. 结构安全分析与结构监测确定

（1）下列情况应进行施工过程结构分析：①结构性能评级为 III_{rs} 级或 VI_{rs} 级时；②主要承重构件拆除作业时；③结构改建采用增层和非独立外接形式时；④原结构体型复杂的旧工业建筑再生利用时；⑤设计文件有要求时。

（2）下列情况应进行施工过程结构监测见表 3.2：①遭受火灾等重大灾害或结构性能评级为 III_{rs} 级或 VI_{rs} 级时；②主要承重构件拆除作业时；③地基基础加固作业时；④结构改建采用增层和非独立外接形式时；⑤主要承重构件存在疑似受力裂缝时；⑥设计文件有要求时。

（3）施工过程中宜对下列构件或节点进行选择性监测：①拆除、增设关联部位的构件或节点；②结构形式转化部位的构件或节点；③应力变化显著或应力水平高的构件或节点；④变形显著的构件或节点；⑤裂缝宽度较大或数量较多的构件或节点；⑥设计文件要求的构件或节点。

（4）施工过程结构分析和施工监测应编制专项方案，并报相关单位审批。监测作业人员应经过专业技术培训，行业规定的特殊工种必须持证上岗。监测设备与仪器应通过计量标定，采集及传输设备性能应满足工程监测需要。

施工过程结构监测项目

表 3.2

模式项目	变形监测			应力监测	裂缝监测	环境监测	
	基础沉降	结构竖向变形	结构平面变形			风	温度
独立外接	○	○	○	○	★	○	○
非独立外接	▲	★	★	★	★	▲	○
内部增层	▲	★	★	★	★	○	○
上部增层	★	★	★	★	★	▲	○
内嵌	▲	○	○	○	★	○	○

注：★应监测项；▲宜监测项；○可监测项。

(5) 监测设备作业环境应满足下列要求：①作业时监测电子设备、导线电缆等宜远离大功率无线电发射源、高压输电线和微波无线电信号传输通道；②采用卫星定位系统测量时，场内障碍物高度视角不宜超过 150°；③监测接收设备宜远离强烈反射信号的大面积水域、大型建筑、金属网以及热源等。

(6) 监测时应考虑现场安装条件和施工交叉作业影响，并应对监测设备、仪器和监测点采取可靠的保护措施。建设单位负责施工过程结构分析与监测的管理工作，并组织勘察、设计、施工、监测、监理等单位具体实施。

3.1.3 检测与评定程序

1. 施工过程结构安全检测与评定程序

再生利用施工过程结构安全检测与评定的工作程序主要由三部分构成：结构分析、现场监测、数据评定。主要程序如图 3.3 所示。

影响结构加固改造施工监测的因素很多，特别是随着结构规模增大、原结构损害程度增大、受损构件增多，施工中受到的不确定性影响因素也越来越多，要使结构加固改造施工安全、顺利地进行，并保证加固改造质量满足设计和施工验收要求，必须将其作为一个系统工程严格控制。因此，在加固改造施工前应建立一个有效的施工监控系统。

(1) 监测系统的主要构成

采集子系统和结构状态计算分析子系统是施工监控系统的基础，其主要功能是获得和存储进行结构加固改造施工监控所需要的数据，以及计算得到监控指标控制值；反馈控制子系统是结构加固改造施工监控系统的核心和目标，其主要功能是对监测数据进行分析，对结构的安全和质量状态进行评定和预测。

1) 采集子系统。主要用来完成数据与信息的采集、传感器配置等任务。主要硬件是工控机、传感器与网络设备等。软件组成有操作系统、采集管理、传感器配置和采集、数据预处理及输入输出控制等。

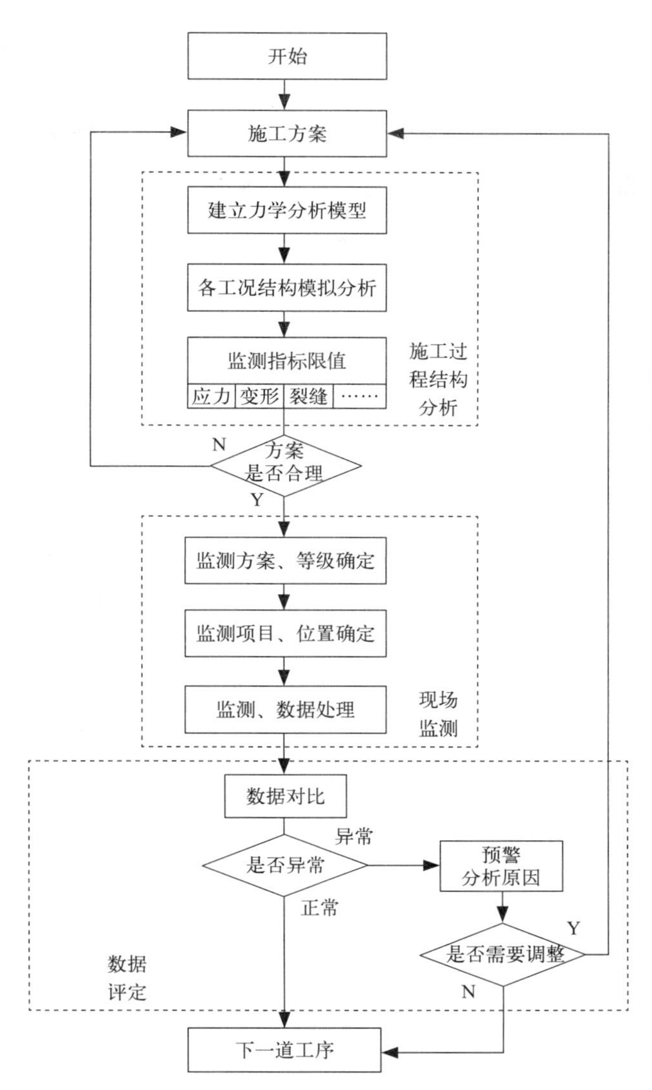

图 3.3　结构安全检测与评定程序（施工建造阶段）

2）结构状态计算分析系统。按照加固改造设计对施工各阶段状态的结构内力和变形计算，进而确定各施工阶段结构的设计控制值。

3）反馈控制系统。根据结构理想状态、实测状态及误差信息进行分析，制定出可调变量的最佳调整方案，指导现场作业，使结构实际状态最大限度地接近设计理想状态，同时监测分析数据也可以为类似工程提供借鉴和参考。

（2）再生利用施工监测管理各方组织责任划分

结构加固改造施工监测是多方共同协作，因此在实施监测前必须建立一个完善的监测管理和组织机构，使得施工监测能够有序、高效进行，同时信息能够迅速传递，及时反馈。再生利用施工通常要涉及业主、设计、施工、监理、监测、政府监督等多个部门和单位，这些部门和单位都将在施工监测中起到不同程度的作用。各单位职责如图 3.4 所示。

1）业主方：业主负责整个工程实施，是施工监测的委托者和协调者，在施工管理分系统中对施工监测的方案、内容和目标提出要求，同时对过程中的有关问题进行协调。

2）设计方：设计方也可对监测的方案、内容等提出建议，必要时提供计算分析模型及其数据，同时对施工方根据监测建议提出的设计、工艺、施工方法的变更予以确认。

3）施工方：施工方是结构加固改造施工的直接实施者，在施工过程中应严格按照设计要求施工，负责反馈施工效果、进度以及施工中遇到的问题及困难，同时根据监测结果和建议提出设计变更或者施工工序调整等。

4）监理方：监理对施工监测的内容、方案和目标发表意见，主要负责监督施工方对施工的具体实施及施工质量，对施工监测提出改进意见，充当监测方与施工方的联系者。

5）政府监督：政府监督包括质监站、安监站以及建设部门等单位，对加固改造施工及监测提出意见并监督；也可是施工监测的组织者，负责监测内容、方案及目标的决策。

6）监测方：监测单位是加固改造施工监测的主体和核心，主要负责施工监测的实施，并对监测结果进行分析和反馈。

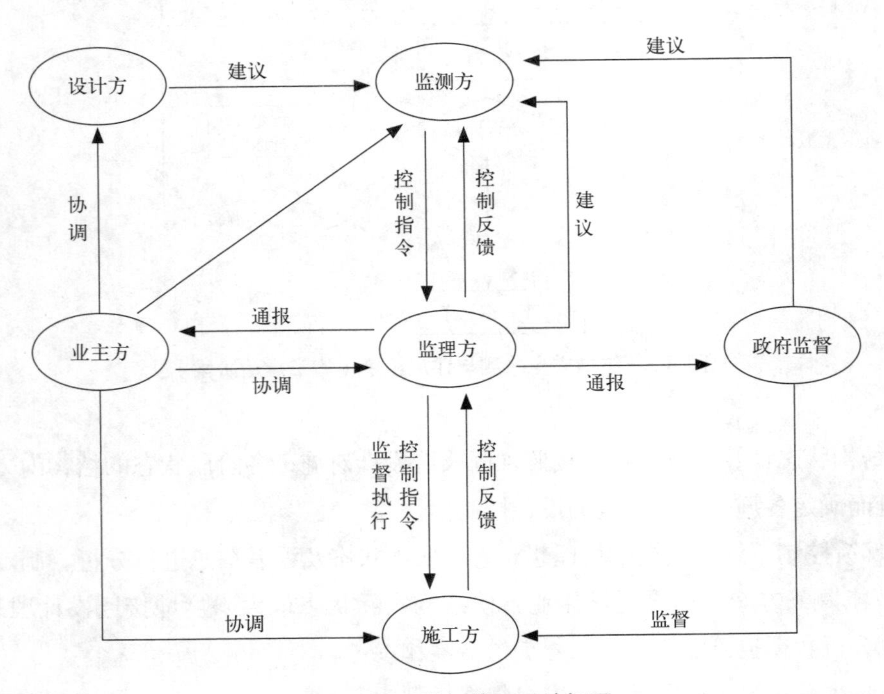

图 3.4　施工监测管理系统框图

2. 再生利用施工过程结构安全监测方法

根据监测内容的不同，常见的钢筋混凝土结构加固改造施工监测主要分为日常巡视、应力（应变）监测、结构变形监测等。施工监测方法很多，具体应根据监测对象、监测目的、监测频度、监测时间长短等情况选定最方便实用、最可靠的监测方法。按不同的观测对象、观测目的和不同的测点埋设和量测方法，常用的方法见表 3.3。

施工过程监测方法、作用及常用测量仪器 **表 3.3**

监测项目	作用	测量仪器
日常巡视	观察结构加固改造施工质量 结构是否存在安全隐患	肉眼观察
变形监测	受弯构件挠度变化监测 裂缝开展情况 柱或建筑物倾斜测量	水准仪、标杆、百分表 手持式应变仪、读数放大镜、石膏饼 经纬仪和钢尺
应变监测	测量结构构件应力变化	电阻应变仪和电阻应变片、光纤光栅和调解仪
沉降监测	建筑物沉降变化监测	水准仪、标杆

（1）日常巡视法

日常巡视法是不借助于任何量测仪器，而用肉眼凭经验观察获得对判断结构稳定和环境安全性有用的信息，这是一项十分重要的工作，需在进行其他使用仪器的监测项目外，由具有一定工作经验的监测人员进行。主要观察结构加固改造和支撑体系的施工质量、原有结构在加固改造施工过程中是否发生破坏、荷载和施工情况以及其他条件的变化等对结构稳定和环境安全性关系密切的信息。同时需密切注意原有结构裂缝开展、结构和支撑体系的工作失常情况等工程隐患，以便早期发现隐患苗头及时处理，尽量减少工程事故的发生。这项工作应与施工单位的工程技术人员配合进行，并及时交流信息和资料。同时，记录施工进度与施工情况。这些内容都要详细地记录在监测日记中，重要的信息则需要写在监测报表的备注栏内，发现重要的工程隐患则要出具专门的监测备忘录。

（2）应力监测法

应力是反映结构物理力学性态的一种效应量，在施工阶段与结构的强度、稳定可靠性密切相关。结构监测控制点的应力值，随着加固改造施工的推进，是不断变化的，因此在某一时刻的应力值是否与分析（预测）值一样，是否处于安全范围是施工监控关心的问题，通过施工监测则可达到该目标。了解构件的应力分布情况，特别是结构控制截面处的应力分布及最大应力值，对于验证设计是否合理、计算方法是否正确等，都有重要价值。利用所测应力资料还可以直接了解结构的工作状态，监测一旦发现异常情况，就立即停止施工，查找原因并及时进行处理。直接测定应力比较困难，目前还没有比较好的方法，而是借助于测定应变值，然后通过材料的 σ-ε 关系曲线或方程换算为应力值。目前，应变测试传感器主要有：电阻应变片、密封式钢筋应力传感器、钢筋应力计、智能弦式数码钢筋应力计和光纤光栅传感器等。

(3) 变形监测法

除了应变外，结构变形性能也是结构分析的重要资料。变形是综合反映结构物理力学性态的一种效应量，它反映结构刚度和整体性，结构的变形常与结构开裂、失稳有关。变形监测的目的主要是获取结构的实际几何形态，其内容包括结构挠度变形、倾斜变形等。它对加固改造施工安全控制、预报非常关键，因此，要对受弯构件挠度，结构整体和结构柱的倾斜度进行测量监控，了解结构的受力状况。结构及构件的变形观测，可按《建筑变形测量规程》JGJ/T 97 的有关规定进行。墙、柱和整幢建筑物倾斜一般采用经纬仪测定，测试时也应定时、定人、定仪器，测试周期应根据结构加固改造施工具体情况来定。钢尺位置在施工前后都不应发生变化，可以通过粘结胶粘结于被测对象上，避免钢钢尺放置原因造成测量误差。有条件时，施工前后经纬仪不挪动位置，测量状态均不发生改变。此外，部分工程还需对建筑物沉降进行观测，如地基存在不均匀沉降需对基础进行加固改造的结构，通过沉降观测可了解沉降速度，判断沉降是否稳定及有无不均匀沉降。

(4) 受弯构件挠度监测法

通过对受弯构件的挠度监测，为施工安全的控制提供了分析基础，也为卸载加固改造施工确定受弯构件预拱度提供较为可靠的依据。梁、板结构跨中挠度变形监测的方法之一是在梁、板构件支座之间拉紧一根细钢丝或琴弦，然后测量跨中部位构件与细钢丝（或琴弦）之间的距离，该数值即是梁板构件的变形。方法之二是采用水准仪测量梁、板跨中挠度变形（必要时可增加测点），其数据较为精确。用水准仪测量标杆读数时，至少测读 3 次，并以 3 次读数的平均值作为构件跨中变形。为了减少测量时的误差，测试应定点、定人、定时、定仪器。

(5) 裂缝监测

了解裂缝开展特点可以了解结构整体受损情况。对裂缝的监控手段通常可采用贴石膏饼或石膏条的方法，从定性的角度监控裂缝的发展变化情况，而采用读数放大镜、手持式应变仪则可以定量地了解裂缝情况，分析其损害的程度，并在特殊情况下进行预警。在对结构影响大的关键工序施工时，测试频度可采用一天多次测试，其他对结构影响较小的工序施工时，测试频度可以一天一次或多天一次测试，主要是根据加固改造施工情况而定。测试应定时、定人、定仪器。

3. 再生利用施工过程结构安全性监测等级及限值确定

(1) 施工过程结构安全性监测等级

根据结构的规模、重要性、投资、施工环境及施工时结构性能情况，再生利用施工监测系统的等级也可不同，结合高层建筑健康监测系统划分标准将监测系统划分为三级，即：一级为在线实时监测系统；二级为定期在线连续监测系统；三级为定期检测系统。

一级监测系统一般用于损伤严重的重要旧工业建筑；二级监测系统一般用于损伤较轻的旧工业建筑；三级监测系统用于一般情况下的旧工业建筑。显然，不同等级的监测系统的自动化、实时性、集成化、规模化，以及硬件和软件、网络化将有所不同，其功能也不同。旧工业建筑再生利用施工监测系统的等级划分见表 3.4。

结构再生利用施工过程监测等级　　表 3.4

等级	建筑类别	监测系统的性能
一级	损伤严重的重要的旧工业建筑	监测内容全，系统软硬件先进、自动化、实时性、集成化及网络化程度高，能够通过网络在线实时监测，采用先进的高精度传感器
二级	损伤较轻的旧工业建筑	监测内容较全，系统软硬件较先进、定期进行监测、自动化程度较高，采用较为先进的传感器
三级	一般情况的建筑	检测内容及检测制度等符合国家的规范和技术规程

（2）控制指标限值的确定方法

为了及时进行险情预报，施工前应设定监测项目的预警值。监测项目的报警值和险情预报是一个极其严肃的技术问题，必须根据具体情况，考虑各种因素，及时做出决定。常见的控制指标限值确定方法如下：

1）以往经验数据作为控制指标限值的依据：采用经验数据作为评判的依据是普遍采用的一个方法，主要是因为数值计算技术的滞后，同时由于计算公式的欠严密和影响因素存在太多不确定性，往往会参考相关工程的实测经验数据作为控制指标限值的依据；

2）以现有数据统计得出的最小反应值或者平均值为依据：采用本工程已测试数据统计分析，得出一个最小或平均反应值作为控制指标限值；

3）以仿真分析或理论计算结果反应值作为控制指标限值的依据：目前尚未能编制出能够精确模拟加固改造施工的软件，因此灾后结构加固改造施工中内力变化只能通过现有理论计算方法对构件近似计算分析，并基于整体分析基础上对单个构件进行计算；

4）以多种理论预测值为依据：通过采用各种理论方法对前期测试数据进行处理以预测下一步工序的最大反应值，该反应值即为控制指标值；

5）以施工允许偏差值作为控制指标值的依据。

以变形控制指标限值的确定举例，在施工中应能够及时判断结构的状态，变形控制是一个非常直观有效的方法，主要有倾斜和挠度变形。变形控制指标限值的确定可以根据现有规范规程、结构和构件检测鉴定标准和工程实践来确定。常见的控制级别及应采取的措施见表 3.5。允许值即安全值是结构的理论计算值，当结构和构件变形处于理论范围内则认为结构受力较为合理；警戒值为结构是否出现结构破坏的临界值，可以定义为正常使用极限状态时结构和构件对应的允许变形值，其值可以基于正常使用极限状态根据现行规范规程计算确定；危险值则是区分结构是否发生极限破坏的临界变形值，危及结构的安全，与之对应的变形值可以根据承载能力极限平衡状态分析得出。

安全、警戒和危险三个级别处于控制指标允许限值范围内为结构受力较为合理，处于警戒值范围内为安全；处于警戒值与危险值之内的为警戒；而超过控制指标危险值则为危险。对处于各安全管理级别的区段采取不同的措施，保证正常的施工和结构安全。

安全管理级别和控制措施　　表 3.5

管理级别	采用措施
安全	正常施工，按正常频率实施监测计划
警戒	加密观测频率，发出警告
危险	对出现的情况变化进行跟踪观测，协同召开各方会议，进行施工决策，采取有效措施，保障施工安全

3.2 施工方案评定

3.2.1 施工方案的内容

(1) 施工方案的常见内容

施工方案是根据一个施工项目指定的实施方案。其中包括组织机构方案（各职能机构的构成、各自职责、相互关系等）、人员组成方案（项目负责人、各机构负责人、各专业负责人等）、技术方案（进度安排、关键技术预案、重大施工步骤预案等）、安全方案（安全总体要求、施工危险因素分析、安全措施、重大施工步骤安全预案等）、材料供应方案（材料供应流程、临时（急发）材料采购流程等）。此外，根据项目大小还有现场保卫方案、后勤保障方案等。在施工过程中同一个项目会有多个施工方案，施工方案是根据项目确定的，需要结合项目和施工方案的特点进行选择，挑选出最适合此项目的施工方案。

(2) 施工方案中应有可靠的安全措施

施工搭设的安全支护体系和工作平台，应定时进行安全检查并确认其牢固性；加固改造施工前，应熟悉周边情况，了解加固改造构件受力和传力路径的可能变化。对结构构件的变形、裂缝情况应设专人进行检测，并做好观测记录备查；在加固改造过程中，若发现结构、构件突然发生变形增大、裂缝扩展或条数增多等异常情况，应立即停工、支顶并及时向安全管理单位或安全负责人发出书面通知；对危险构件、受力大的构件进行加固改造时，应有切实可行的安全监控措施，并应得到监理总工程师的批准；当施工现场周边环境有影响施工人员健康的粉尘、噪声、有害气体时，应采取有效的防护措施；当使用化学浆液（如胶液和注浆料等）时，应保持施工现场通风良好；化学材料及其产品应存放在远离火源的储藏室内，并应密封存放；工作场地应严禁烟火，并必须配备消防器材；现场若需动火应事先申请，经批准后按规定用火。

3.2.2 施工方案的制定

1. 施工方案的制定原则

（1）制定合理的施工顺序

近些年，由于再生利用施工过程程序混乱，拆建顺序不合理而导致原有结构损伤、失稳甚至倒塌等安全事故时有发生，因此需要对加固改造施工过程中存在的问题多加留意。再生利用施工过程中具有显著的结构时变特性，为保障旧工业建筑再生利用施工的安全顺利进行，需要基于实际情况制定合理的施工顺序。首先要按照设计方案对拆除部分进行临时加固，临时加固检验合格后才能对原有构件进行拆除。

（2）选择合理的支撑方式

支撑按材料种类可分为现浇钢筋混凝土支撑体系和钢支撑体系两类。对于现浇钢筋混凝土支撑体系的截面形式可根据设计要求确定断面形状和尺寸，布置形式灵活多样，竖向布置有水平撑、斜撑，平面布置有对撑、边桁架、环架结合边桁架等。此类支撑形式的缺点是支撑浇制和养护结构处于无支撑的暴露状态时间长，软土中被动区土体位移大，如对控制变形有较高要求时，需对被动区软土加固，施工工期长，拆除困难；但也有明显的优势，比如混凝土结硬后刚度大，变形小，强度的安全可靠性强，施工方便。

对于钢支撑体系的截面形式有单钢管、双钢管、单工字钢、双工字钢、H 型钢、槽钢及以上钢材组合，布置形式竖向布置有水平撑、斜撑，平面布置形式有对撑、井字撑、角撑，亦有与钢筋混凝土支撑结合使用，但要谨慎处理变形协调问题。此类支撑形式的缺点是施工工艺要求较高，如节点和支撑结构处理不当，施工支撑不及时、不准确，会造成失稳；但也有明显的优势，比如安装、拆除施工方便，可周转使用，支撑中可加预应力，可调整轴力而有效控制围护墙变形。在施工过程中选择支撑时可根据不同工程的特点和环境进行选择，常见的独立支撑体系如图 3.5 所示。

（3）合理的卸载方法

旧工业建筑结构再生利用施工需要拆除或卸载时，必须要有合理的加固改造措施、明确的传力路径，以确保安全。其主要措施有：设临时支撑、组成撑杆式结构。例如，屋架应根据千斤顶顶升过程或撑杆压力过程进行承载力验算，且应注意屋架各个杆件的内力是否增大，有承载力不足的节点或者构件，应对其进行加固后再卸载。柱子可采用设置临时支柱或抽柱改造等方法。采用抽柱改造时，应对抽柱两侧相邻柱进行承载力验算。卸载支撑如图 3.6 所示。

2. 常见的施工方案优化过程

以墙体加固方案举例说明，初步拟定：在内部结构拆除之前对墙体进行的加固包括永久性和临时性两类加固方式。根据现场勘测墙体的具体尺寸，拟沿窗洞间墙体自上而下设置混凝土构造柱，并掏除部分原有墙体砖块形成连接，且在墙体内侧单边增设。混凝土圈梁通过掏除部分原墙体，在每层楼层高度设一道。对墙体内侧除已增设梁柱外墙面外，采用钢筋网砂浆面层加固。这些永久性加固方式对墙体有良好的约束作用，同时也增加了与新建筑的连接，对墙体整体抗倒塌能力有很大提高。在内部楼板拆除过程中，两面墙体若无外界支撑，较易发生倾斜倒塌，为确保施工过程的安全进行，拟在墙体两侧设钢支架作为临时支撑结构，考虑减少对道路的影响，钢支架内侧比外侧宽度大。钢支架由水平和竖向钢桁架构成，并尽可能穿过门窗洞口形成整体。为了更好地连接两片墙体，增加整体抗侧刚度，拟在两墙体角部位置设置 3 道水平钢支撑，并在端部和老虎窗位置增加竖向支撑结构。通过有限元分析，可得如下结论：

图 3.5　独立支撑体系

图 3.6　卸荷支撑

（1）整个施工过程中，墙体的位移和应力呈不均匀变化，拆除楼板、内横墙时，结构整体位移和应力有明显的突增。故在施工过程中要做好对墙体位移的实时监测。

（2）基坑开挖对整个墙体的位移有显著影响，故在开挖过程中需对墙体的沉降和倾斜情况进行监测，并利用监测数据作为边界条件通过 ANSYS 进行再分析，如变形或应力指标超限，则需采取加固措施再继续开挖，以确保施工过程的安全。

（3）施工过程中，应注意钢支架与墙体的可靠连接，以保证其共同工作。同时，支架杆件与墙体连接部位、洞口角部和墙体的角部易发生应力集中，对这些部位应采取一定的保护措施。

（4）加强刚性地坪与墙体加固基础的连接情况，对于结构整体的变形和应力分布有明显影响。建议保证刚性地坪与墙体加固基础的刚性连接，即尽可能将刚性地坪和墙体基础作为整体基础进行设计并对倾斜情况进行实时监测，以降低墙体内部应力的量值，同时确保结构倾斜变形在合理的范围内。

3.2.3　施工方案的评定

在对施工方案进行选择时应注重进行多方面的分析，以下从技术层面和决策层面简要分析加固改造方案选择时应考虑和注意的问题。

（1）技术层面

第一，在加固改造过程中确定施工方案时要么偏重提高结构的承载能力，要么偏重于增大结构的抗变形能力，当然两者兼顾更好，同时也可以通过改变结构传力体系来达到加固改造的目的；第二，经过加固的结构可归为二次组合结构，一方面因为新加部分总是晚于原结构构件受力，存在应力应变滞后现象，当原有部分达到应力应变极限时新加部分还未充分发挥其作用；另一方面加固改造结构新旧结合面受力比较复杂，通常会发生沿新旧结合面的剪切破坏；研究表明，卸荷能显著提高加固改造后结构的承载能力，明显改善原有结构和新加结构之间的应力应变协调性，因此在加固改造之间应采用卸荷措施；第三，进行加固改造时须考虑与抗震设防相结合的原则，要保证加固改造后的结构传力明确、刚度分布均匀、无薄弱层等，同时要具备抵抗相应等级地震的能力。

（2）决策层面

当业主在选择加固改造方案时应综合考虑建造成本、工期、加固改造效果、技术可靠、施工安全、施工难易程度、对周围环境影响等因素；然后，选择施工方案时应在保证加固改造要求和效果的前提下尽可能选择技术先进、工艺成熟的新方法，如最近几年兴起的复合材料等。如此一来可提高该建筑的区域影响力和知名度等。一个优秀的加固改造方案不但要在性能比上下功夫，还要体现其工艺技术的先进性和科学性。

举例说明，某加固改造项目拟采用以下三种方案：

方案一：采用粘贴钢板加固法加固梁，采用外包碳纤维加固法加固柱，局部增加侧向刚性支撑方案；该方案综合单价估算为980元/m^2，工期估算为45天，后期维护费用为2800元/年。采用该法加固后结构体系传力明确，受力均匀，粘钢加固梁时较多借助脚手架等辅助器具，碳纤维加固柱施工工艺较简单，整个加固施工过程噪声较小，对周围居民造成的干扰也较小，加固后结构内部空间基本不会减小，局部增设支撑可使建筑外立面增加独特的造型。

方案二：采用加大截面法加固混凝土梁和柱；该方案综合单价估算为860元/m^2，工期估算为60天，后期维护费用为1500元/年。采用该法加固后结构体系传力明确，受力均匀，但施工现场湿作业大，混凝土运输、浇筑与振捣不便，占用室外空间，施工现场污染较大，加固施工过程噪声稍大，对周围居民造成的干扰较大，加固后结构内部空间变小。

方案三：采用粘贴钢板加固法加固梁，层间局部增设剪力墙；该方案综合单价估算为900元/m^2，工期估算为50天，后期维护费用为2300元/年。采用该法加固后结构体系传力明确，受力均匀，粘钢加固梁时较多借助脚手架等辅助器具，增设剪力墙时施工现场湿作业大，混凝土运输、浇筑与振捣不便，占用室外空间，施工现场污染较大，加固施工过程噪声稍大，对周围居民造成的干扰较大，增设剪力墙后结构内部空间使用局限性变大，空间也在一定程度上变小。

从技术层面和决策层面进行比较分析后最终选择方案一。

3.3 施工过程结构安全分析

3.3.1 分析方法与内容

可根据施工过程结构安全分析结果对初定监测方案的合理性进行验证和判断，有误差时可对监测内容、监测位置、监测数量做适当调整。

1. 再生利用施工过程结构安全分析方法

对旧工业建筑再生利用施工过程进行监测时，宜同步进行施工过程结构安全分析。施工过程结构安全分析过程中应计入对监测结果有影响的主要荷载作用及因素。分析结果宜与监测结果对比分析，当发现结构分析模型不合理时，应修正分析模型，并重新计算。现场监测结果受到的影响因素较多，其中有多项因素存在一定的不确定性，如施工过程中的活荷载、地基沉降情况、结构上因日照产生的不均匀温度作用、传感器的漂移、混凝土的收缩徐变特性等。因此，当监测结果与施工过程模拟计算结果之间存在不一致时，应进行分析，查明原因。施工过程结构安全分析结果与设计分析结果有较大差异时，应查明原因，和设计单位沟通，共同商定解决方法。

国内目前设计习惯做法是：计算模型结构一次整体成型后，再施加竖向、水平荷载进行分析。对于再生利用施工过程，该种简化分析方法与考虑施工过程进行结构分析的工序不统一且分析结果会出现较大差异。当出现差异时，可尝试下列解决途径：

（1）施工单位尝试调整施工方案，研究是否可以通过改进施工方案来减小该种差异发生的可能性；

（2）如仅是施工期间，结构或构件安全性不足，结构整体成型受力状态无明显变化，则可研究采用临时补强加固、完成后再拆除的方案；

（3）既定条件下，施工方案较为合理时，应进一步和设计单位沟通，将施工过程结构分析结果作为初始受力状态，与后续荷载作用组合后进行结构设计，宜进行补强处理。

施工力学问题是慢速时变结构力学问题的典型代表，其特点是结构随时间缓慢变化，可采用时变结构离散分析法对结构进行离散性的时间冻结，把它当作一序列时不变结构进行静力或动力分析。

施工过程结构分析的方法宜采用有限元数值模拟分析方法进行，按工程精度需要，合理计入结构构件的安装和刚度生成、支撑的设置和拆除等对结构刚度变化影响的因素；尚应考虑几何非线性的影响。

施工过程中结构刚度随着构件的拆除替换而减少、加固后的刚度生成而不断变化，如混凝土构件的外包混凝土浇筑和强度生成、预应力筋的张拉、置换混凝土后浇带处封闭、构件铰接转刚接、延迟构件后安装。支撑的设置和拆除对构件的内力分布也会产生影响，支承的设置和拆除有时可以通过构件自重施加时机的不同进行模拟；支撑设置或拆除对

整体结构受力状态和变形有较大影响时，尚应在计算模型中建模反映。柔性索结构分析，宜考虑几何非线性，从而准确反映索体刚度。

2. 再生利用施工过程有限元法模拟

结构加固改造施工方法与结构内力状态和变形有密切关系。而且在施工过程中，结构内力和变形随施工状态和工况的变化而不断变化。为使结构的变形应力都在安全范围内，并达到预期的加固改造状态，必须预先理论计算出结构各施工阶段结构控制部位的内力和变位，确定各施工阶段的结构线形以及控制应力，就需对结构进行有限元数值模拟仿真分析，如图 3.7 所示。

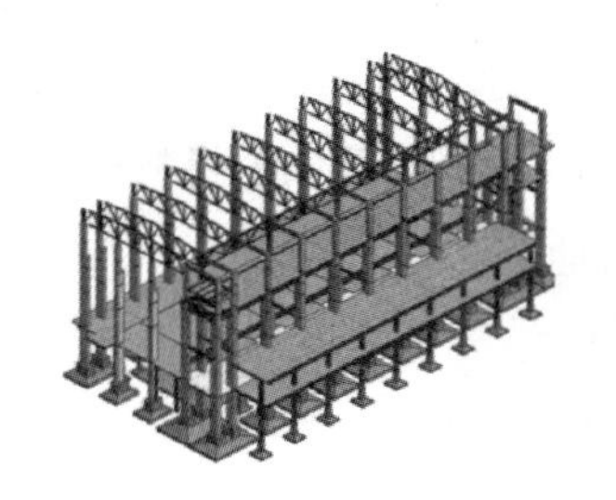

原有结构三维模型

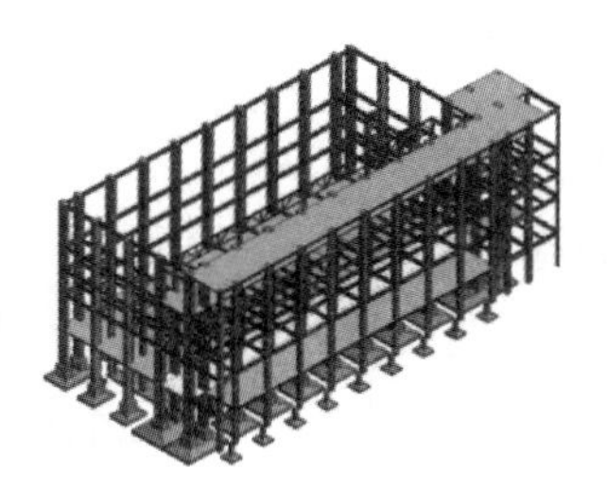

一次改造后的结构三维模型

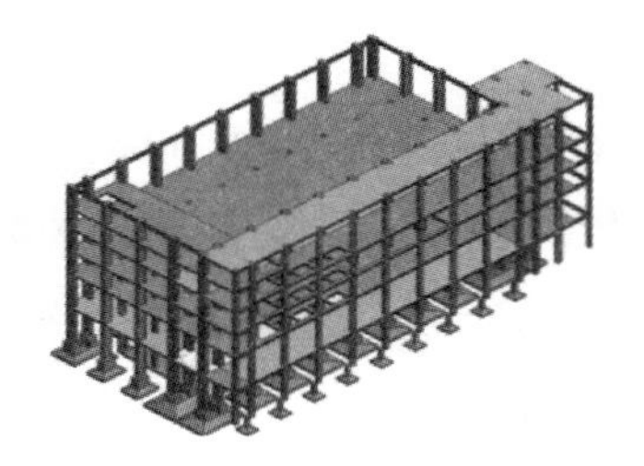

二次改造后的结构三维模型

图 3.7　模拟仿真过程

结构的仿真分析主要内容包括：施工适时分析、施工理想状态确定以及结构理想状态确定。结构理想状态是指施工完成后，在所有恒载状态下受力满足某种理想状态；结构理想状态的确定通常不考虑施工过程，只根据结构状态的受力图来计算。施工适时控制是指在施工时根据施工理想状态和实际状态，按照一定的准则调整施工过程或采取措施，使结构内力和位移达到目标状态。施工理想状态是为了按拟定的施工工序施工完成后达到的施工状态。在旧工业建筑的施工中，通常预先确定一个目标理想状态，然后按照拟定的施工工序达到施工理想状态。

复杂结构的分析已经离不开计算机这种计算工具，因而最重要的问题是用有效的方法准备数据、运行计算程序和应用计算结果，为此必须建立力学模型。建立模型的行为必须具有足够的精度、能用可接受的计算机设备计算，并反映旧工业建筑真实的结构行为，旧工业建筑再生利用施工过程中的有限元模型可以在不同层次中建立。

（1）第一层次包括能代表结构本身的模型，用于研究地基基础、上部结构、围护结构；

（2）第二层次包括旧工业建筑主要构件的模型，例如梁和柱等；

（3）第三层次指一个复杂细节或部分细节的应力分析，如梁、柱结合部，预应力锚固处。实际建模过程中，由于不同层次互相重叠，因此不可能绝对区分它们。

大跨度旧工业建筑的计算模型应尽可能与实际结构一致，不宜做太多简化。目前整体极限承载力分析模型大致有三种形式，即平面杆系模型、空间杆系模型和空间板壳与实体相结合的模型。随着计算机和有限元技术的发展，使大型结构分析软件趋于成熟，出现了ADINA，ANSYS，NASTRAN，ASKA，NON-SAP，MIDAS，SUPER SAP等一批优秀的商品化有限元分析软件。

3. 再生利用施工过程结构安全分析内容

（1）施工过程记录

旧工业建筑再生利用施工过程结构分析应建立合理的分析模型，反映施工过程中结构状态、刚度变化过程，施加与施工状况相一致的荷载与作用，得出结构内力和变形。施工过程结构分析应依据设计文件、施工方案或现场施工记录。其中现场施工记录包括：①生产设备拆除及受损构件拆除等相关记录；②加固改造施工过程中涉及的工艺方法、工序流程、施工周期等情况的过程记录；③施工机械、施工设备或临时堆载等分布及变化；④构件连接方式、构件临时补强的变化记录；⑤环境变化的相关记录；⑥加固材料进场试验的记录；⑦室内装修与围护结构施工、设备安装记录；⑧其他施工过程结构分析的相关记录。这些因素都直接影响着旧工业建筑再生利用施工过程中结构的安全性。其中，从实际可行性角度出发，构件拆除、替换、加固修复记录针对核心传力构件应按每一个单独构件进行，次要及非次要传力构件不要求针对每一单独杆件进行，而是将同一时间段内的一组构件的施工情况进行记录；时间段长度的选取以满足施工过程结构分析精度需要为宜。结构构件施工记录中宜包括构件延迟安装、后浇连接、构件铰接和刚接之间的转换时机等特殊做法。

（2）各工况分析

同一个项目在不同的工况下，起控制性作用的因素不同，最不利工况也不尽相同。为了确保结构的安全性，应根据工程实际情况从表3.6中选择合适的分析工况。将施工过程结构分析按关注对象的区域大小、涉及的施工过程长短进行细分，实际操作时，应根据实际情况合理确定分析内容。

工况分析内容及适用条件　　表3.6

序号	工况分析内容	适用条件及范围
1	施工全过程结构分析	整体安全性评级低
2	部分施工过程结构分析	局部安全性评级低
3	部分施工过程局部结构分析	个别构件安全性评级低
4	施工临时加强措施结构分析	特殊构造及工艺

施工临时加强措施的分析，包括大型机械设备、临时脚手架、支撑体系对结构影响分析等。通过结构分析验证施工中主体结构、临时措施结构及相关结构构件的安全性并采取临时加固措施。

3.3.2　荷载作用与取值

施工过程结构分析应考虑永久荷载和可变荷载，根据工程实际需要计入温度作用、地基沉降、风荷载等作用。其中永久荷载和可变荷载包括结构自重、附加恒载（地面铺装荷载、固定的设备荷载）、幕墙荷载、施工活荷载（模板及支撑、施工机械）等。施工过程结构分析结果与监测结果对比时，宜采用荷载标准组合的效应值，当温度影响较为显著时，应计入温度作用的影响。施工过程监测时，地震作用通常不会发生，而风荷载则是瞬时作用。因此，为保证可比性，与施工监测结果做对比用途的施工过程结构分析中采用荷载标准组合效应值即可，不宜计入风荷载和地震作用影响。

（1）活荷载

除结构自重外，荷载应根据现场实际情况，并结合施工进度情况具体确定。当无准确数据时，施工人员、模板及支撑以及临时少量堆载引起的楼面施工活荷载可按表 3.7 执行。

工作面上施工活荷载标准值　　**表 3.7**

序号	工作状态描述	均布荷载（kN/m^2）
1	少量人工，手动工具，零星建筑堆材，无脚手架	0.5 ~ 0.6
2	少量人工，手动操作的小型设备，为进行轻型结构施工用的脚手架	1.0 ~ 1.2
3	人员较集中，有中型机械，为进行中型结构施工用的脚手架	2.2 ~ 2.5
4	人员较集中，有较大型设备，为进行重型结构施工用的脚手架	3.5 ~ 4.0

室内装修荷载主要指：找平层、建筑面层、粉刷层、轻质隔墙等；工作面上施工活荷载标准值参考 ASCE37-02，可按表 3.8 执行。

施工活荷载参考值　　**表 3.8**

序号	类别		均布荷载参考值 psf（kN/m^2）
1	微量荷载	稀少的人，手动工具，少量建筑材料	20（0.96）
2	轻度负载	稀少的人，手动操作的设备，轻型结构施工中的脚手架	25（1.2）
3	中等负载	人员集中，中型结构施工中的脚手架	50（2.4）
4	重度负载	需电动设备放置的材料，重型结构施工中的脚手架	75（3.59）

注：表中荷载不包括横荷载、施工恒荷载、固定材料负载。

（2）风荷载

施工过程结构安全受风荷载影响较明显时，宜计入风荷载的影响。确定风荷载时，宜考虑建筑物主体实际建造进度、外围护结构安装进度等因素。其中，作用在结构上的风荷载应考虑幕墙尚未安装，透风面积与建成后建筑不同的影响，风荷载体型系数取值时宜作调整；此外，施工过程中结构刚度不断变化，风荷载作用下结构的振动特性也是变化的，风振系数或阵风系数的取值也应根据施工进度做必要调整。

(3) 温度荷载

通常情况下，结构分析不考虑不均匀温度作用的影响，当结构内力和变形受环境温度影响较大时，宜计入结构均匀温度变化作用的影响。特殊需要时，还宜计入日照引起的结构不均匀温度作用，结构均匀温度变化可以根据关注的时间段以及可获得的温度数据的情况，按日平均气温或月平均气温进行取值。在围护结构没有封闭的情况下，对于钢结构应考虑极端气温，对于混凝土可考虑日平均气温。对于旧工业建筑再生利用施工过程，虽施工周期较短，不同施工时间段构件的季节温度差别较小，对建筑物变形影响相对较小，但考虑到施工过程周期性短、安全要求高的特点，从提高计算结果精度并兼顾可行性角度出发，应宜计入结构均匀升温或降温作用影响的要求。

3.3.3 计算模型及参数

1. 模型阶段划分

施工过程伴随着结构的刚度、荷载、边界条件等随着时间推移不断发生变化。施工过程结构分析应建立合理的分析模型，反映施工过程中结构状态、刚度变化过程，施加与施工状况相一致的荷载与作用，得出结构内力和变形，从而判断施工过程中结构的安全性。结构分析模型和基本假定应与结构施工状况相符合。计算分析时宜计入地基沉降等边界变形的影响，有条件时，宜将施工过程所关注的结构部分与其支承结构或基础建立统一计算模型，进行整体施工过程结构分析。

分析模型施工阶段划分段数应结合工程设计文件、分析精度需要、分析效率、施工方案综合确定。建筑结构设计中，常采用逐步激活法，建立一个结构模型，通过有限元软件中的生死单元技术，先将所有结构单元“杀死”，然后按结构实际施工顺序，逐层对结构单元进行“激活”。施工过程结构分析时，建筑沿高度方向分段数一般不宜小于 8 段，每段层数不宜超过 4 ~ 6 层。当精度分析要求高或需要进行施工预变形分析时，分段数宜适当增加。高层建筑采取核心筒超前施工，外围框架延后施工时，施工阶段划分应能在计算模型中真实反映。不同于新建建筑施工过程模型的阶段划分原则，旧工业建筑再生利用施工过程模型的阶段划分应按以下原则进行：

(1) 再生利用涉及增层改造施工过程时，结构改造后竖向构件布置与原有结构一致时，分析过程也可以用一个模型描述整个过程，依照施工时间、节点顺序依次“激活”和“杀死”单元进行施工过程分析，如图 3.8 所示。当加固改造后结构竖向与原有结构不一致时，若继续采用一个模型的生死单元法进行全过程分析，新增结构竖向构件穿越原有结构平面将产生大量的空间节点，“激活”和“杀死”单元过程中易产生错误操作，现有的有限元分析软件往往无法顺利进行计算。

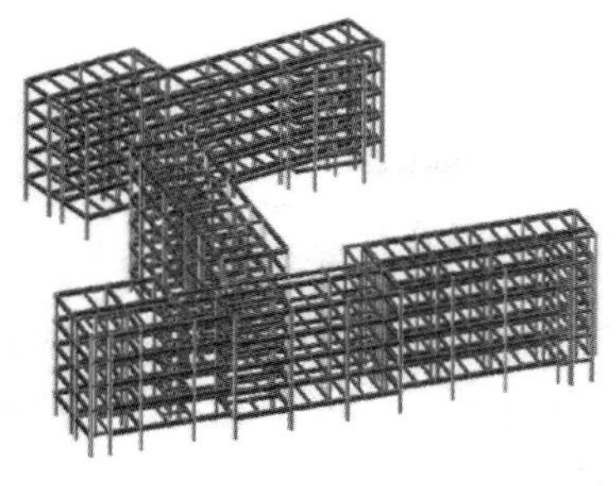

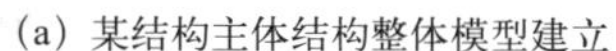
（a）某结构主体结构整体模型建立

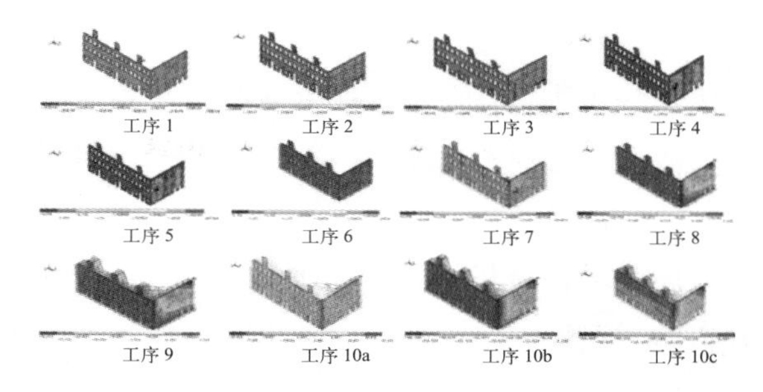

（b）某结构墙体施工工序有限元模拟过程

图 3.8　有限单元法模型阶段划分实例

（2）再生利用涉及增层改造后新增了部分竖向构件时，无法采用一个模型进行施工全过程模拟，因此此种再生利用模式定义以结构拆除时间作为分界点，将旧工业建筑增层施工过程划分为几个阶段，在各阶段内建立分析模型，研究结构在各阶段中最不利的若干状态，采用生死单元法来描述结构变化的过程，既符合实际情况，也大大简化了模型的计算周期。荷载时变采用分步加载和单元分组技术来实现，模型考虑时间依存效果，每个施工阶段分析时，均继承上个施工阶段的内力和位移作为初始状态，同时激活当前施工阶段的单元、荷载和边界条件进行分析。

2. 模型参数取值

（1）荷载的施加顺序

旧工业建筑再生利用施工过程的荷载施加顺序应以实际情况而定。施工过程结构安全分析时各阶段的结构自重、面层等恒载与施工堆载、设备等施工活荷载宜根据实际情况分别考虑施加，荷载细分程度应满足分析精度。实际结构特别是在钢–混凝土混合结构施工过程中，混凝土楼板浇筑往往会滞后主体结构施工一段时间。此外，面层、吊顶、幕墙等附加恒载往往滞后更多，上述荷载的施加顺序应以满足分析精度为宜。

（2）材料性能取值

新增材料性能设计指标应按设计文件及国家现行有关标准的规定采用，原有结构材料性能指标应按现场实测值的规定进行。混凝土结构宜考虑混凝土实测强度与设计要求偏差的影响。实际工程施工中，混凝土强度通常会比设计要求的强度要高，为提高施工过程结构分析结果的准确度，当条件允许时，宜采用实际混凝土设计强度值对应的混凝土弹性模量作为输入参数。对于大跨度混凝土工业建筑结构宜考虑混凝土收缩与徐变的影响。混凝土收缩或徐变特性对结构位形产生影响包括多种原因：混凝土收缩和徐变的发展过程目前国内外尚无十分精确的计算公式，发展过程是与众多因素相关的非线性曲线，现有的分析手段尚不充分。因此，准确、定量分析的难度很大，无法要求每一实际工程施工过程结构分析时计入其影响；混凝土收缩和徐变可能对结构安全性产生不利影响或对结构位形产生设计或建设不可接受的偏差时，建议采用简化方法评估其影响。简化方法举例：①选取单榀模型进行混凝土收缩和徐变的影响分析，得出规律后，推算到整体结构中去；②假定混凝土强度为0或为设计强度的25%、50%、75%、100%等多种不同情况，分别进行验算；③将混凝土收缩换算为当量的降温荷载进行考虑。

（3）荷载参数取值

施工过程分析时，若新增剪力墙结构，框架-剪力墙或剪力墙结构中的连梁刚度不宜折减，现浇钢筋混凝土框架梁的梁端负弯矩调幅系数宜取1.0。施工过程中，剪力墙中连梁通常都处于弹性工作状态，这与地震作用下，连梁可能受损或破坏有明显不同。在施工过程结构分析中，连梁刚度不进行折减。施工过程中，楼面上作用的荷载通常比结构设计时采用的荷载要小，施工过程中框架梁梁端负弯矩应小于正常设计值，且负弯矩调幅程度应小于正常设计时的梁端负弯矩调整幅度。参考《高层建筑混凝土结构技术规程》JGJ 3的规定，现浇框架梁梁端负弯矩调幅系数宜取0.8～0.9。因此，施工过程结构分析时框架梁梁端负弯矩调幅系数宜取1.0。

3.3.4 分析结果与评定

对施工过程结构分析得出的计算结果，应进行分析判断，确认其合理有效后，方可用于评判施工方案的合理性和安全性，并作为现场监测结果的对比依据。

1. 承载力验算和变形验算

施工过程应对结构和构件进行承载力验算和变形验算，承载力验算宜采用荷载效应的基本组合，变形验算应采用荷载效应的标准组合。承载力验算除包括一般的构件承载力验算外，还包括必要的结构整体稳定、抗倾覆、抗滑移验算等；变形验算包括结构整体变形验算（结构在水平荷载作用下的最大层间位移角、大跨结构的挠度等）和局部构件的挠度验算等。依据现行国家标准《建筑结构荷载规范》GB 50009相关规定的基础上做了两方面的调整：①与整个建筑的服役期相比，施工期间相对较短，且使用人群数量相对较少，偶然荷载出现的概率更低。因此在承载力验算时未提及偶然荷载作用，变形验算时也未提及频遇组合及准永久组合。②在一些特殊情况下，施工期间局部荷载可能会很大，但其变异系数可能较小，且在短时间内会被移除，对该类荷载的分项系数值可允许适当放松。

（1）施工过程结构分析中发现构件承载力不足或变形过大时，应调整施工方案或经设计单位同意后对构件作加强处理。施工过程结构分析得到的构件内力仅为初始部分，因此，初始构件内力满足极限承载力要求，并不能表明该构件就是安全的。施工过程结构分析的结构内力的限值通常是由主体结构设计人员掌握的，鉴于施工过程结构分析的操作单位与设计单位常常不是同一主体，当出现较大构件内力差异时应及时反馈给主体结构设计人员。

（2）当施工过程模拟分析得到的结构位形和设计目标位形差异较大时，建设单位、设计单位、施工单位宜共同商讨解决方案。确定方案采用预变形技术分析时，应采用荷

载效应的标准组合。当施工过程结构分析后得到的结构位形和设计目标位形差异较大时，应提出构件加工预调值和结构施工安装预调值，以供实际施工时采用。由于施工过程预变形技术难度大，需消耗一定的时间和费用，且需要施工单位和设计单位的配合以及监理单位的现场检查，方能顺利实施。因此，建议经相关单位同意后，方可实施施工过程预变形技术。

1）设计目标位形。结构位形与荷载状态是相对应的，因此，确定施工模拟的目标位形时也需指定一个荷载状态。具体确定时，可和主体结构设计人员沟通后确定，通常设计要求的目标位形为结构施工图中所表述的形态，该位形对应的荷载状态可取（结构自重＋附加恒载作用）或（结构自重＋附加恒载作用+0.5活载）。

2）施工安装预调值。在构件吊装或混凝土模板安装过程中，实际安装点位与设计目标位形之间的差值称为施工安装预调值。

3）加工预调值。主要针对钢结构构件而言，为避免考虑施工安装预调值后，钢构件与下部已安装结构之间出现超出常规焊缝高度的缝隙，或钢构件长度偏大无法安装到位的情况，需对钢构件的长度做必要的调整，该调整值定义为加工预调值。对于混凝土结构，由于混凝土构件的长度仅受支模情况控制，因此，可不考虑构件加工预调值。

2. 预警限值

进行施工监测须弄清楚三个非常重要的概念，即允许值、临界值、预警值，见表3.9。

再生利用施工监测指标限制　　表3.9

序号	限值	说明
1	允许值	允许值可以定义为按强度理论将计算得到的所有构件最大工作应力都应限制在许用应力之内，与此许用应力相对应的变形量，同时应满足结构功能处于正常使用状态的极限变形值
2	临界值	从“不发生结构破坏”的角度看，极限应力应是构件材料安全可靠工作的临界应力。与之相对应的，构件材料所产生的变形量为临界变形值。临界值是界定结构安危的理论计算临界值，临界值的量值为建筑在各个施工工况的计算增量之总量
3	预警值	在许用应力与极限应力间、允许变形与临界变形间有一允许偏差，称为结构强度安全储备，即为预警值

目前，预警标准国内尚未统一，在工程中可以根据标准规范以及实际工程经验综合制定预警值，并根据各检测项目的预警值进行综合预报。预警值的制定与工程施工状态有关，同时也与监测人员的实践经验密切相关。

对需进行监测的构件或节点，应提供与监测周期、监测内容相一致的计算分析结果，并宜提出相应的限值要求和不同重要程度的预警值。预警值的设定因工程实际情况而异，一般应由原设计人员会同相关各方根据工程结构特点及施工模拟分析结果确定。监测人员应将监测结果通报设计及相关各方，如监测结果与分析结果较为接近，一般无需预警；如监测结果应力或变形较分析结果放大很多，应分析处理，具体超出多少因工程而异，本书规定超过 50% 为一般规定，供工程实际参考。此外，当变形或应力值较大时，例如达到限制的 50%、70% 时，可作为预警值提醒相关各方。以下情况发生时宜进行预警：

（1）变形、应力监测值接近规范限值或设计要求时；

（2）当监测结果明显大于（一般超过 40%）施工过程分析结果时；

（3）当施工期间结构可能出现较大的荷载或作用（例如强震、极端气温变化等）时。

为实际操作方便，本书给出了设计无明确规定时预警值的确定方法。第一：应力预警值取构件达到承载力设计值对应的监测值的一定比例，是在构件应力较大时提出预警，以免构件超过设计承载力。第二：变形预警值取构件达到规定限值（一般为规范限值）一定比例，是在构件变形较大时提出预警，以免构件在施工过程中出现过大变形。第三：主要针对构件应力或变形较小，但与分析结果差异较大的情况，可取差别超过 40% 作为预警值以引起相关人员注意。

预警值可依据设计要求、施工过程结构安全分析结果，由各方协商确定或按下列规定执行：

（1）应力预警值按构件承载能力设定时，可设三级，分别取构件承载力设计值对应监测值的 50%、70%、90%；

（2）变形预警值按设计要求或规范限值要求设定时，可设三级，分别取规定限值的 50%、70%、90%；

（3）预警值按施工过程结构分析结果设定时，可取理论分析结果的 130%。结构分析为监测方案提供理论依据，并且根据分析结果初步确定预警值形成预警方案。

3.4　施工过程结构安全检测

在进行加固改造施工监测前，必须选定满足监测要求的仪器，而各类仪器各有其优缺点，选用时应首先满足试验的主要要求，同时应把握以下几个原则：①可靠性原则。即监测需采用可靠的仪器设备，监测期间内应保护好测点，这是监测系统可靠工作的关键。②多层次监测原则。在监测对象上以应力或变形为主，并考虑其他物理量监测；在监测方法上以仪器监测为主，辅以巡检的方法；在监测仪器选型上以机测式仪器为主，辅以电测式仪器。此外监测系统还应采用多种原理不同方法及仪器以保证监测可靠性。③重点监测原则。不同加固方法的不同部位稳定性各不相同，不同损伤程度造成的安全风险概率不尽相同，影响结构安全越大的区域应列为关键监测区。④方便实用原则。为了减少监测与施工之间的相互干扰，监测系统的安装和测试应尽量做到方便实用。⑤经济合理原则。监测系统设计时，在满足监测要求的前提下，应尽可能选用经济实用的仪器，以降低监测成本。按不同的监测对象、监测目的和不同的测点埋设和量测方法，施工监测的主要内容如图 3.9 所示。

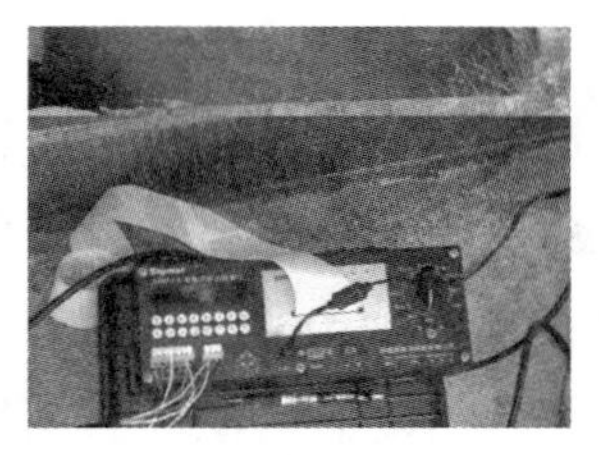

（a）应力监测

（b）变形监测

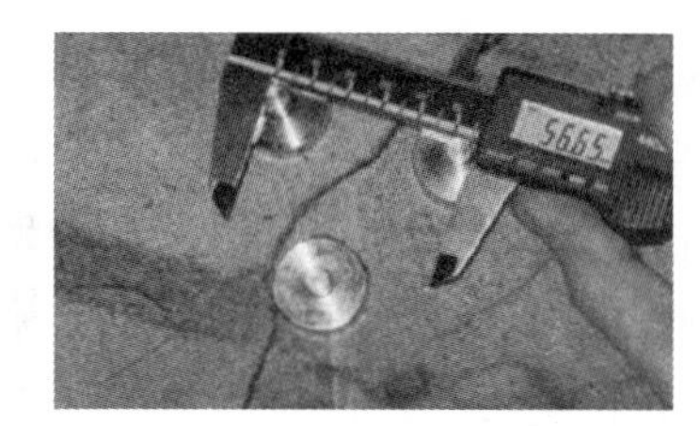

（c）裂缝监测

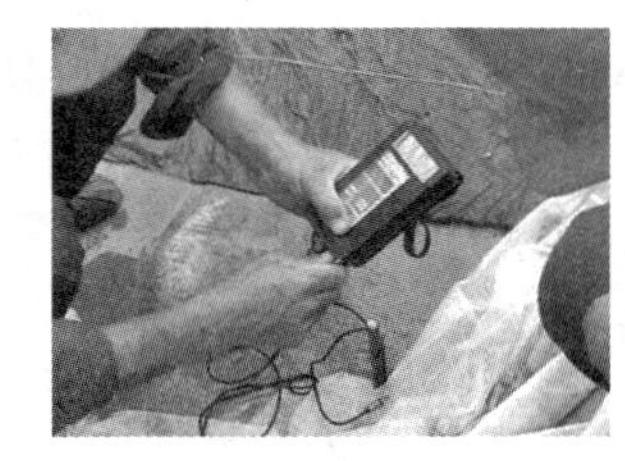

（d）温度监测

（e）风速监测

（f）其他监测项目

图 3.9　施工过程结构安全监测主要内容

3.4.1　变形监测与评定

变形监测分为水平位移监测、垂直位移监测、角位移监测。其中垂直位移监测主要包括沉降观测和压缩变形观测，沉降主要是指建筑物整体垂直位移的变化，压缩变形主要是指结构层间的相对位移变化。

1. 变形监测精度要求

（1）变形监测精度要求

变形监测测量精度应根据地质条件、建筑规模、建筑高度、结构类型、结构跨度、结构复杂程度和设计要求等因素确定。变形监测不应低于现行行业标准《建筑变形测量规范》JGJ 8 中二级变形测量等级对应的精度要求。结构安全性评级为 C 级、D 级或大跨、多层结构的变形观测精度宜按表 3.10 确定。

变形观测精度要求　　表 3.10

监测项目		大跨结构	多层结构
水平位移观测点坐标中误差		±1.0mm	±3.0mm
竖向观测中误差	建筑物主体承重构件竖向变形监测	±1.0mm	±2.0mm
	水平构件竖向相对扰度中误差	±1.0mm	±1.0mm
	地基沉降观测中误差	±0.3mm（首层）±0.5mm	±0.3mm（首层）±0.5mm

监测仪器应按国家有关规定定期检定，计量合格后方可使用。监测仪器使用前应进行检验校准，使用的仪器应满足测量精度和量程需求。作业期间，使用监测仪器应严格

遵守技术规定和操作要求，监测仪器应经常保养。

踏勘调研和资料收集是监测工作的先决条件。监测工作开始前，监测单位应进行资料收集、现场踏勘调研，并根据设计要求和环境条件选埋监测点，建立变形监测网。监测方须与设计、施工、业主、施工过程分析单位、监理单位进行充分的沟通，了解监测目的和意图。监测技术方案应对监测目的、监测内容、监测点布设、观测方法等方面做出细致的规定。

基准点、工作基点是变形监测的基础设施，要确保点位稳定、可靠，同时应构成便于检校的几何图形。变形监测点标志应埋设牢固并便于识别，对易遭破坏部位的监测点应加保护装置，变形监测网的组成与要求应符合下列规定：

1）基准点，应埋设在变形区以外，点位应稳定、安全、可靠。

2）工作基点，应选在相对稳定且方便使用的位置，每期变形观测时均应将其与基准点进行联测。

3）变形监测点，应布设在能反映监测体变形特征的部位，点位布局合理、观测方便，标志设置牢固、易于保存。

基准点的稳定是一个相对概念，受环境、时间等因素影响。变化速率控制在一定的范围内，以对变形监测不造成影响为原则，即可以认为基准点稳定。基准点的标石、标志埋设后，应达到稳定后方可开始观测，并定期复测。复测周期应视基准点所在位置稳定情况确定，前期应 1 ～ 2 个月复测一次，稳定后 3 ～ 6 个月复测一次。

变形监测基准应与施工坐标和高程系统一致，亦可与国家或地方坐标和高程系统联测。变形监测基准应保证监测和施工的统一性。

首次观测不应少于两次独立观测，并满足现行国家标准《工程测量规范》GB 50026 限差的要求后，取平均值作为初始值。

监测频次的确定应以系统反映监测对象的主要变化过程为原则，宜根据变形速率、变形特征、监测精度、工程地质条件等因素综合确定。在变形监测过程中，监测对象的变形量、变形速率等发生显著变化时，应调整监测频次。处理观测数据，定期向委托方等单位提交监测报告，当变形出现异常情况时，应立即通知相关单位采取措施。

结构的层间压缩变形观测宜采用精密几何水准测量方法，由每次测量的高程差得到压缩变形值。结构受自重及其他荷载影响，受压变形明显，宜根据结构高度，分成若干监测段进行监测。

（2）变形监测各技术参数

1）观测仪器技术参数规定

卫星定位系统以其高精度、全天候、高效率、多功能、易操作等特点，广泛应用于建筑施工监测领域。采用卫星定位技术时，接收机的选用应符合表 3.11 规定。

全站仪的制造技术、标称精度都在逐步提高。在监测过程中，为了满足监测精度的要求，宜使用测角中误差不大于 1"、测距中误差不大于 $(2+2D\times10^{-6})$ mm 的高精度全站仪。采用全站仪时，仪器选用应符合表 3.12 规定。

卫星定位系统接收机型号分类　　表 3.11

仪器等级	I	II
接收机类型	双频	单频、双频
标称精度	$m_d \leqslant (3+D\times10^{-6})$	$m_d \leqslant (5+D\times10^{-6})$

注：m_d——基线长度中误差（mm）；
D——基线长度（km）。

全站仪型号分类　　表 3.12

仪器等级	I	II
标称测角精度	$m_\beta \leqslant 0.5$	$0.5 < m_d \leqslant 1.0$
标称测距精度	$m_d \leqslant (1+D\times10^{-6})$	$m_d \leqslant (2+2D\times10^{-6})$

注：m_β——测角中误差（"）；
D——测距边长（km）；
m_d——测距中误差（mm）。

国家划分水准仪等级是按仪器所能达到的每公里往返测高差中数的中误差指标确定。鼓励采用高精度电子水准仪，电子水准仪进行自动读数和记录，可减弱读数误差，读数客观，并能提高工作效率。采用水准仪观测时，仪器选用应符合表 3.13 规定。

水准仪型号分类　　表 3.13

仪器等级	I	II
标称精度	$m_\Delta \leqslant 0.45$	$m_\Delta \leqslant 1.0$

注：m_Δ——每公里往返测高差中数的中误差（mm）。

静力水准仪是利用连通管测定两点间高差的仪器，在进行连续不间断监测时具有相对优越性。为满足高精度监测的技术要求，表 3.14 对静力水准仪的型号及技术要求做了相应规定。采用静力水准仪时，仪器选用应符合表 3.14 规定。

静力水准仪标准型号分类　　表 3.14

仪器等级	I	II
仪器类型	封闭式	封闭式
读数方式	接触式	接触式
两次观测高差较差（mm）	±0.1	±0.3

续表

仪器等级	I	II
环线或附合路线闭合差（mm）	$\pm0.1\sqrt{n}$	$\pm0.3\sqrt{n}$

注：n——高差个数。

垂准仪主要用于平面坐标工作基点的竖向传递。表 3.15 对所投入的垂准仪的标称精度做了规定。采用垂准仪时，仪器选用应符合表 3.15 规定。

垂准仪型号分类 **表 3.15**

仪器等级	I	II
标称精度	$m_z \leqslant 1/200000$	$m_z \leqslant 1/100000$
读数接收指示器（mm）	0.01	0.1

注：m_z——测回垂准测量标准偏差。

2）监测控制网技术参数规定

监测控制网包括水平位移监测控制网和垂直位移监测控制网。

水平位移控制网可采用卫星定位测量、边角测量、导线测量，采用基准线控制测量应设立检验校核点。水平位移监测控制网一般为一次布设的独立网，导线网、边角网是常用的监测基准网的布网形式。卫星定位技术在变形监测基准网中，发挥的作用越来越重要，基准线是最简单的监测基准网，但须在基准线两端设立校核点。

水平位移基准点应采用带有强制归心装置的观测墩，建造应稳固，便于观测，照准标志应有明显的几何中心。由于水平监测基准网的观测精度和点位的稳定性要求较高，观测墩一般采用强制归心装置。照准标志应具有图像反差大、图案对称、相位差小的特点，以确保本身不变形。

水平位移监测基准网的主要技术要求，应符合表 3.16 和表 3.17 规定。

垂直位移监测控制网应采用几何水准测量方法建立。垂直位移监测基准点应埋设在变形区外原状土层、裸露的基岩或稳固的既有建（构）筑物上。垂直位移监测基准网的技术要求应符合表 3.18 规定。

边角网、导线网观测的技术要求 **表 3.16**

等级	相邻基准点的相对点位中误差（mm）	测角中误差（″）	测距中误差（mm）	水平角观测测回数	
				I	II
一级	1.0	0.7	0.5	6	9
二级	3.0	1.4	1.0	4	6

卫星定位测量基准网观测的技术要求 表 3.17

等级	相邻基准点的相对点位中误差（mm）	卫星截止高度角（°）	有效观测卫星数	观测时间长度（min）	采样间隔（s）
一级	1.0	≥ 15	≥ 6	≥ 720	15
二级	3.0	≥ 15	≥ 5	360	15

垂直位移监测基准网的主要技术 表 3.18

等级	相邻基准点的相对点位中误差（mm）	每站高差中误差（mm）	附合或环线闭合差（mm）	往返较差、检测已测高差较差（mm）
一级	±0.3	±0.1	$0.2\sqrt{n}$	$0.3\sqrt{n}$
二级	±0.5	±0.3	$0.6\sqrt{n}$	$0.8\sqrt{n}$

注：n——测站数。

工作基点测量应符合下列规定：①需进行建筑物内部变形监测的项目，应设置内部工作基点，每期变形观测时均应与基准点进行联测，点位精度应符合监测基准网要求；②平面坐标工作基点的竖向投测，应结合工程特点、投测高度等因素综合考虑；③采用垂准仪竖向投测平面工作基点应符合表 3.19 规定：投测高度应控制在 100m 之内，超过 100m 时，应增设接力基点层；④高程工作基点传递采用几何水准联系测量方法进行。设置在 ±0.000 以下楼层的工作基点的高程传递，按照精密几何水准测量的方法进行；设置在 ±0.000 以上较高楼层的工作基点的高程传递，采用精密光学水准仪配合铟钢尺按联系测量的方法进行。

垂准仪竖向投测技术要求 表 3.19

等级	测回数	
	Ⅰ级垂准仪	Ⅱ级垂准仪
一级	2	—
二级	1	2

2. 水平位移监测

水平变形监测仪器可选用经纬仪、全站仪、卫星定位接收机等设备。水平变形监测包括结构平面位置变化，结构在施工过程中的相对、绝对和扭转的位移量。

（1）监测点位布设位置应符合下列规定：

1）新增或拆除构件影响范围内的主要传力构件；

2）变形较显著的关键点、原结构建筑物承重柱、屋架等；

3）新增结构与原结构分界处的两侧。

监测点照准觇标宜采用反射棱镜、反射片等观测标志。使用基准线法测定位移时，应在基准线两端向外的延长线上，埋设两个基准点，并设两个以上检核点，并根据基准点或检核点对基准线端点进行改正。测定监测点任意方向的水平位移可采用交会法、极坐标法等。当测定监测点在特定方向位移时，可使用基准线法。

（2）水平角测量应符合下列规定：

测距前应预先将仪器、气压表、温度计打开，使其与外界条件相适应，经过一段时间再观测。水平角测量应在目标成像清晰稳定的有利观测时间进行，水平角观测宜采用方向观测法，技术要求应符合表 3.20 的规定，观测过程中仪器气泡中心位置偏离装置中心不应超过一格。

方向观测法的技术要求 表 3.20

仪器类型	两次重读差（mm）	半测回归零差（mm）	一测回 2C 较差（mm）	同一方向各测回较差（mm）
Ⅰ	1	6	9	6
Ⅱ	3	8	13	9

（3）距离测量应符合下列规定：

光电测距仪测量时，应采用测回法，测回间应重新照准目标，技术要求应符合表 3.21 的规定。

光电测距观测技术要求 表 3.21

仪器等级	一测回读数较差（mm）	单程测回较差（mm）	往返或不同时段较差
Ⅰ	3	5	2（$a+bD$）
Ⅱ	6	10	

注：a——固定误差（mm）；b——比例误差（10^{-6}）；D——距离（km）。

采用铟瓦尺测量时，应进行高差、尺长、温度改正。测距边的水平距离计算应符合下列规定：①应根据仪器检测结果进行加、乘常数的改正；②应进行气象改正；③两点间的高差值，宜采用水准测量结果；④用测定两点间的高差计算测距边的水平距离应按公式（3-1）计算：

$$D=\sqrt{s^2-h^2} \tag{3-1}$$

式中：D——测距边两端点仪器与棱镜平均高程面的水平距离（m）；

s——经气象、加、乘常数等改正后的斜距；

h——测距仪与反光镜的高差。

3. 垂直位移监测

垂直位移监测宜采用几何水准测量法和静力水准测量法。当采用静力水准测量方法时，连续测量应采用几何水准测量方法进行高程传递，变形监测点应设立在能反映监测对象变形特征的位置或监测断面上。监测断面一般分为:关键断面、重要断面和一般断面。上述位置的设置基本符合变形监测点的要求。垂直位移监测点的布设应尽量和水平位移点位一致，并应符合下列规定：①建筑物角部、沿承重外墙 10m ～ 20m 或间隔 2 ～ 3 个柱距；②新增结构与原结构的两侧（沉降缝、后浇带交接处）；③大跨度屋架的支座、跨中，单个构件不少于 3 个测点；④结构性能评定中变形评级超限的构件。

为保证监测的连续性，监测标志应考虑装修阶段因地面或墙柱装饰面施工而破坏或掩盖观测点。建筑物沉降观测点位标志埋设在地下结构时，埋设时应考虑地下室积水、空气湿度大、光线暗、尺长限制等因素。垂直位移监测点设置应符合下列规定：①监测标志应稳固、测量方便、易于保护；②墙柱上的监测标志宜距结构板面 300mm；③监测标志裸露部位应采用耐氧化材料。

（1）几何水准观测应符合下列规定：

①仪器安置应避免有空压机、起重机、搅拌机等重型设备振动影响；②每次观测应记录观测时间段、天气状况、荷载累加、施工进度等；③应固定观测线路、观测方法、仪器设备、人员，并采用相同数据处理程序；④每测段往测和返测的测站数应为偶数；⑤由往测转向返测时，两标尺应互换位置，并应重新架设仪器。

（2）静力水准观测应符合下列规定：

①观测标志的埋设应根据具体使用静力水准仪的型号、样式及现场情况确定；②连通管任何一段的高度均应低于蓄液罐底部，但不宜低于 200mm；③观测前，应对观测起始零点差进行检验；④观测读数应在液体完全呈静态下进行。

（3）技术要求应符合下列规定：

①几何水准垂直位移监测技术要求应符合表 3.22 规定。

几何水准垂直位移监测技术要求　　表 3.22

等级	观测高程中误差（mm）	相邻监测点的高差中误差（mm）	每站高差中误差（mm）	闭合或环线闭合差（mm）	检测已测高差较差（mm）
一级	0.3	$0.1\sqrt{n}$	0.1	$0.2\sqrt{n}$	$0.3\sqrt{n}$
二级	0.5	$0.3\sqrt{n}$	0.3	$0.6\sqrt{n}$	$0.8\sqrt{n}$

注：n——测站数。

②几何水准观测技术要求应符合表 3.23 规定。

水准观测的技术要求

表 3.23

等级	水准尺	视线长度（m）	前后视距差（m）	前后视距累积差（m）	实现距地面最低高度（m）	同一测站观测两次高差较差（mm）
一级	铟瓦条码尺	3 ~ 15	0.3	1.0	0.8	0.2
二级	铟瓦条码尺	3 ~ 30	0.5	1.5	0.6	0.4

③静力水准观测技术要求应符合表 3.24 的规定。

静力水准观测的主要技术要求

表 3.24

等级	仪器类型	读数方式	两次观测高差较差（mm）	环线及符合路线闭合差（mm）
一级	封闭式	接触式	0.15	$0.15\sqrt{n}$
二级	封闭式	接触式	0.30	$0.30\sqrt{n}$

注：n——高差个数。

4. 变形控制指标限值

（1）倾斜变形

倾斜变形可以通过侧向位移来反映。由于旧工业建筑受损后各复杂因素的影响，准确计算结构侧向位移较为困难，因此对于倾斜变形控制指标限值主要通过现行规范规程及工程经验综合确定。结构侧向位移警戒值可以参考规范规程规定的正常使用极限状态下侧向位移规定取用：结构整体侧移警戒值为 $H_0/550 \sim H_0/500$（H_0 为结构或构件高度），结构构件（如柱子等）侧移警戒值则取 $H_0/550$。危险值则参照危险房屋鉴定标准等现行规范规程按照承载能力极限状态确定：结构整体侧移危险值为 $H_0/350$，结构构件（如柱子等）侧移危险值则取 $H_0/450$。工程实践及现场监测，倾斜变形控制指标允许值可以按以下确定：结构整体侧移允许值为 $H_0/650$，结构构件（如柱子等）侧移允许值则取 $H_0/650$。

（2）挠度变形

与倾斜变形相似，结构挠度变形允许值取结构处于合理状态的理论计算挠度值，挠度变形警戒值取正常使用极限状态挠度变形值，挠度变形危险值取承载能力极限状态时挠度变形值。当水平构件出现反向挠度时，结构构件的受力状态发生改变，原中间段由上部受压、下部受拉变为上部受拉、下部受拉，支座处由最初的上部受拉、下部受压变为上部受压、下部受压。因此在施工时为防止梁体出现新的裂缝，应对中间段截面上部边缘及支座处截面下部边缘混凝土最大拉应力进行控制，使其满足公式（3-2）要求。

$$\sigma_{ct} \leqslant f_{tk} \tag{3-2}$$

根据公式（3-2）确定的临界状态，从而可以确定卸载临界控制弯矩 M_{cr}，即开裂弯矩。此时结构构件的挠度可为最大向上挠度控制值，最大弯矩处截面即为控制截面，控制截面的位置与框架梁的荷载形式、支承条件及卸载方式有关。一般采取跨中截面控制，理论计算及工程实践证明，最大向上挠度宜控制在 $-L_0/500$ 内，L_0 为水平构件跨度。

为了保证和提高结构加固改造的实际效果，加固改造时原结构的应力水平指标 $\beta=S_k/R_k$，不得超过表 3.25 限值 β_b，否则必须进行卸荷加固，使 $\beta \leqslant \beta_b$。该状态也可以作为施工时的合理控制状态，此时混凝土的应力状态即为最大向下挠度控制应力，挠度变形值称为最大向下挠度控制值。在上部荷载、结构自重作用下，通常采用跨中截面作为控制截面，施工中应保证该截面的应力水平低于应力水平指标限值 β_b。计算分析以及众多的加固卸载实践，跨中控制截面的最大向下挠度宜控制在 $L_0/500$ 以内。因此，在施工过程中可以将 $\pm L_0/500$ 作为变形监测的允许限值。

挠度变形控制允许值为 $0 \sim L_0/500$，警戒值按以下原则取用：向下挠度警戒值为 $L_0/250$，向上挠度警戒值为 $-L_0/1000$。挠度控制危险限值参考危险房屋鉴定标准确定：向下挠度危险限值取 $L_0/150$，向上挠度危险限值取 $-L_0/500$。

必须卸荷加固的原结构应力水平指标限值 β　　表 3.25

受力特征	结构破损情况	
	裂缝及变形在规范允许范围之内	裂缝及变形超出规范规定
轴心受压、偏心受压、斜截面受剪、受扭、局部受压	0.95	0.80
受弯、轴心受拉、偏心受拉	1.00	0.90

5. 变形监测周期及数据处理

（1）监测周期

变形监测周期应一致，监测工作宜从卸荷工作开始。①监测频次应根据监测对象的主要变化过程、变形速率、变形特征、监测精度、工程地质条件等因素确定；②结构采用增层或非独立外接时，工程监测周期宜按结构类型、施工方案和设计文件要求确定，但不少于一层一次；③当施工中遭遇停工时，在重新开工时应加测一次。

（2）数据处理及分析

1）每次观测结束后，应进行数据平差计算处理，并对主要平差结果进行统计分析，宜采用数据库方式进行结果存储。

2）采用专业软件进行数据平差计算处理，变形监测专业软件一般分为观测记录软件、平差计算软件和分析软件三个层次。

3）观测记录软件是在外业测量时使用的记录软件，包括全站仪、数字水准仪内嵌程序记录软件和外接电子手簿方式记录软件。

4）平差处理软件应采用严密平差模型，具有观测数据粗差探测、基准点稳定性分析、多余观测分量计算、基于稳定点组的拟稳平差等功能。

5）分析软件根据平差结果进行综合分析，计算相邻两期各坐标分量变形量和累计变形量，绘制荷载、时间、位移量相关曲线图。

6）变形监测的各项原始记录应齐全，包括粗差剔除的数据。监测数据的分析可采用图表分析、统计分析、对比分析和建模分析等方法。

3.4.2 应力监测与评定

应力监测应根据工程结构特点，结合监测部位、监测对象、监测精度、环境条件、监测频次等因素，选用合适的监测方法。构件截面处的应力可通过应力应变计直接测量，也可通过测量力、位移、自振频率或磁通量等参量换算。应力监测点应合理布设，宜与变形监测点统筹布置。结构变形反映的是结构在空间位形上的总体变化，而应力是监测截面上的局部受力反映，二者可以相互补充和验证。

1. 应力监测仪器及方法

监测内容和传感器类型选用宜符合表 3.26 的规定，采集设备应与其相匹配。

应力监测传感器选用及精度要求 表 3.26

监测对象	测量内容	监测仪器类型	精度指标
钢、混凝土、钢筋	应变	电阻应变计、光纤光栅应变计、振弦式应变计等	0.2%F.S，且 4 με
预应力筋或索	索力	穿心式压力传感器、油压表、拾振器、磁通量传感器、弓式测力仪等	1.0%F.S

注：F.S 为测量设备或元件的满量程。

在温度变化较大的环境中进行应力监测时，应优先选用具有温度补偿措施或温度敏感性低的应变计，或采取有效措施消除温差引起的应变影响。直接测量是指直接将敏感元件安装于构件表面或内部，形成协同变形的整合，敏感元件测出的应变为构件测点处的应变；间接测量指构件在受力过程中出现明显扭转或防护要求不能在表面直接安装敏感元件，而采用测量间接量值来计算构件受力的测量方法。应力监测如图 3.10 所示。

（a）现场测试

（b）应力监测（应变片）

图 3.10 施工过程结构应力监测

采用光纤光栅传感器监测时，应考虑应变和温度的相互影响。光纤布设应避免过度弯折，光器件的连接应保持光接头的清洁。采用油压表测力时，其精度不应低于 0.4 级，且与千斤顶配套使用。当达到张拉最大值时，油压表的读数宜为量程的 25% ～ 75%。

采用振动频率法测量索力时，两端铰接的细长索索力可按公式（3-3）计算：

$$T=\frac{4\times\overline{M}\times L^2\times f_n^2}{N^2} \tag{3-3}$$

式中：T——索力（N）；

M——拉索单位长度质量（kg/m）；

L——拉索长度（m）；

f_0——横向振动第 阶频率（Hz）；

N——索横向振动振型阶数。

拾振器的频率响应范围下限应低于测试索段最低主要频率分量的 1/10，上限应大于最高有用频率分量值；动态信号采集仪器的动态范围应大于 130dB。固定在检测钢索上的伺服式加速度计可采集出索的振动信号，经过快速傅里叶变换（FFT）可准确得到钢索的一阶或多阶横向自振频率。在脉动或简单扰动情况下，以检测一阶或二阶模态为主，索体前二阶横向振动模态示意如图 3.11 所示。

磁通量传感器应与索体一起标定后使用，不同索体材料、不同索截面尺寸应分别进行标定。磁通量法测量索力的原理是利用导磁率与应力之间的线性关系，通过测量缠绕在索体上的线圈组成电磁感应系统的磁通量变化确定索力。

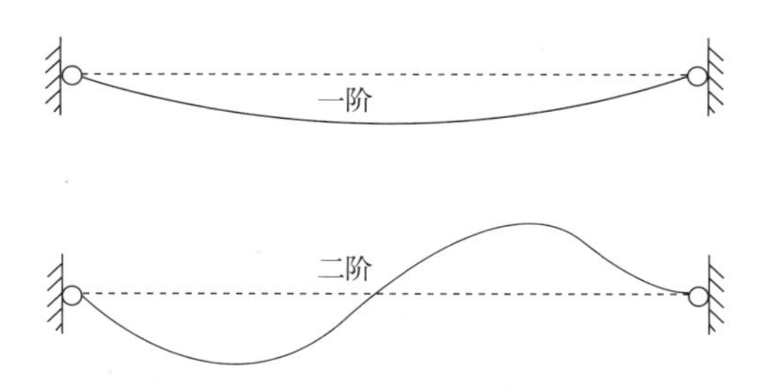

图 3.11 索体前二阶横向振动模态示意图

直径不大于 36mm 的索体索力可采用弓式测力仪测量，其索力可按公式（3-4）计算：

$$T=P\times L/(4\delta) \tag{3-4}$$

式中：T——索力（N）；

P——弓式测力仪测量时施加的横向推力（kN）；

L——测力计支承长度（mm）；

δ——索横向相对变形量（mm）。

测量索力时，压力传感器、磁通量传感器应和索配套标定后使用。弓式测力仪测量工作原理如图 3.12 所示。

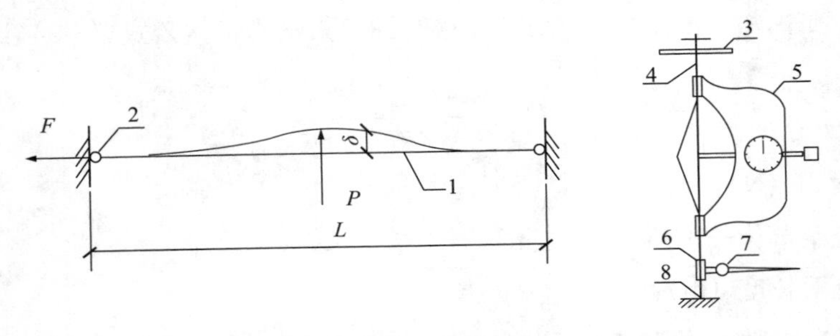

图 3.12 三点弯曲法测量索力工作原理图

1—拉索；2—支座；3—悬空杆；4—拉索；5—索内力测定仪；6—调节机构；7—扭力扳手；8—支座

2. 应力监测点布置及安装要求

（1）监测点布设与安装

传感器和监测设备安装前，应编制安装方案，内容宜包括埋设时间节点、埋设方法、电缆连接和走向、保护要求、仪器检验、测读方法等。应力监测测点的布置应具有代表性，使监测成果反映结构应力分布及最大应力的大小和方向，以便和计算结果及模型试验成果进行对比以及与其他监测资料综合分析。监测方案的制定应结合现场结构施工方案、工作条件等综合考虑。为获得构件的总应力，传感器在安装时宜在构件无应力状态下进行。尤其对于钢结构工程，焊接和螺栓连接时，在构件内已经产生安装应力；若构件安装完成后再安装传感器，则只能获得安装后的监测构件应力增量。

构件上监测点布设传感器的数量和方向应符合下列规定：①对受弯构件应在弯矩最大的截面上沿截面高度布置测点，每个截面不应少于 2 个；当需要量测沿截面高度的应变分布规律时，布置测点数不应少于 5 个；对于双向受弯构件，在构件截面边缘布置的测点不应少于 4 个；②对轴心受力构件，应在构件量测截面两侧或四周沿轴线方向相对布置测点，每个截面不应少于 2 个；③对受扭构件，宜在构件量测截面的两长边方向的侧面对应部位上布置与扭转轴线成 45°方向的测点；④对复杂受力构件，可通过布设应变片量测各应变计的应变值解算出监测截面的主应力大小和方向。

（2）传感器的安装应符合下列规定

①传感器应与构件可靠连接；②应变计安装位置各方向偏离监测截面位置不应大于 30mm，应变计安装角度偏差不应大于 2°；③锚索计的安装应确保其与索体呈同心状态；④磁通量传感器穿过索体安装完成后，应与索体可靠连接，防止在吊装或施工过程中滑动移位；⑤振动频率法测量索力的加速度传感器布设位置距支座距离不应小于 0.17 倍索长。传感器、仪器、导线和电缆宜采用适当的方式进行保护，发现问题应处理；监测仪

器安装完成后，应记录测点实际位置，绘制测点布置图。

3. 施工应力控制指标限值

加固改造过程中的结构构件由于其受损程度不尽相同导致其受力较为复杂，准确地计算构件内部应力情况难于实现，因此应力控制指标限值以已有经验数据为主，同时采用等效截面理论计算综合确定。施工中主要通过应变来控制应力，根据工程实践和现场监测表明：结构构件应变允许值取 100 ～ 200 $\mu\varepsilon$，考虑到原构件已存在应力应变，剩余可利用强度大部分都介于 0.4 ～ 0.6 之间；警戒值可以取钢筋屈服强度条件下应变的 0.3 倍，通常取 500 ～ 600 $\mu\varepsilon$ 之间；当应变值超过钢筋屈服强度对应应变的 0.5 ～ 0.6 时，结构构件在受荷情况下钢筋可能达到其屈服强度，因此可以取 800 ～ 1000 $\mu\varepsilon$。

4. 应力监测数据记录与处理、分析

（1）量测及记录

应力监测结果与施工进度有关，并受结构上的施工荷载分布、设施设备及环境条件的影响。监测条件一致便于比较不同施工阶段下应力变化情况，为后期施工过程实测结果与模拟分析结果比较分析提供依据。应力监测宜在环境温度和结构本体温度变化相对缓和的时段内进行，同时记录结构施工进度、荷载状况、环境条件等。当升温或降温变化剧烈时，可在一段时间内进行多次监测，以获得特定过程下应力变化情况。此外，应力监测频次，应符合下列规定：

1）结构施工期间每天至少监测 1 次；

2）承重构件拆除前后应增加监测次数；

3）新旧结构连接前后应增加监测次数；

4）临时支撑安装拆除前后应增加监测次数；

5）特殊工序施工时，应增加监测次数。

阶段性节点包括关键楼层或结构部位的施工、结构后浇带封闭、结构封顶完成等。采用整体吊装、滑移就位、临时支撑、张拉成形、预加应力、合龙拼装等工艺施工时，结构施工安装期间相关联的结构构件内力会发生较大变化，进行监测时应予以关注。

传感器安装完成前后应记录读数，并以安装完成后的稳定读数作为初始值。自动采集监测系统应定期检查和保养，保证系统正常工作。监测数据出现异常，应分析原因，并进行复测。当应力监测值达到预警值或出现影响结构安全的异常情况时，应向委托方及相关单位通报。

（2）应力监测结果及分析

监测数据处理应修正系统误差，剔除粗差，根据监测结果计算相邻测次间的应力增量和累积值，形成图表。根据实际施工进度或结构荷载变化，将应力监测结果与施工过程结构分析结果对比分析，评价结构或构件的工作状态，提交分析报告。

3.4.3 裂缝监测与评定

1. 裂缝监测仪器及方法

通过了解裂缝开展特点，初步了解结构整体受损情况。在对结构影响大的关键工序施工时，测试频度可采用一天多次，其他对结构影响较小的工序施工时，测试频度可以一天一次或多天一次，主要是根据再生利用施工情况而定。测试应定时、定人、定仪器，具体的裂缝监测方法见表 3.27。

裂缝监测方法　　表 3.27

序号	构件类型	监测方法	监测周期
1	主要传力构件	光纤传感器、电测仪器	自动监测、全周期
2	次要传力构件	石膏条	定期
3	一般构件	目测	巡视

(1) 基于图像识别的裂缝监测方法

随着电子科技的迅猛发展，一些学者利用高分辨率的摄像头对混凝土结构表面的裂缝进行监测，实时采集结构的裂缝图像，并结合图像处理技术间接地计算出裂缝的长度、宽度和形状等，采用该方法可以轻易到达人所不易接触到的结构区域，如图 3.13 所示。

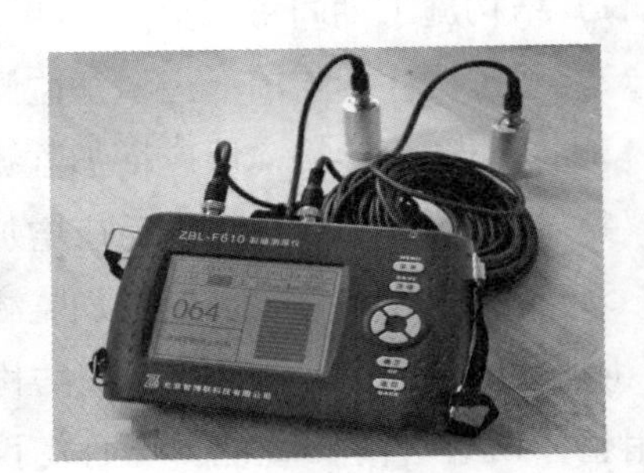

图 3.13　PTS-D20 智能裂缝测深仪

(2) 石膏饼或石膏条等裂缝监测方法

采用贴石膏饼或石膏条的方法，从定性的角度下监控裂缝的发展变化情况；而采用读数放大镜、手持式应变仪则可以定量地了解裂缝情况，分析其损害的程度，并在特殊情况下进行预警。

2. 裂缝扩展控制指标限值

国内对混凝土裂缝宽度的规定，可见《混凝土结构设计规范》GB 50010，结构构件应根据结构类别和表 3.28 规定的环境类别，按相关规定选用不同的裂缝控制等级及最大裂缝宽度限值 $w_{\lim}$。

裂缝控制等级和 w_{lim}　　　表 3.28

<table>
<tr><th rowspan="2">环境类别</th><th colspan="2">钢筋混凝土结构</th><th colspan="2">预应力混凝土结构</th></tr>
<tr><th>裂缝控制等级</th><th>w_{lim}（mm）</th><th>裂缝控制等级</th><th>w_{lim}（mm）</th></tr>
<tr><td>一</td><td rowspan="4">三级</td><td>0.3（0.4）</td><td rowspan="2">三级</td><td>0.2</td></tr>
<tr><td>二 a</td><td rowspan="3">0.2</td><td>0.1</td></tr>
<tr><td>二 b</td><td>二级</td><td>—</td></tr>
<tr><td>三 a、三 b</td><td>一级</td><td>—</td></tr>
</table>

依据《混凝土养护剂应用技术规程》DB21/T 1843，对钢筋混凝土结构类型，规定了其需修补的裂缝要求，见表 3.29。

需要修补的裂缝宽度　　　表 3.29

<table>
<tr><th rowspan="2">环境条件类型</th><th colspan="2">按耐久性要求</th><th rowspan="2">按防水性要求</th></tr>
<tr><th>短期荷载组合</th><th>长期荷载组合</th></tr>
<tr><td>一</td><td>>0.40</td><td>>0.35</td><td>>0.10</td></tr>
<tr><td>二</td><td>>0.30</td><td>>0.25</td><td>>0.10</td></tr>
<tr><td>三</td><td>>0.25</td><td>>0.20</td><td>>0.10</td></tr>
<tr><td>四</td><td>>0.15</td><td>>0.10</td><td>>0.05</td></tr>
</table>

当施工中混凝土构件裂缝宽度小于 0.3mm，裂缝开展速率 $s<0.01$mm/d 则认为结构安全；当裂缝宽度在 0.3mm ～ 0.5mm，开展速率 0.1mm/d>$s \geqslant$ 0.01mm/d 时结构处于警戒状态；当裂缝宽度大于 0.5mm，开展速率 $s \geqslant$ 0.1mm/d 为危险值。施工控制时应结合裂缝长度、宽度、开展位置等综合分析。

综合上述各控制指标限值，见表 3.30。

施工监测指标限值　　　表 3.30

控制指标	允许值	警戒值	危险值
倾斜变形	$H_0/650$	$H_0/550$ ～ $H_0/500$（整体） $H_0/550$（构件）	$H_0/350$（整体） $H_0/450$（构件）
挠度变形	0 ～ $L_0/500$	$-L_0/1000$（向上挠度） $L_0/250$（向下挠度）	$-L_0/150$（向上挠度） $L_0/150$（向下挠度）
应变	100 ～ 200 με	500 ～ 600 με	800 ～ 1000 με
裂缝	$w \leqslant 0.3$mm $s < 0.01$mm/d	0.3mm $< w \leqslant$ 0.5mm 0.01mm/d $> s >$ 0.01mm/d	$w >$ 0.5mm $s >$ 0.01mm/d

3.4.4 温度和风荷载监测与评定

1. 温度监测

温度监测应包括环境温度和结构温度监测。温度监测可采用水银温度计、接触式温度传感器、热敏电阻温度传感器或红外线测温仪进行，测量精度不应低于0.5。环境温度监测将温度传感器置于离地1.5m高、空气流通的百叶箱内进行监测。结构温度的传感器可布设于构件内部或表面。当日照引起的结构温差较大时，可在结构迎光面和背光面分别设置传感器。

当需要监测日温度的变化规律时，宜采用自动监测系统进行连续监测；采用人工读数时，监测频次不宜少于1次/天。为反映结构上平均气温，环境温度监测点可设在结构内部距楼面高1.5m的代表性空间内。对于大部分结构构件，仅需监测无日照下的结构温度；对受不均匀日照温度影响较大的重要构件，可提出对其不均匀温度场进行监测的要求；对于部分受不均匀温度场影响程度较大的特殊构件，则要求测量其不均匀温度的分布，从而为该构件受不均匀温度作用下的分析提供依据。

温度监测报告宜包括日平均温度、日最高气温和日最低气温等信息；对结构温度分布监测时，应包括监测点的温度，绘制温度分布图等。

2. 风荷载监测

风荷载对施工过程中建筑物的受力影响比正常、使用状态更为不利，且包含风荷载的组合工况在承载力设计中起控制作用时，可提出对风荷载进行监测的要求。风荷载监测内容应包括风速、风向、结构表面风压监测。风荷载监测宜采用自动采集系统进行连续监测。风速测量精度不宜小于0.5m/s，表面风压测量精度不宜低于10Pa。

施工过程中结构风荷载监测宜将风速仪安装在结构顶面的专设支架上，当需要监测风压在结构表面的分布时，在结构表面上设风压盒进行监测。结合现场施工条件，在施工过程中结构顶为施工面，不易安装监测桅杆时，可将风速仪安装于高于结构顶面的施工塔吊顶部，进行最高点的风速和风向测量，并通过风压高度变化系数公式、估算的风荷载体型系数确定出作用在建筑物表面的风荷载值。对其他风荷载敏感的建筑，或高层建筑有验证要求时，可监测建筑物表面的风压分布情况。其中，记录的环境风速情况，主要用来与建筑物顶部风速比较，以了解风力沿高度的变化情况。

风荷载监测报告应包括脉动风速、平均风速、风向和风压等数据，绘制风压分布图。

第 4 章　质量验收阶段结构安全检测与评定

旧工业建筑再生利用的兴起得到了人们的广泛关注，再生利用施工过程中的质量问题也越来越引起人们的重视。因此，在施工方案确定之后，应找出对工程质量控制的关键点，提出有效的质量控制措施，加强质量控制，保证旧工业建筑项目的施工质量能够达到相应标准，对于保证工程质量安全具有重要的现实意义。因此在进行再生利用施工过程中，更要注重结构质量安全。

4.1　质量验收阶段结构安全检测与评定基础

4.1.1　一般工作流程

旧工业建筑再生利用质量验收阶段的一般工作流程如图 4.1 所示。

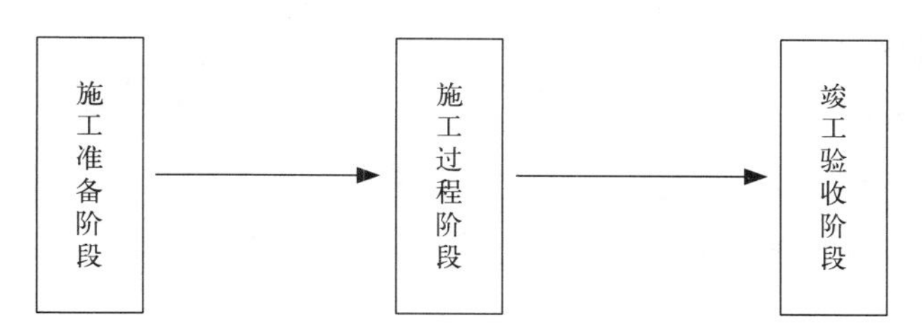

图 4.1　质量验收阶段一般工作流程

旧工业建筑再生利用质量验收阶段的工作内容与新建工程的基本要求和原则基本一致，但有着自己的特点，各个阶段的控制内容如下：

1. 施工准备阶段的质量控制

施工准备不仅包括工程开工前的场地、临时水、电等作为工程开工必需的人力、物力准备，还应包括以下内容：

（1）结构加固改造设计单位应按审查批准的施工图，向施工单位进行技术交底。施工单位应据以编制施工组织设计和施工技术方案，经审查批准后组织实施；

（2）熟悉建筑结构加固改造施工图纸。只有了解施工图纸的要求，并与实际建筑结构情况进行对照，当确认加固改造施工图符合实际结构情况时，才能按图备料、支模等；

（3）加固改造施工技术交底。对操作工人进行技术交底，使工人掌握各道工序的操作工艺要求和质量标准，掌握上下工序的联系及相关要求；

(4) 制订结构加固改造施工各道工序的施工程序或方案书，包括施工方法、操作工艺、验收标准和检查验收方法及与下道工序的交接检验要求；

(5) 加固材料、产品应进行进场验收。凡是地基基础、上部承重结构和围护结构的涉及安全、卫生、环境保护的加固材料和产品，应按《建筑结构加固工程施工质量验收规范》GB 50550 规定的抽样数量进行见证抽样复验；其送样应经监理工程师签封；复验不合格的材料和产品不得使用；施工单位或生产厂家自行抽样、送检的委托检验报告无效；

(6) 各道加固改造工序建筑材料标记、摆放等应满足材料规格标记清晰，应保证不能搞混乱，材料摆放应保证不能变质或污染等；

(7) 各道加固改造工序中所用的施工工具确认符合正常使用要求；

(8) 各道加固改造工序施工中的安全施工和保护环境的措施等。

上述这八项施工准备内容是各道加固改造工序施工准备的共性内容，对不同加固改造方法的施工工序应进一步具体化。例如，不同工序建筑材料的标记和摆放就有其特殊的要求，建材钢材的摆放要求是：已经验收又合格的钢筋，与那些未经验收的钢筋分开来摆放，并且都加上记号，以便辨别；对于不同大小的钢筋，同样要分开摆放；在摆放已验收好的钢筋下面一定要垫木头，不能直接放在泥地上；遇到下雨的时候，就要用预备好的防水帆布遮住，以免生锈。水泥的摆放的要求是：水泥一定要放在有顶棚且干爽的地方，材料要垫起来摆放，不能污染或受潮；存放的时间不能太久，先到先用，硬化了或者是结了冰的水泥要马上运走，不能再使用。对每道加固施工工序施工准备的质量控制，均要有计划和落实专人负责实施并在实施过程进行检查与验收。当然，也可以用该工序的施工过程及施工结果——工序质量来检验准备阶段的效果和存在的问题。

2. 施工过程的质量控制

在做好施工准备阶段工作后，施工过程的质量控制就显得尤为重要。这是每道工序由建筑材料通过施工操作变为构件实体的过程，因此是工序施工质量的关键阶段。该阶段的质量控制尤其重要，其控制内容主要包括以下内容：

(1) 针对不同加固改造施工工序制订相应的质量控制计划，其质量控制计划是以完善质量管理体系、施工工艺标准和质量检查制度为基础的。

(2) 对于地基基础加固工程，施工过程每道工序的检验应按设计要求及现行国家标准《建筑地基基础工程施工质量验收规范》GB 50202 的规定进行质量检测；对既有建筑地基基础加固工程，当监测数据出现异常时，应立即停止施工，分析原因，必要时采取调整既有建筑地基基础加固设计或施工方案的技术措施；地基基础的加固施工，基槽开挖后，应进行地基检验，当发现与勘查报告和设计文件不一致时，或遇到异常情况时，应结合地质条件，提出处理意见；应对新、旧基础结构连接构件进行检验，并提供隐蔽工程检验报告。

(3) 对于上部承重结构加固工程，施工过程每道工序的检验均应按《建筑结构加固工程施工质量验收规范》GB 50550 及企业的施工技术标准进行质量控制；每道工序完成后应进行检查验收；必要时尚应按隐蔽工程的要求进行检查验收；合格后方允许进行下一道工序的施工。

(4) 对于围护结构工程，一般分为幕墙工程、砖墙工程两大类，对其各自分项工程的每道施工工艺的检测及质量验收应依据《建筑工程施工质量验收统一标准》GB 50300 及相关各专业工程标准规范进行验收。

(5) 相关各专业工种交接时，应进行交接检验，并应经监理工程师检查认可。

(6) 采取有效手段对施工技术环境（包括不同季节的温湿度环境）和劳动环境（包括劳动组合、劳动工具、工作面等）进行合理有效控制。

(7) 结构加固工程施工前，应对原结构、构件进行清理、修整和支护，主要包括以下内容：

1) 拆迁原结构上影响施工的管道和线路以及其他障碍；

2) 卸除原结构上的荷载（当设计文件有规定时）；

3) 修整原结构、构件加固部位；

4) 搭设安全支撑及工作平台。

修整原结构、构件加固部位时，应符合下列要求：

①应清除原构件表面的尘土、浮浆、污垢、油渍，原有涂装、抹灰层或其他饰面层；对混凝土构件尚应剔除其风化、剥落、疏松、起砂、蜂窝、麻面、腐蚀等缺陷至露出骨料新面；对钢构件和钢筋，还应除锈、脱脂并打磨至露出金属光泽；对砌体构件，尚应剔除其勾缝砂浆及已松动、粉化的砌筑砂浆层，必要时，还应对残损部分进行局部拆砌。当工程量不大时，可采用人工清理；当工程量很大或对界面处理的均匀性要求很高时，宜采用高压水射流进行清理。高压水射流技术应用规定见《建筑结构加固工程施工质量验收规范》GB 50550 附录 C。

②应采用相容性良好的裂缝修补材料对原构件的裂缝进行修补；若原构件表面处于潮湿或渗水状态，修补前应先进行疏水、止水和干燥处理。

(8) 在现场核对原结构构造及清理原结构过程中，若发现该结构整体牢固性不良或原有的支撑、连结系统有缺损时，应及时向业主（或监理单位）和加固设计单位报告。在设计单位未采取补救措施前，不得按现有加固方案进行施工。

(9) 当结构加固改造需搭设模板、支架和支撑时，应根据结构的种类，分别按现行国家标准《混凝土结构工程施工质量验收规范》GB 50204、《钢结构工程施工质量验收规范》GB 50205 和《砌体结构工程施工质量验收规范》GB 50203 的规定执行。

(10) 冬期施工时，应符合标准《建筑工程冬期施工规程》JGJ 104 要求和《建筑结构加固工程施工质量验收规范》GB 50550 规范有关章节的补充规定。

（11）当采用的结构加固改造方法需做防护面层时，应按设计规定的材料和工艺要求组织施工。其施工过程的控制和质量的检验应符合国家现行有关标准的规定。

（12）结构加固改造工程检验批的质量检验，应按《建筑结构加固工程施工质量验收规范》GB 50550 根据现行国家标准《建筑工程施工质量验收统一标准》GB 50300 的抽样原则所规定的抽样方案执行。

（13）检验批中，凡涉及结构安全的加固材料、施工工艺、施工过程留置的试件、结构重要部位的加固改造施工质量等项目，均须进行现场见证取样检测或结构构件实体见证检验。任何未经见证的此类项目，其检测或检验报告，不得作为施工质量验收依据。

3. 竣工验收的质量控制

（1）加固改造工程施工质量验收程序和组织

结构加固改造工程施工竣工验收程序和组织应符合下列规定：

1）检验批和分项工程应由监理工程师组织施工单位专业技术负责人及专业质量负责人进行验收。检验批和分项工程是保证加固改造工程质量的基础，因此，所有的分项工程和检验批应由监理工程师或建设单位项目技术负责人组织验收。验收前，施工单位先填好“检验批（或分项工程）质量验收记录”（有关监理记录和结论不填），并由项目专业质量检验员和项目专业技术负责人分别在检验批和分项工程检验记录中相关栏目签字，然后由监理工程师组织，并严格按规定程序进行验收。

2）子分部工程应由总监理工程师组织施工单位项目负责人和技术、安全、质量负责人进行验收；该加固改造项目设计单位工程项目负责人及施工单位部门负责人也应参加。

3）各个子分部工程竣工验收完成后，施工单位应向建设单位提交分部工程验收报告。建设单位收到工程验收报告后，应指派其加固改造工程负责人组织施工单位（含分包单位）、设计、监理等单位负责人进行分部工程竣工验收。

分部工程完成后，施工单位首先应以有关质量标准、设计图纸等为依据，组织力量先进行自检，并对检查结果进行评定，质量符合要求后向建设单位提交分部工程验收报告和完整的质量控制资料。分部工程质量验收应由建设单位负责人或项目负责人组织，由于设计、施工、监理单位均系责任主体，因此设计、施工单位负责人或项目负责人及施工单位的技术、质量负责人和监理单位的总监理工程师均应参加验收。

4）分部工程竣工验收合格后，建设单位应负责办理有关建档和备案等事宜。加固改造工程竣工验收备案制是加强政府监督管理、有效防止不合格工程投入使用的一个重要手段。建设单位应根据《建设工程质量管理条件》和建设部门的有关规定，到县级以上人民政府建设行政主管部门或其他有关部门备案，否则不允许投入使用。

5）若参加竣工验收各方对加固改造工程的安全和质量有异议，应请当地工程质量监督机构协调处理。分部工程质量验收意见不一致时的组织协调部门，可以是当地建设行政主管部门，或其所委托的机构或单位，也可是各方认可的中介机构。

（2）加固改造工程施工质量竣工验收要求

结构加固改造工程的施工质量应按下列要求进行竣工验收：

1）加固改造工程施工质量应符合相关规范和相关专业验收标准的规定，以及加固改造设计文件的要求；

2）参与加固改造工程施工质量验收的各方人员应具备规定的资格；

3）加固改造工程质量的验收应在施工单位自行检查评定合格的基础上进行；

4）隐蔽工程已在隐蔽前由施工单位通知有关单位进行了验收，并已形成验收文件。

5）涉及结构安全的检验项目，已按规定进行了见证取样检测，其检测报告的有效性已得到监理人员的认可；

6）加固改造工程的观感质量应由验收人员进行现场检查，其检查结果的综合结论已得到验收组成员共同确认。

（3）加固改造工程竣工验收资料

结构加固改造子分部工程竣工验收时，应提供下列文件和记录：

1）设计变更文件；

2）原材料、产品出厂检查合格证和涉及安全的原材料、产品进场见证抽样复验报告；

3）结构加固改造各工序应检项目的现场检查记录或检验报告；

4）施工过程质量控制记录；

5）隐蔽工程验收记录；

6）加固改造工程质量问题的处理方案和验收记录；

7）其他必要的文件和记录。

竣工验收资料反映了从原材料到最终产品的各施工工序的操作依据、检查情况以及保证质量所必需的管理制度等，对其完整性的检查实际是对过程控制的确认，这是检验批合格的前提。

4.1.2　检测与评定内容

1. 施工质量验收划分

根据《建筑工程施工质量验收统一标准》GB 50300 和《建筑结构加固工程施工质量验收规范》GB 50550 的规定可知，旧工业建筑再生利用加固改造工程施工质量验收应划分为单位工程、分部工程、分项工程和检验批。加固改造工程作为旧工业建筑再生利用加固改造工程的一个分部工程，可根据其加固材料种类和施工技术特点划分为若干子分部工程；每一个子分部工程应按材料、主要工种和施工工艺划分为若干分项工程；每一分项工程应按其施工过程控制和施工质量验收的需要划分为若干检验批。实践表明，工程质量验收划分越明细越有利于正确评价工程质量。

(1) 单位工程的划分

单位工程的划分应按下列原则确定：

1）具备独立施工条件并能形成独立使用功能的建筑物及构筑物为一个单位工程。单位工程通常由结构、建筑与安装工程共同组成。

2）旧工业建筑规模较大的单位工程，可将其能形成独立使用功能的部分划分为一个子单位工程。子单位工程的划分一般可根据工程的建筑设计分区、结构缝的设置位置、使用功能显著差异等实际情况，在施工前由建设、监理、施工等单位共同商定，并据此收集整理施工技术资料和验收。一个单位工程中，子单位工程不宜划分过多，对于建设方没有分期投入使用要求的较大规模工程，不应划分子单位工程。

(2) 分部工程的划分

分部工程的划分应按下列原则确定：

1）分部工程的划分应按专业性质、建筑部位确定。

2）当分部工程较大或较复杂时，可将其中相同部分的工程或能形成独立专业系统的工程划分为若干子分部工程，划分得越细，对工程施工质量的验收越能准确判定。

(3) 分项工程的划分

分项工程应按主要工种、材料、施工工艺等进行划分。如旧工业建筑基础结构、上部承重结构以及围护结构三方面部分加固子分部工程、分项工程可按表 4.1 划分。如外粘钢板工程子分部工程中又可分为原构件修整、界面处理、钢板加工等多个分项工程。

结构加固子分部工程、分项工程划分 **表 4.1**

分部工程	子分部工程	分项工程
地基基础	混凝土构件增大截面工程	原构件修整、界面处理、钢筋加工、焊接、混凝土浇筑、养护
	局部置换构件混凝土工程	局部凿除、界面处理、钢筋修复、混凝土浇筑、养护
上部结构	混凝土构件增大截面工程	原构件修整、界面处理、钢筋加工、焊接、混凝土浇筑、养护
	局部置换构件混凝土工程	局部凿除、界面处理、钢筋修复、混凝土浇筑、养护
	混凝土构件绕丝工程	原构件修整、钢丝及钢件加工、界面处理、绕丝、焊接、混凝土浇筑、养护
	混凝土构件外加预应力工程	原构件修整、预应力部件加工与安装、预加应力、涂装
	外粘型钢工程	原构件修整、界面处理、钢件加工与安装、焊接、注胶、涂装
	粘贴纤维复合材工程	原构件修整、界面处理、纤维材料粘贴、防护面层
	外粘钢板工程	原构件修整、界面处理、钢板加工、胶接与锚固、防护面层
	钢丝绳网片外加聚合物砂浆面层工程	原构件修整、界面处理、网片安装与锚固、聚合物砂浆喷抹

续表

分部工程	子分部工程	分项工程
上部结构	承重构件外加钢筋网 - 砂浆面层工程	原构件修整、钢筋网加工与焊接、安装与锚固、聚合物砂浆或复合砂浆喷抹
	砌体柱外加预应力撑杆加固	原砌体修整、撑杆加工与安装、预加应力、焊接、涂装
	钢构件增大截面工程	原构件修整、界面处理、钢部件加工与安装、焊接或高强螺栓连接、涂装
	钢构件焊缝连接补强工程	原焊缝处理、焊缝补强、涂装
	钢结构裂纹修复工程	原构件修整、界面处理、钢板加工、焊接、高强螺栓连接、涂装
	混凝土及砌体裂缝修补工程	原构件修整、界面处理、注胶或注浆、填充密封、表面封闭、防护面层
	植筋工程	原构件修整、钢筋加工、钻孔、界面处理、注胶、养护
	锚栓工程	原构件修整、钻孔、界面处理、机械锚栓或定型化学锚栓安装
围护结构	明框玻璃幕墙安装工程	测量放线、预埋件处理、连接角码安装、立柱安装、横梁安装、结构玻璃装配组件制作安装
	砖墙工程	抄平弹线、摆砖样、立皮数杆、砌筑、勾缝

（4）检验批的划分

分项工程可由一个或若干检验批组成。检验批可根据施工及质量控制和专业验收需要按楼层、施工段、变形缝等进行划分。所谓检验批就是“按同一生产条件或按规定的方式汇总起来供检验用的，由一定数量、样本组成的检验体”。分项工程划分成检验批进行验收有助于及时纠正施工中出现的质量问题，确保工程质量，也符合施工实际需要。

2. 检测与评定主要内容（施工质量验收）

旧工业建筑再生利用质量验收阶段结构安全检测与评定的主要内容包括加固材料的进场检测、施工工序质量检测以及竣工验收检测三个方面。

（1）加固材料进场检测

加固材料性能是否满足设计和有关规范的要求，直接关系到结构加固后能否满足安全与抗震性能要求的问题，是加固改造工程成败的关键。因此，凡涉及安全、卫生、环境保护的材料和产品均应按《建筑结构加固工程施工质量验收规范》GB 50550 规定的抽样数量进行见证抽样复验和进场检测，复验或进场检测不合格的材料不得使用。旧工业建筑结构加固改造涉及的建筑材料相对比较多，除了混凝土原材料、钢筋原材料、水泥砂浆原材料外，还有钢型材、结构胶，纤维材料、聚合物砂浆、锚栓、裂缝修补注浆料、混凝土用结构界面剂等。

（2）施工工序质量检测

施工工序对于新建工程和旧工业建筑结构加固改造是有一定差异的。对于新建结构工程是形成每类构件的过程，对于结构加固改造工程是每种加固方法在每类构件上的实施过程。结构加固改造工程与新建工程相比增加了清理、修整原结构、构件以及界面处理等工序。这些工序对保证加固工程的质量和施工安全至关重要。结构加固改造工程的对象主要分为地基基础、上部承重结构和围护结构三部分。结构加固改造工程的每道工序均应按《建筑结构加固工程施工质量验收规范》GB 50550、《混凝土结构工程施工质量验收规范》GB 50204、《钢结构工程施工质量验收规范》GB 50205、《建筑工程施工质量验收统一标准》GB 50300 及企业的施工技术标准进行质量控制，每道工序完成后应进行检查验收，必要时应按隐蔽工程的要求进行检查验收，合格后方允许进行下道工序的施工。

（3）竣工验收检测

旧工业建筑结构加固改造工程竣工后，对分项工程的质量验收，应在其所含检验批均验收合格的基础上，按《建筑结构加固工程施工质量验收规范》GB 50550 规定的检验项目，对各检验批中每项质量验收记录及其合格证明文件进行检查。其中，分项工程所含的各检验批，其质量均符合《建筑结构加固工程施工质量验收规范》GB 50550 的合格质量规定且其质量验收记录和有关证明文件应完整。

4.1.3 检测与评定程序

质量验收阶段的检测程序依据施工过程的一般工作流程及内容制定，如图 4.2 所示。

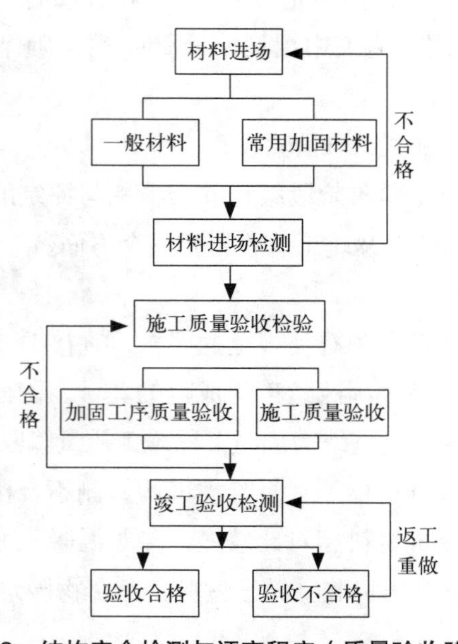

图 4.2 结构安全检测与评定程序（质量验收阶段）

4.2　材料进场检测

旧工业建筑再生利用工程的材料大致分为一般结构材料和加固材料两大类。对一般结构材料以混凝土原材料、钢材为例给予说明，并对一些常用加固材料进场检验的要求、抽样数量、检验方法进行说明，其他加固材料进场检验的要求、抽样数量、检验方法详见《建筑结构加固工程施工质量验收规范》GB 50550。

4.2.1　一般结构材料

一般结构材料主要包括混凝土原材料、钢材、焊接材料等，如图 4.3 所示，对一般结构材料的进场验收参照各自材料验收规范进行。

（a）混凝土进场检测

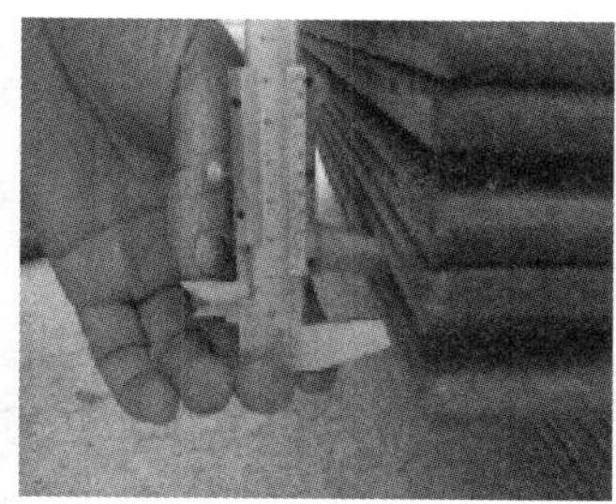

（b）钢板厚度检测检测

（c）钢筋进场尺寸检测

图 4.3　一般结构材料进场检测

1. 混凝土原材料

混凝土原材料质量检验包括水泥、掺和料、粗细骨料和拌合用水等，根据其对结构安全耐久性的影响区分主控项目与一般项目，相应的检验项目、抽样数量和检验方法见表 4.2。

混凝土原材料质量检验项目、数量和方法　　表 4.2

项目类别	序号	检验内容	检验数量	检验要求或指标	检验方法
主控项目	1	水泥进场复检	按同一生产厂家、同一等级、同一品种、同一批号且连续进场的水泥，以 30t 为一批（不足 30t，按 30t 计），每批见证取样不少于一次	水泥进场时应对其品种、级别、包装或散装仓号、出厂日期等进行检查，并应对其强度、安定性及其他必要的性能指标进行复验，其质量必须符合现行国家标准《通用硅酸盐水泥》GB 175 等的规定； 当在使用中对水泥质量有怀疑或水泥出厂超过三个月（快硬硅酸盐水泥超过一个月）时，应进行复验，并按复验结果使用； 钢筋混凝土结构、预应力混凝土结构中，严禁使用含氯化物的水泥	检查产品合格证、出厂检验报告和进场复验报告

续表

项目类别	序号	检验内容	检验数量	检验要求或指标	检验方法
主控项目	2	混凝土中掺用外加剂（不包括阻锈剂）质量	按进场的批次和产品的抽样检验方案确定	混凝土中掺用外加剂（不包括阻锈剂）的质量及应用技术应符合现行国家标准《混凝土外加剂》GB 3076、《混凝土外加剂应用技术规范》GB 50119 等和有关环境保护的规定；结构加固用的混凝土不得使用含氯化物或亚硝酸盐的外加剂。上部结构加固用的混凝土还不得使用膨胀剂。必要时，应使用减缩剂	检查产品合格证、出厂检验报告（包括与水泥适应性报告）和进场复验报告
	3	现场搅拌混凝土掺入粉煤灰	逐批检查	现场搅拌的混凝土中，不得掺入粉煤灰。当采用掺有粉煤灰的预拌混凝土时，其粉煤灰成为I级灰，且烧失量不应大于5%	检查粉煤灰生产厂出具的粉煤灰等级证书、出厂检验报告及商品混凝土检验机构出具的粉煤灰烧失量检验报告
一般项目	1	加固结构用的混凝土所用的粗细骨料	按进场的批次和产品的抽样检验方案确定	配制结构加固用的混凝土，其粗、细骨料的品种和质量，除应符合现行行业标准《普通混凝土用砂、石质量及检验方法标准》JGJ 52 的要求外，尚应符合下列规定： ①粗骨料的最大粒径：对拌合混凝土，不应大于20mm；对喷射混凝土，不应大于12mm；对掺加短纤维的混凝土，不应大于10mm； ②细骨料应为中、粗砂，其细度模数不应小于2.5	检查进场复验报告
	2	拌制混凝土用水	同一水源检查不应少于一次	拌制混凝土宜采用饮用水或符合现行国家标准《混凝土用水标准》JGJ 63 的规定的天然洁净水	送独立检测机构化验

2. 钢材

结构加固用的钢材，包括钢筋、型钢钢板及其连接用的紧固件等，根据其对结构安全的影响区分主控项目与一般项目，相应的检验项目、抽样数量和检验方法见表4.3～表4.6。

钢筋原材料质量检验项目、数量和方法 表4.3

项目类别	序号	检验内容	检验数量	检验要求或指标	检验方法
主控项目	1	力学性能	按进场的批次和产品的抽样检验方案	必须符合《钢筋混凝土用钢 第2部分：热轧带肋钢筋》GB 1499.2 等有关标准的规定	检查产品合格证、出厂检验报告和进场复验报告
	2	抗震性能	按进场的批次和产品的抽样检验方案	对有抗震设防要求的框架结构，其纵向受力钢筋的强度应满足设计要求；当设计无具体要求时，对一、二级抗震等级，检验所得的强度实测值应符合下列规定： ①钢筋的抗拉强度实测值与屈服强度实测值的比值不应小于1. 25； ②钢筋的屈服强度实测值与强度标准值的比值不应大于1.3	检查进场复验报告

续表

项目类别	序号	检验内容	检验数量	检验要求或指标	检验方法
主控项目	3	化学性能	当发现钢筋脆断、焊接性能或力学性能显著不正常时	必须符合有关钢材化学成分的要求	化学分析
	4	再生钢和钢号	全数	不得采用再生钢和钢号不明的钢筋	观察
一般项目		外观	全数检查	钢筋应平直、无损伤，表面不得有裂纹、油污、颗粒状或片状老锈，也不得将弯折钢筋敲直后作受力筋使用	观察

结构加固用型钢、钢板及连接紧固件质量检验项目、数量和方法　　表 4.4

项目类别	序号	检验内容	检验数量	检验要求或指标	检验方法
主控项目	1	钢材品种、规格、性能	全数	钢材、钢铸件的品种、规格、性能等应符合现行国家产品标准和设计要求。进口钢材产品的质量应符合设计和合同规定标准的要求	检查质量合格证明文件、中文标志及检验报告等
	2	钢材的复验	全数	对属于下列情况之一的钢材，应进行抽样复验，其复验结果应符合现行国家产品标准和设计要求： ①国外进口钢材； ②钢材混批； ③板厚等于或大于 40mm，且设计有 Z 向性能要求的厚板； ④建筑结构安全等级为一级，大跨度钢结构中主要受力构件所采用的钢材； ⑤设计有复验要求的钢材； ⑥对质量有疑义的钢材	检查复验报告
	3	再生钢和钢号	全数	不得采用再生钢以及钢号不明的钢材和紧固件	观察
一般项目	1	钢板厚度	每一品种、规格的钢板抽查 5 处	钢板厚度及允许偏差应符合其产品标准的要求	用游标卡尺量量测
	2	型钢尺寸	每一品种、规格的钢板抽查 5 处	型钢的规格尺寸及允许偏差符合其产品标准的要求	用钢尺和游标卡尺量测
	3	钢材外观质量	全数	钢材的表面外观质量除应符合国家现行有关标准的规定外，尚应符合下列规定： ①当钢材的表面有锈蚀、麻点或划痕等缺陷时，其深度不得大于该钢材厚度负允许偏差值的 1/2； ②钢材表面的锈蚀等级应符合现行国家标准《涂装前钢材表面锈蚀等级和除锈等级》GB 8923 规定的 C 级及 C 级以上； ③钢材端边或断口处不应有分层、夹渣等缺陷	观察

预应力原材料进场复验质量检验项目、数量和方法 表 4.5

项目类别	序号	检验内容	检验数量	检验要求或指标	检验方法
主控项目	1	力学性能	按进场的批次和产品的抽样检验方案确定	应符合《预应力混凝土用钢绞线》GB/T 5224 等有关标准的规定	检查产品合格证、出厂检验报告和进场复检报告
	2	预应力筋用锚具、夹具和连接器	按进场的批次和产品的抽样检验方案确定	应符合《预应力筋用锚具、夹具和连接器》GB/T 14370 等有关标准的规定	检查产品合格证、出厂检验报告和进场复检报告
一般项目	1	预应力筋使用前的外观检查	全数	①有粘结预应力筋展开后应平顺，不得有弯折，表面不应有裂纹、小刺、机械损伤、氧化铁皮和油污等； ②无粘结预应力筋护套应光滑、无裂缝，无明显褶皱	观察
	2	预应力筋用锚具、夹具和连接器使用前的外观检查	全数	其表面应无污物、锈蚀、机械损伤和裂纹	观察

绕丝用的钢丝进场复验质量检验项目、数量和方法 表 4.6

项目类别	序号	检验内容	检验数量	检验要求或指标	检验方法
主控项目	1	退火钢丝的力学性能	按进场批号，每批抽取 5 个试样	应按现行国家标准《一般用途低碳钢丝》GB/T 343 中关于退火钢丝的力学性能指标进行复验。其复验结果的抗拉强度最低值不应低于 490MPa；若直径 4mm 退火钢丝供应有困难，允许采用低碳冷拔钢丝在现场退火。但退火后的钢丝抗拉强度值应控制在 490 ～ 540MPa 之间	按现行国家标准《金属材料室温拉伸试验方法》GB/T 228 规定的方法进行复验，同时，尚应检查其产品合格证和出厂检验报告
	2	钢丝绳网片	按进场批次和产品抽样检验方案确定	应根据设计规定选用高强度不锈钢丝绳或航空用镀锌碳素钢丝绳在工厂预制。制作陶片的钢丝绳，其结构形式应为 6×7+IWS 金属股芯右交互捻小直径不松散钢丝绳，或 1×19 单股左捻钢丝绳；其钢丝的公称强度不应低于现行国家标准《混凝土结构加固设计规范》GB 50367 的规定值；钢丝绳网片进场时，应分别按现行国家标准《不锈钢丝绳》GB/T 9944 和行业标准《航空用钢丝绳》YB/T 5197 等的规定见证抽取试件做整绳破断拉力、弹性模量和伸长率检验。其质量必须符合上述标准和现行国家标准《混凝土结构加固设计规范》GB 50367 的规定	检查产品质量合格证、出厂检验报告和进场复验报告
	3	钢丝绳网片外观质量	全数检查	其经绳与纬绳的品种、规格、数量、位置以及相应的连接方法应符合设计要求，其连接质量应牢固，无松弛、错位	观察，手拉
一般项目	1	冷拔低碳退火钢丝的表面	全数检查	不得有裂纹、机械损伤、油污和锈蚀	观察；油污可用吸湿性好的薄纸擦拭检查
	2	结构加固用的钢丝绳	全数检查	不得涂有油脂	拆散钢丝绳进行触摸检查。必要时也可用沸水浸泡检查

4.2.2 常用加固材料

常见加固材料包括焊接材料、结构胶粘剂、纤维材料、水泥砂浆原材料、聚合物砂浆原材料、裂缝修补用注浆料、混凝土用结构界面胶（剂）、结构加固用水泥基灌浆料等，如图 4.4 所示。在此仅对几种常用的加固材料的质量检验项目、数量和方法进行介绍，其余材料质量验收参照《建筑结构加固工程施工质量验收规范》GB 50550 相关规定。

（a）纤维材料

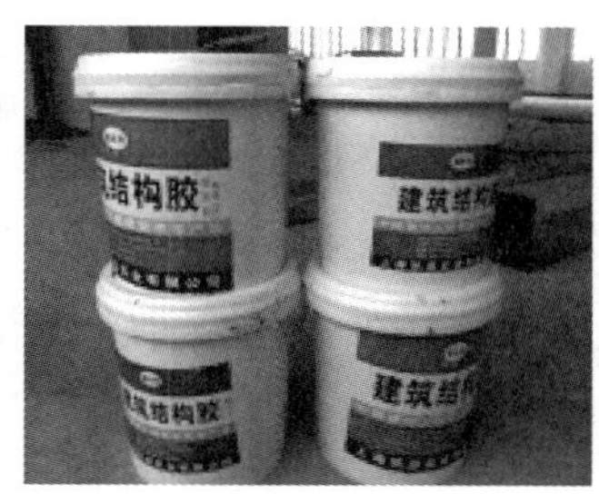

（b）结构胶

（c）螺栓

（d）裂缝修补用注浆料

（e）焊接材料

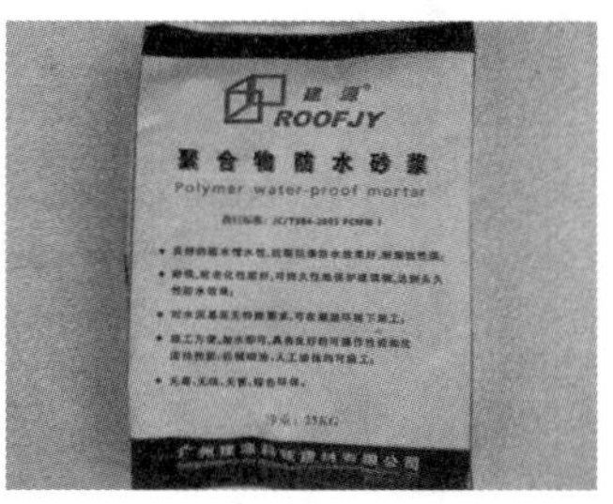

（f）水泥砂浆原材料

图 4.4 常用加固材料

1. 纤维材料

碳纤维织物（碳纤维布）、碳纤维预成型板以及玻璃纤维织物（玻璃纤维布）应按工程用量一次进场到位。纤维材料进场时，施工单位应会同监理人员对其品种、级别、型号、规格、包装、中文标志、产品合格证和出厂检验报告等进行检查，应按表 4.7 中检验项目进行检测。

结构加固用纤维材料质量检验项目、数量和方法　　表 4.7

项目类别	序号	检验内容	检验数量	检验要求或指标	检验方法
主控项目	1	纤维复合材的抗拉强度标准值、弹性模量和极限伸长率	按进场批号，每批号见证取样 3 件，从每件中，按每一检验项目各裁取一组试样的用料	符合现行国家标准《混凝土结构加固设计规范》GB 50367 的规定及设计要求	在确认产品包装及中文标志完整性的前提下，检查产品合格证、出厂检验报告和进场复验报告；对进口产品还应检查报关单及商检报告所列的批号和技术内容是否与进场检查结果相符

续表

项目类别	序号	检验内容	检验数量	检验要求或指标	检验方法
主控项目	2	纤维织物单位面积质量	按进场批号，每批号见证取样3件，从每件中，按每一检验项目各裁取一组试样的用料	符合现行国家标准《混凝土结构加固设计规范》GB 50367的规定及设计要求	按现行国家标准《增强制品试验方法 第3部分：单位面积质量的测定》GB/T 9914.3进行检测
	3	碳纤维预成型板的纤维体积含量	按进场批号，每批号见证取样3件，从每件中，按每一检验项目各裁取一组试样的用料	符合现行国家标准《混凝土结构加固设计规范》GB 50367的规定及设计要求	按现行国家标准《碳纤维增强塑料体积含量检验方法》GB/T 3366进行检测
	4	碳纤维织物的K数	按进场批号，每批号见证取样3件，从每件中，按每一检验项目各裁取一组试样的用料	符合现行国家标准《混凝土结构加固设计规范》GB 50367的规定及设计要求	按《建筑结构加固工程施工质量验收规范》GB 50550附录M判定
	5	结构加固使用的碳纤维原材	—	严禁用玄武岩纤维、大丝束碳纤维等替代	—
	6	结构加固使用的玻璃纤维原材	—	结构加固使用的S玻璃纤维（高强玻璃纤维）、E玻璃纤维（无碱玻璃纤维），严禁用A玻璃纤维或C玻璃纤维替代	—
	7	纤维复合材的纤维外观	全数检查	纤维复合材的纤维应连续、排列均匀；织物尚不得有皱褶、断丝、结扣等严重缺陷；板材尚不得有表面划痕、异物夹杂、层间裂纹和气泡等严重缺陷	观察，或用放大镜检查
	8	纤维织物单位面积质量	按进场批次，每批抽取6个试样	纤维织物单位面积质量的检测结果，其偏差不得超过±3%；板材纤维体积含量的检测结果，其偏差不得超过（+5%，-2%）	检查产品进场复验报告
一般项目	1	碳纤维织物的缺陷	全数检查	每100m长度不得多于3处；碳纤维织物的断经（包括单根和双根），每100m长度不得多于2处	检查出厂检验报告。若此报告缺失，应进行补检
	2	玻璃纤维织物的疵点数	全数检查	应不超过现行行业标准《无碱玻璃纤维布》JC/T 170的规定	检查出厂检验报告。若此报告缺失，应进行补检
	3	纤维织物和纤维预成型板的尺寸偏差	每批6个试样	纤维织物的尺寸偏差应符合长度偏差（%）±1.5、宽度偏差（%）±0.5；纤维预成型板的长度偏差（%）±1.0、宽度偏差（%）±0.5、厚度偏差（mm）±0.05	长度采用精度为1mm钢尺测量；宽度采用精度为0.5mm的钢尺测量；厚度采用精度为0.02mm的游标卡尺测量

2. 混凝土用结构界面胶

混凝土用结构界面胶（也称结构界面剂），应采用改性环氧类界面胶（剂），或经独立检验机构确认为具有同等功效的其他品种界面胶（剂）。结构界面胶（剂）应一次进场到位。进场时，应对其品种、型号、包装、中文标志、出厂日期、产品合格证、出厂检验报告等进行检查，应按表 4.8 中检测项目进行检测。

混凝土用结构界面胶质量检验项目、数量和方法　　表 4.8

项目类别	序号	检验内容	检验数量	检验要求或指标	检验方法
主控项目	1	与混凝土的正拉粘结强度及其破坏形式	按进场批次，每批见证抽取 3 件；从每件中取出一定数量界面剂经混匀后，为每一复验项目制作 5 个试件进行复验	复验结果必须分别符合《建筑结构加固工程施工质量验收规范》GB 50550 附录 E 的规定	在确认产品包装及中文标志完整的前提下，检查产品合格证、出厂检验报告和进场复验报告
	2	剪切粘结强度及其破坏形式	按进场批次，每批见证抽取 3 件；从每件中取出一定数量界面剂经混匀后，为每一复验项目制作 5 个试件进行复验	复验结果必须分别符合《建筑结构加固工程施工质量验收规范》GB 50550 附录 S 的规定	在确认产品包装及中文标志完整的前提下，检查产品合格证、出厂检验报告和进场复验报告
	3	耐湿热老化性能	按进场批次，每批见证抽取 3 件；从每件中取出一定数量界面剂经混匀后，为每一复验项目制作 5 个试件进行复验	复验结果必须分别符合《建筑结构加固工程施工质量验收规范》GB 50550 附录 J 的规定	在确认产品包装及中文标志完整的前提下，检查产品合格证、出厂检验报告和进场复验报告
一般项目	1	涂刷工艺（包括涂刷前对原构件粘合面的洁净处理）	对每项工程应至少试涂刷三个界面	应按产品使用说明书及该工程施工图的规定和要求执行	通过观察其可操作性，检查其涂刷质量的均匀性，对该产品的工艺性能做出是否可以接受的评价

3. 锚栓

结构加固用锚栓应采用后扩底锚栓（即扩孔型锚栓）或定型化学锚栓，且应按工程用量一次进场到位。进场时，应对其品种、型号、规格、中文标志和包装、出厂检验合格报告等进行检查，应按表 4.9 中检测项目进行检测。

4. 聚合物砂浆原材料

配制结构加固用聚合物砂浆（包括以复合砂浆命名的聚合物砂浆）的原材料，应按工程用量一次进场到位。聚合物砂浆原材料进场时，施工单位应会同监理单位对其品种、型号、包装、中文标志、出厂日期、出厂检验合格报告等进行检查，应按表 4.10 中检测项目进行检测。

结构加固用锚栓质量检验项目、数量和方法 表 4.9

项目类别	序号	检验内容	检验数量	检验要求或指标	检验方法
主控项目	1	锚栓钢材受拉性能	按同一规格包装箱数为一检验批，随机抽取3箱（不足3箱应全取）锚栓，经混合均匀后，从中见证抽取5%，且不少于5个进行复验；若复验结果仅有一个不合格，允许加倍取样复验；若仍有不合格者，则该批产品应评为不合格产品	复验结果必须符合现行国家标准《混凝土结构加固设计规范》GB 50367的规定	在确认产品包装及中文标志完整性的条件下，检查产品合格证、出厂检验报告和进场见证复验报告；对后扩底锚栓，还应检查其扩孔刀头或刀具的真伪
	2	锚栓是否属“地震区适用”的锚栓	按同一规格包装箱数为一检验批，随机抽取3箱（不足3箱应全取）锚栓，经混合均匀后，从中见证抽取5%，且不少于5个进行复验；若复验结果仅有一个不合格，允许加倍取样复验；若仍有不合格者，则该批产品应评为不合格产品	对国内产品，应具有独立检验机构出具的符合行业标准《混凝土用膨胀型、扩孔型建筑锚栓》JG 160附录F规定的专项试验验证合格的证书；对进口产品，应具有该国或国际认证机构检验结果出具的“地震区适用”的认证证书	在确认产品包装及中文标志完整性的条件下，检查产品合格证、出厂检验报告和进场见证复验报告；对后扩底锚栓，还应检查其扩孔刀头或刀具的真伪；对7度、8度地震区，尚应检查其认证或验证证书
	3	钢锚板的钢种、规格、质量	以现行相应的产品标准为依据，按进场批号逐批检查。当设计有复验要求时，应按每批的钢锚板总数见证抽取1‰，且不少于3块进行复验	钢锚板的钢种、规格、质量等应符合现行国家相应产品标准要求。对设计有复验要求的钢锚板，应进行见证抽样复验，其复验结果应符合《建筑结构加固工程施工质量验收规范》GB 50550第4.2.2条的要求	检查产品合格证、出厂检验报告和进场见证复验报告
一般项目	1	锚栓外观表面	按包装箱数抽查5%，且不应少于3箱	应光洁、无锈、完整，栓体不得有裂纹或其他局部缺陷；螺纹不应有损伤。	开箱逐个目测检查
	2	锚栓缺陷	全数检查	应平直、完整；表面不得有锈蚀、裂纹；端边不得有分层、夹渣等缺陷	观察

结构加固用聚合物砂浆原材料质量检验项目、数量和方法 表 4.10

项目类别	序号	检验内容	检验数量	检验要求或指标	检验方法
主控项目	1	聚合物砂浆体的劈裂抗拉强度	按进场批号，每批号见证抽样3件，每件每组分称取500g，并按同组分予以混合后送独立检测机构复验。检验时，每一项目每批号的样品制作一组试件	其检查和复验结果必须符合现行国家标准《混凝土结构加固设计规范》GB 50367的规定	按《建筑结构加固工程施工质量验收规范》GB50550附录P规定的方法进行测定
	2	抗折强度	按进场批号，每批号见证抽样3件，每件每组分称取500g，并按同组分予以混合后送独立检测机构复验。检验时，每一项目每批号的样品制作一组试件	其检查和复验结果必须符合现行国家标准《混凝土结构加固设计规范》GB 50367的规定	按《建筑结构加固工程施工质量验收规范》GB 50550附录Q规定的方法进行测定

续表

项目类别	序号	检验内容	检验数量	检验要求或指标	检验方法
主控项目	3	聚合物砂浆与钢粘结的拉伸抗剪强度	按进场批号，每批号见证抽样 3 件，每件每组分称取 500g，并按同组分予以混合后送独立检测机构复验。检验时，每一项目每批号的样品制作一组试件	其检查和复验结果必须符合现行国家标准《混凝土结构加固设计规范》GB 50367 的规定	按《建筑结构加固工程施工质量验收规范》GB 50550 附录 R 规定的方法进行测定
	4	阻锈剂或外加剂成分	按进场批次并符合《建筑结构加固工程施工质量验收规范》GB 50550 附录 D 的规定	当采用镀锌钢丝绳（或钢绞线）作为聚合物砂浆外加层的配筋时，除应将保护层厚度增大 10mm 并涂刷防碳化涂料外，尚应在聚合物砂浆中掺入阻锈剂，但不得掺入以亚硝酸盐等为主成分的阻锈剂或含有氯化物的外加剂	检查产品合格证书，证书中应有该产品不含有害成分的保证；同时还应检查进场复验报告
一般项目	1	聚合物砂浆的用砂级配	按进场批次和试配试验方案确定	应采用粒径不大于 2.5mm 的石英砂配制的细度模数不小于 2.5 的中砂。其使用的技术条件，应按设计强度等级经试配确定	检查试配试验报告

5. 裂缝修补用注浆料

混凝土及砌体裂缝修补用的注浆料进场时，应对其品种、型号、出厂日期及出厂检验报告等进行检查；当有恢复截面整体性要求时，尚应对其安全性能和工艺性能进行见证抽样复验，其复检结果应符合现行国家标准《混凝土结构加固设计规范》GB 50367 及《建筑结构加固工程施工质量验收规范》GB 50550 要求，应按表 4.11 中的检测项目进行检测。

混凝土及砌体裂缝用注浆料工艺性能要求　　表 4.11

检验项目		注浆料性能指标		试验方法标准
		改性环氧类	改性水泥基类	
密度（g/cm^3）		>1.0	—	GB/T 13354
初始黏度（mPa·s）		≤ 1500	—	《建筑结构加固工程施工质量验收规范》GB 50550 附录 K
流动度（自流）	初始值（mm）	—	≥ 380	GB/T 50448
	30min 保留率（%）	—	≥ 90	

续表

检验项目		注浆料性能指标		试验方法标准
		改性环氧类	改性水泥基类	
竖向膨胀率	3h（%）	—	≥ 0.10	GB/T 50448 及 GB/T 50119
	24h 与 3h 之差值（%）	—	0.02 ～ 0.20	
23℃下 7d 无约束线性收缩率（%）		≤ 0.1	—	HG/T 2625
泌水率（%）		—	0	GB/T 50080
25℃测定的可操作时间（min）		≥ 60	≥ 90	GB/T 7123
适合注浆的裂缝宽度 w（mm）		$1.5 < w \leq 3.0$	$3.0 < w \leq 5.0$ 且符合产品说明书规定	—

注：1. 适合注浆的裂缝宽度系指有恢复截面整体性要求的情况而言；若仅要求封闭、填充裂缝，可按产品使用说明书给出的 w 值，通过试灌注确定。

2. 当混凝土构件有补强要求时，应采用裂缝修补胶（注射剂），其工艺性能应符合《建筑结构加固工程施工质量验收规范》GB 50550 表 4.4.6 的要求。

改性环氧类注浆料中不得含有挥发性溶剂和非反应性稀释剂；改性水泥基注浆料中氯离子含量不得大于胶凝材料质量的 0.05%。任何注浆料均不得对钢筋及金属锚固件和预埋件产生腐蚀作用，应按表 4.12 中的检测项目进行检测。

裂缝修补用注浆料质量检验项目、数量和方法 表 4.12

项目类别	序号	检验内容		检验数量	检验要求或指标	检验方法
主控项目	1	工艺性能	环氧改性类拌合后初黏度及线性收缩率	按进场的批次和产品复验抽样并符合《建筑结构加固工程施工质量验收规范》GB 50550 附录 D 的规定	符合《建筑结构加固工程施工质量验收规范》GB 50550 附录 D 的规定	在确认产品包装及中文标志完整性的前提下，检查产品合格证、出厂日期、出厂检验报告和进场复验报告
			其他聚合物改性类的流动度、竖向膨胀率及泌水率			
一般项目	1	水泥基注浆料用水的水质		—	应符合《建筑结构加固工程施工质量验收规范》GB 50550 第 4.1.5 条的规定	—
	2	灌注裂缝用的器具及封缝材料的质量		按进场的批次和产品的抽样检验方案确定	应符合现行国家相应产品标准的规定	检查产品合格证、出厂检验报告及试灌注报告

4.3 施工质量验收检测

旧工业建筑再生利用工程的每类加固方法均可划分为一个子分部工程。由于结构加固方法较多，而且同一结构可采用两种及以上的加固方法。所以，全面介绍各类加固方法所包含的分项工程与检验批花费的篇幅比较多。如前所述同一楼层或施工段的同样类型的工序构成了检验批，而整个建筑工程同类工序的集合为分项工程。依据《混凝土结构工程施工质量验收规范》GB 50204 和《建筑结构加固工程施工质量验收规范》GB 50550 中介绍的有关增大截面法检验批和分项工程验收标准，对于增大截面法可划分为清理与修整原结构构件、安装新增钢筋及与原钢筋连接、界面处理、模板、混凝土浇筑与养护等分项工程，对于各分项工程又可按楼层、施工段和变形缝等划分为检验批，下面以增大截面法为例介绍有关分项工程的检验批质量检验要求。

4.3.1　工序质量检测

旧工业建筑结构加固改造工程施工工序质量检测是实施质量管理工作的重点，对于工序质量检测中发现的问题，应及时处理。施工技术负责人、质量检查员和该工序的班组长应协调会商并分析原因、制订纠正措施等。施工单位的质量检查员和班组长应在每道工序完成后对其进行质量检验，相关各专业工种之间，还应进行交接检验以确认是否满足下道工序和相关专业的施工要求。增大截面法施工工序如图 4.5 所示。

(a) 清理、修整原结构

(b) 安装新钢筋

(c) 界面处理

(d) 安装模板

(e) 浇筑混凝土

(f) 养护拆模

图 4.5　混凝土构件增大截面工程施工一般工序

工序质量控制与检验应依据《建筑结构加固工程施工质量验收规范》GB 50550 有关混凝土构件增大截面法施工工序的质量控制要求。一个楼层的梁、柱均采用增大截面法进行加固，则该楼层所有的构件的同样工序组成检验批，若楼层面积比较大还可以按抗震缝或施工段划分为若干个检验批。工序检验是对各个构件工序的检验，把检验批所含构件同类工序的检验结果进行汇总，就形成了检验批的质量检验。若检验批中某类工序存在问题较多时，除对不符合的进行处理外，还应查找原因和采取纠正措施。

在《混凝土结构工程施工质量验收规范》GB 50204 和《建筑结构加固工程施工质量验收规范》GB 50550 中给出了各分项工程、检验批的质量检验与验收标准。对于施工单位的工序、检验批质量检验标准，不能低于上述两类验收规范的要求。当施工单位具有针对不同工程质量控制和检验的企业标准时，应按企业标准进行质量控制和检验。对于增大截面法加固工程的检验批和分项工程的质量检验应按以下进行：

1. 界面处理

界面处理是结构加固改造工程增大截面中新增混凝土部分与原构件连接的关键环节，其质量检验项目、数量和方法见表 4.13。

界面处理质量检验项目、数量和方法　　表 4.13

项目类别	序号	检验内容	检验数量	检验要求或指标	检验方法
主控项目	1	原结构混凝土界面凿毛或凿成沟槽	全数检验	①花锤打毛：在混凝土结合面上錾出麻点，形成点深约 3mm、点数 600 ~ 800 点 /m² 的均匀分布；也可錾成点深 4 ~ 5mm、间距约为 30mm 的梅花形分布； ②砂轮机或高压水射流打毛：在混凝土结合面上打出垂直于构件轴线、纹深为 3 ~ 4mm、间距约为 50mm 的横向纹路； ③人工凿沟槽：在混凝土结合面上凿出垂直于构件轴线、槽深约为 6mm、间距约为 100 ~ 150mm 的横向沟槽	观察和触摸；有争议时，可采用测深仪复查
	2	界面胶（剂）	全数检验	应符合该产品说明书及施工图说明的规定	进场复验
	3	板类构件销钉	全数检验	除涂刷界面剂外，尚应锚入直径不小于 6mm 的剪切销钉，销钉锚固深度应取板厚的 2/3，间距不应大于 300mm，边距不应小于 70mm	观察，检测界面剂复验报告
	4	外露钢筋锈蚀除锈	全数检验	发现锈蚀严重时，应通知设计单位，按设计补充图补筋	按图纸核对
一般项目		原构件表面	全数检验	不得有漏剔除的松动石子、浮砂、漏补的裂缝和漏清除的其余污垢	观察

2. 钢筋工程

钢筋分项工程的施工工序质量检验包括原材料进场复检和见证取样送样检验、钢筋加工、钢筋连接和钢筋安装等。

(1) 钢筋材料的进场复检内容和要求见表 4.3。

(2) 钢筋加工质量检验项目、数量和方法等要求见表 4.14。

(3) 钢筋连接质量检验项目、数量和方法等要求见表 4.15。

钢筋加工质量检验项目、数量和方法　　　　表 4.14

<table>
<tr><th>项目类别</th><th>序号</th><th>检验内容</th><th>检验数量</th><th colspan="2">检验要求或指标</th><th>检验方法</th></tr>
<tr><td rowspan="2">主控项目</td><td>1</td><td>受力钢筋的弯钩和弯折</td><td>每个工作班同一种类型钢筋，同一种加工设备加工的抽取不少于 3 件</td><td colspan="2">① HPB300 级钢筋末端应做 180°弯钩，其弯弧内直径不应小于钢筋直径的 2.5 倍，弯钩的弯后平直部分长度不应小于钢筋直径的 3 倍；
② 当设计要求钢筋末端需做 135°弯钩时，HRB335 级、HRB400 级钢筋的弯弧内直径不应小于钢筋直径的 4 倍，弯钩的弯后平直部分长度应符合设计要求；
③钢筋做不大于 90°的弯折时，弯折处的弯弧内直径不应小于钢筋直径的 5 倍</td><td>钢尺</td></tr>
<tr><td>2</td><td>箍筋的末端</td><td>每个工作班同一种类型钢筋，同一种加工设备加工的抽取不少于 3 件</td><td colspan="2">除焊接封闭环式箍筋外，箍筋的末端应做弯钩，弯钩形式应符合设计要求；当设计无具体要求时，应符合下列规定：
①箍筋弯钩的弯弧内直径除应满足本表序号 1 的要求外，尚应不小于受力钢筋直径；
②箍筋弯钩的弯折角度：对一般结构，不应小于 90°，对有抗震等要求的结构，应为 135°；
③箍筋弯后平直部分长度：对一般结构，不宜小于箍筋直径的 5 倍；对有抗震等要求的结构，不应小于箍筋直径的 10 倍</td><td>钢尺</td></tr>
<tr><td rowspan="5">一般项目</td><td>1</td><td>钢筋调直</td><td>每个工作班同一种类型钢筋，同一种加工设备加工的抽取不少于 3 件</td><td colspan="2">当采用冷拉方法调直钢筋时，HPB300 级钢筋的冷拉率不宜大于 4%；HRB335 级、HRB400 级和 RRB400 级钢筋的冷拉率不宜大于 1%</td><td>观察和钢尺检查</td></tr>
<tr><td rowspan="4">2</td><td rowspan="4">钢筋加工形状尺寸</td><td rowspan="4">每个工作班同种类型钢筋，同一种加工设备加工的抽取不少于 3 件</td><td>项目</td><td>允许偏差（mm）</td><td rowspan="4">钢尺</td></tr>
<tr><td>受力钢筋顺长度方向全长的净尺寸</td><td>±10</td></tr>
<tr><td>弯起钢筋的弯折位置</td><td>±20</td></tr>
<tr><td>箍筋内净尺寸</td><td>±5</td></tr>
</table>

钢筋连接质量检验项目、数量和方法　　　　表 4.15

<table>
<tr><th>项目类别</th><th>序号</th><th>检验内容</th><th>检验数量</th><th>检验要求或指标</th><th>检验方法</th></tr>
<tr><td rowspan="3">主控项目</td><td>1</td><td>纵向受力钢筋的连接方式</td><td>全数</td><td>应符合设计要求</td><td>观察</td></tr>
<tr><td>2</td><td>机械连接</td><td colspan="2">应按国家现行标准《钢筋机械连接通用技术规程》JGJ 107 的规定进行抽样检测</td><td>核查检测报告</td></tr>
<tr><td>3</td><td>焊接连接</td><td colspan="2">应按国家现行标准《钢筋焊接及验收规程》JGJ 108 的规定进行抽样检测</td><td>核查检测报告</td></tr>
<tr><td rowspan="2">一般项目</td><td>1</td><td>钢筋接头位置</td><td>全数</td><td>钢筋的接头宜设置在受力较小处；同一纵向受力钢筋不宜设置两个或两个以上接头；接头末端至钢筋弯起点的距离不应小于钢筋直径的 10 倍</td><td>观察和钢尺检查</td></tr>
<tr><td>2</td><td>焊接、机械连接接头外观检查</td><td>全数</td><td>应按国家现行标准《钢筋焊接及验收规程》JGJ 108、《钢筋机械连接通用技术规程》JGJ 107 的规定</td><td>观察</td></tr>
</table>

续表

项目类别	序号	检验内容	检验数量	检验要求或指标	检验方法
	3	受力钢筋采用机械连接或焊接接头设在同一构件内	梁、柱和独立基础应抽构件的10%，且不少于3件；对墙、板应抽10%有代表性的自然间，且不少于3间；对大空间结构，墙可按相邻轴线间高度5m左右划分检查面，板可按纵横轴线划分检查面，抽查10%，且均不少于3面	纵向受力钢筋机械连接接头及焊接接头连接区段的长度为35*d*（*d*为纵向受力钢筋的较大直径且不小于500mm，凡接头中点位于该连接区段长度内的接头均属于同一连接区段）。 同一连接区段内，纵向受力钢筋的接头面积百分率应符合设计要求；当设计无具体要求时，应符合下列规定： ①在受拉区不宜大于50%； ②接头不宜设置在有抗震设防要求的框架梁端、柱端的箍筋加密区；当无法避开时，对等强度高质量机械连接接头，不应大于50%； ③直接承受动力荷载的结构构件中，不宜采用焊接接头；当采用机械连接接头时，不应大于50%	观察和钢尺检查
一般项目	4	纵向受力钢筋绑扎搭接	梁、柱和独立基础应抽构件的10%，且不少于3件；对墙、板应抽10%有代表性的自然间，且不少于3间；对大空间结构，墙可按相邻轴线间高度5m左右划分检查面，板可按纵横轴线划分检查面，抽查10%，且均不少于3面	同一构件中相邻纵向受力钢筋的绑扎搭接接头宜相互错开。绑扎搭接接头中钢筋的横向净距不应小于钢筋直径，且不应小于25mm。 钢筋绑扎搭接接头连接区段的长度为$1.3l_l$（l_l为搭接长度），凡搭接接头中点位于该连接区段长度内的搭接接头均属于同一连接区段。同一连接区段内，纵向钢筋搭接接头面积百分率为该区段内有搭接接头的纵向受力钢筋截面面积与全部纵向受力钢筋截面面积的比值，如下图： 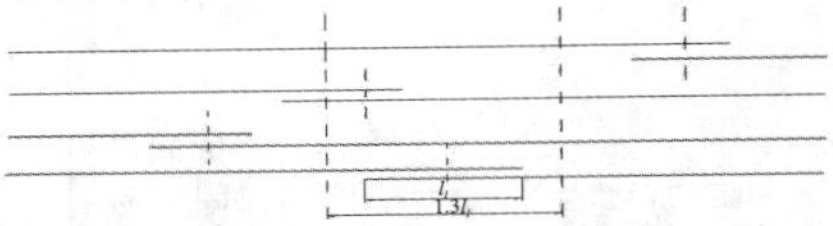 l_l　$1.3l_l$ 钢筋绑扎搭接接头连接区段及接头面积分率 注：图中所示搭接接头同一连接区段内的搭接钢筋为两根，当各钢筋直径相同时，接头面积百分率为50%。 同一连接区段内，纵向受拉钢筋搭接接头面积百分率应符合设计要求；当设计无具体要求时，应符合下列规定： ①对梁类、板类及墙类构件，不宜大于25%； ②对柱类构件，不宜大于50%； ③当工程中确有必要增大接头面积百分率时，对梁类构件，不应大于50%；对其他构件，可根据实际情况放宽	观察和钢尺检查
	5	箍筋配置	梁、柱和独立基础应抽构件的10%，且不少于3件；对墙、板应抽10%有代表性的自然间，且不少于3间；对大空间结构，墙可按相邻轴线间高度5m左右划分检查面，板可按纵横轴线划分检查面，抽查10%，且均不少于3面	在梁、柱类构件的纵向受力钢筋搭接长度范围内，应按设计要求配置箍筋，当设计无具体要求时，应符合下列规定： ①箍筋直径不应小于搭接钢筋较大直径的0.25倍； ②受拉搭接区段的箍筋间距不应大于搭接钢筋较小值的5倍，且不应大于100mm； ③受压搭接区段的箍筋间距不应大于搭接钢筋较小直径的10倍，且不应大于200mm； ④当柱中纵向受力钢筋直径大于25mm时，应在搭接接头两个端面外100mm范围内各设置两个箍筋，其间距宜为50mm	钢尺

（4）钢筋安装质量检验项目、数量和方法等要求见表 4.16。

钢筋安装质量检验项目、数量和方法　　表 4.16

<table>
<tr><th>项目类别</th><th>序号</th><th>检验内容</th><th>检验数量</th><th colspan="4">检验要求或指标</th><th>检验方法</th></tr>
<tr><td>主控项目</td><td>1</td><td>受力钢筋的品种、级别、规格和数量</td><td>全数</td><td colspan="4">钢筋安装时，受力钢筋的品种、级别、规格和数量必须符合设计要求</td><td>观察和钢尺</td></tr>
<tr><td rowspan="15">一般项目</td><td rowspan="15">1</td><td rowspan="15">钢筋安装位置偏差</td><td rowspan="15">在同一检验批内，对梁、柱和独立基础，应抽查构件数量的10%，且不少于 3 件；对墙和板，应按有代表性的自然间抽查 10%，且不少于 3 间；对大空间结构，墙可按相邻轴线间高度 5m 左右划分检查面，板可按纵横轴线划分检查面，检查 10%，且均不应少于 3 面</td><td colspan="3">项目</td><td>允许偏差（mm）</td><td></td></tr>
<tr><td rowspan="2">绑扎钢筋网</td><td colspan="2">长、宽</td><td>±10</td><td>钢尺检查</td></tr>
<tr><td colspan="2">网眼尺寸</td><td>±20</td><td>钢尺量连续三档，取最大值</td></tr>
<tr><td rowspan="2">绑扎钢筋骨架</td><td colspan="2">长</td><td>±10</td><td>钢尺检查</td></tr>
<tr><td colspan="2">宽、高</td><td>±5</td><td>钢尺检查</td></tr>
<tr><td rowspan="5">受力钢筋</td><td colspan="2">间距</td><td>±10</td><td rowspan="2">钢尺量两端、中间各一点，取最大值</td></tr>
<tr><td colspan="2">排距</td><td>±5</td></tr>
<tr><td rowspan="3">保护层厚度</td><td>基础</td><td>±10</td><td>钢尺检查</td></tr>
<tr><td>柱、梁</td><td>±5</td><td>钢尺检查</td></tr>
<tr><td>板、墙、壳</td><td>±3</td><td>钢尺检查</td></tr>
<tr><td>绑扎钢筋、横向钢筋间距</td><td colspan="2">±20</td><td>钢尺量连续三档，取最大值</td><td>绑扎钢筋、横向钢筋间距</td></tr>
<tr><td>钢筋弯起点位置</td><td colspan="2">±20</td><td>钢尺检查</td><td>钢筋弯起点位置</td></tr>
<tr><td rowspan="2">预埋件</td><td colspan="2">中心线位置</td><td>5</td><td>钢尺检查</td></tr>
<tr><td colspan="2">水平高差</td><td>±3，0</td><td>钢尺和塞尺检查</td></tr>
<tr><td colspan="5">注：①检查预埋件中心线位置时，应沿纵、横两个方向量测，并取其中的较大值；
②表中梁类、板类构件上部纵向受力钢筋保护层厚度的合格点率应达到 90% 及以上，且不得有超过表中数值 1.5 倍的尺寸偏差。</td></tr>
</table>

(5) 在浇注混凝土之前，应进行钢筋隐蔽工程验收，其检验内容见表 4.17。

钢筋隐蔽工程验收检验项目、数量和方法　　表 4.17

检查内容	检验数量	检验要求或指标	检验方法
①纵向受力钢筋的品种、规程、数量、位置等； ②钢筋的连接方式、接头位置、接头数量、接头面积百分率等； ③箍筋、横向钢筋的品种、规格、数量、间距等； ④预埋件的规格、数量、位置等	全数	同表 4.14、表 4.15 的检验要求或指标	现场检查和核验有关资料

3. 模板工程

(1) 模板安装工序的施工质量控制的项目、要求及其允许偏差指标等见表 4.18。

模板安装工序的施工质量控制的项目和控制要求或指标　　表 4.18

<table>
<tr><th>项目类别</th><th>序号</th><th>控制内容</th><th colspan="3">控制要求或指标</th></tr>
<tr><td rowspan="2">主控项目</td><td>1</td><td>模板承载力和不影响下层混凝土质量</td><td colspan="3">安装现浇结构的上层模板及其支架时，下层楼板应具有承受上层荷载的承载能力，或加设支架；上、下层支架的立柱应对准，并铺设垫板</td></tr>
<tr><td>2</td><td>模板隔离剂</td><td colspan="3">模板隔离剂应涂刷均匀，不得沾污钢筋和混凝土接槎处</td></tr>
<tr><td rowspan="15">一般项目</td><td>1</td><td>模板安装</td><td colspan="3">①模板的连接不应漏浆；在浇筑混凝土前，木模板应浇水湿润，但模板内不应有积水；
②模板与混凝土的接触面应清理干净并涂刷隔离剂，但不得采用影响结构性能或妨碍装饰工程施工的隔离剂；
③浇筑混凝土前，模板内的杂物应清理干净；
④对清水混凝土工程及装饰混凝土工程，应使用能达到设计效果的模板</td></tr>
<tr><td rowspan="14">2</td><td rowspan="14">预制构件模板安装偏差</td><td colspan="2" rowspan="2">项目</td><td>允许偏差（mm）</td></tr>
<tr><td>验收规范要求</td></tr>
<tr><td rowspan="4">长度</td><td>板、梁</td><td>±5</td></tr>
<tr><td>薄腹梁、桁架</td><td>±10</td></tr>
<tr><td>柱</td><td>0，−10</td></tr>
<tr><td>墙板</td><td>0，−5</td></tr>
<tr><td rowspan="2">宽度</td><td>板、墙板</td><td>0，−5</td></tr>
<tr><td>梁、薄腹梁、桁架、柱</td><td>+2，−5</td></tr>
<tr><td rowspan="3">高（厚）度</td><td>板</td><td>+2，−3</td></tr>
<tr><td>墙板</td><td>0，−5</td></tr>
<tr><td>梁、薄腹梁、桁架、柱</td><td>+2，−5</td></tr>
<tr><td rowspan="2">侧向弯曲</td><td>梁、板、柱</td><td>L/1000 且≤ 15</td></tr>
<tr><td>墙板、薄腹梁、桁架</td><td>L/1500 且≤ 15</td></tr>
</table>

续表

项目类别	序号	控制内容	控制要求或指标		
一般项目	2	预制构件模板安装偏差	板的表面平整度		3
			相邻两板表面高低差		1
			对角线差	板	7
				墙板	5
			翘曲	板、墙板	L/1500
			设计起拱	薄腹梁、桁架、梁	±3

注：L 为构件长度（mm）。

（2）模板拆除工序的质量控制，主要包括底模及其支架拆除时的混凝土强度应满足设计要求，后浇带模板和后张法预应力混凝土结构构件楼板应满足施工技术方案要求等。

4. 混凝土工程

混凝土分项工程的施工工序质量检验，应包括水泥、混凝土中掺用外加剂、粉煤灰，普通混凝土所用的的粗、细骨料和拌合用水等原材料，配合比设计，混凝土施工等工序的质量检验。

（1）混凝土所用原材料的检验是保证浇筑混凝土强度、性能等满足设计和验收要求的重要环节，其主要检验项目、数量、方法和要求见表 4.2。

（2）混凝土配合比设计质量检验项目、数量、方法和要求见表 4.19。

混凝土配合比设计质量检验项目、数量、方法　　　　**表 4.19**

项目类别	序号	检验内容	检验数量	检验要求或指标	检验方法
主控项目		配合比设计	每一工程检查一次	混凝土应按国家现行标准《普通混凝土配合比设计规程》JGJ 55 的有关规定，根据混凝土强度等级、耐久性和工作性等要求进行配合比设计。对有特殊要求的混凝土，其配合比设计尚应符合国家现行有关标准的专门规定	检查配合比设计资料
一般项目	1	开盘鉴定	至少留置一组标准养护试件	首次使用的混凝土配合比应进行开盘鉴定，其工作性应满足设计配合比的要求。开始生产时应至少留置一组标准养护试件，作为验证配合比的依据	检查开盘鉴定资料和试件强度试验报告
	2	测定砂、石含水率	每工作班检查一次	混凝土拌制前，应测定砂、石含水率并根据测试结果调整材料用量，提出施工配合比	检查含水率测试结果和施工配合比通知单

（3）混凝土施工工序质量检验项目、数量、方法和要求等见表 4.20。

混凝土施工质量检验项目、数量和方法 表 4.20

项目类别	序号	检验内容	检验数量	检验要求或指标	检验方法
主控项目	1	混凝土强度等级	取样与试件留置应符合下列规定： ①每拌制 50 盘（不足 50 盘，按 50 盘计）的同配合比的混凝土，取样不得少于一次； ②每次取样应至少留置一组标准养护试件；同条件养护试件的留置组数应根据混凝土工程量及其重要性确定，且不应少于 3 组	结构混凝土的强度等级必须符合设计要求。用于检查结构构件混凝土强度的试件，应在混凝土的浇筑地点随机抽取	检查施工记录及试件强度试验报告
	2	抗渗混凝土试件	同一工程、同一配合比的混凝土，取样不应少于一次，留置组数可根据实际需要确定	对有抗渗要求的混凝土结构，其混凝土试件应在浇筑地点随机取样	检查试件抗渗试验报告
	3	原材料每盘称重偏差	每工作班抽查不应少于一次	原材料每盘称量的允许偏差 材料名称：允许偏差 水泥、掺合料：±2% 粗、细骨料：±3% 水、外加剂：±2% 注：a. 各种衡器应定期校验，每次使用前应进行零点校核，保持计量准确；b. 当遇雨天或含水率有显著变化时，应增加含水率检测次数，并及时调整水和骨料含量	复称
	4	混凝土运输、浇筑及间歇	全数	①混凝土运输、浇筑及间歇的全部时间不应超过混凝土的初凝时间。同一施工段的混凝土应连续浇筑，并应在底层混凝土初凝前将上一层混凝土浇筑完毕； ②当底层混凝土初凝后浇筑上一层混凝土时，应按施工技术方案中对施工缝的要求进行处理	观察、检查施工记录
一般项目	1	施工缝	全数	施工缝的位置应在混凝土浇筑前按设计要求和施工技术方案确定。施工缝的处理应按施工技术方案执行	观察、检查施工记录
	2	后浇带	全数	后浇带的留置位置应按设计要求和施工技术方案确定。后浇带混凝土上浇筑应按施工技术方案执行	观察、检查施工记录
	3	养护措施	全数	混凝土浇筑完毕后，应按施工技术方案及时采取有效的养护措施，并应符合下列规定： ①应在浇筑完毕后的 12h 以内对混凝土加以覆盖并保湿养护；	观察、检查施工记录

续表

项目类别	序号	检验内容	检验数量	检验要求或指标	检验方法
一般项目	3	养护措施	全数	②混凝土浇水养护的时间：对采用硅酸盐水泥，普通硅酸盐水泥或矿渣硅酸盐水泥拌制的混凝土，不得少于7d；对掺用缓凝型外加剂或有抗渗要求的混凝土，不得少于14d； ③浇水次数应能保持混凝土处于湿润状态；混凝土养护用水应与拌制用水相同； ④采用塑料布覆盖养护的混凝土，其敞露的全部表面应覆盖严密，并应保持塑料布内有凝结水； ⑤混凝土强度达到1.2N/mm^{2}前，不得在其上踩踏或安装模板及支架。 注：a. 当日平均气温低于5℃时，不得浇水；b. 当采用其他品种水泥时，混凝土的养护时间应根据所采用水泥的技术性能确定；c. 混凝土表面不便浇水或使用塑料布时，宜涂刷养护剂；养护剂性能和质量应符合现行行业标准《水泥混凝土养护剂》JC/T 901的要求	观察、检查施工记录

4.3.2　施工质量检验

现浇结构分项工程的质量检验应包括外观质量和构件尺寸偏差等，如图 4.6 所示。

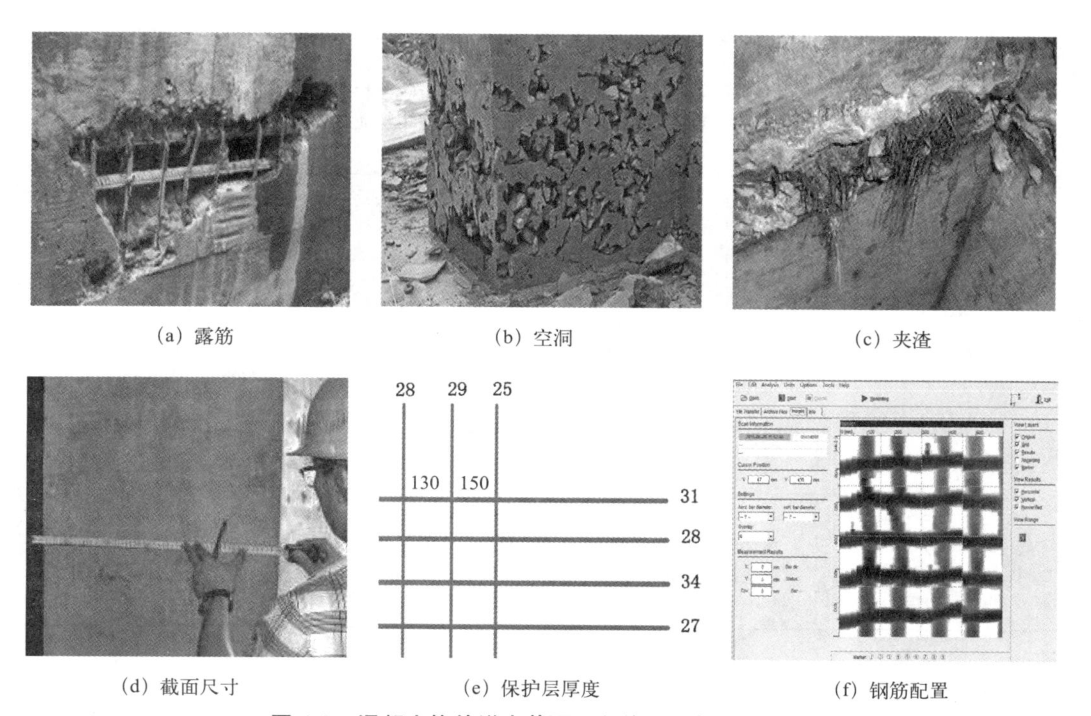

（a）露筋　（b）空洞　（c）夹渣

（d）截面尺寸　（e）保护层厚度　（f）钢筋配置

图 4.6　混凝土构件增大截面工程施工一般工艺流程

(1) 现浇结构外观质量检验项目、数量、方法和要求见表4.21。

现浇结构质量检验项目、数量和方法　　表4.21

<table>
<tr><th>项目类别</th><th>检验内容</th><th>检验数量</th><th colspan="4">检验要求及指标</th><th>检验方法</th></tr>
<tr><td rowspan="11">主控项目</td><td rowspan="11">浇筑质量缺陷</td><td rowspan="11">全数检查</td><td colspan="4">现浇结构的外观质量不应有严重缺陷；对已经出现的严重缺陷，应由施工单位提出技术处理方案，并经监理（建设）单位认可后进行处理。对经处理的部位，应重新检查验收。现浇结构质量缺陷如下：</td><td rowspan="11">观察、测量或超声法检测，并检查技术处理方案和返修记录</td></tr>
<tr><td>名称</td><td>现象</td><td>严重缺陷</td><td>基本缺陷</td></tr>
<tr><td>露筋</td><td>构件内钢筋未被混凝土包裹而外露</td><td>纵向受力钢筋有露筋</td><td>其他钢筋有少量露筋</td></tr>
<tr><td>蜂窝</td><td>混凝土表面缺少水泥砂浆面，形成石子外露</td><td>构件主要受力部位有蜂窝</td><td>其他部位有少量蜂窝</td></tr>
<tr><td>孔洞</td><td>混凝土中孔穴深度和长度均超过保护层厚度</td><td>构件主要受力部位有孔洞</td><td>其他部位有少量孔洞</td></tr>
<tr><td>夹渣</td><td>混凝土中夹有杂物且深度超过保护层厚度</td><td>构件主要受力部位有夹渣</td><td>其他部位有少量夹渣</td></tr>
<tr><td>内部疏松或分离</td><td>混凝土中局部不密实或新旧混凝土之间分离</td><td>构件主要受力部位有疏松</td><td>其他部位有少量疏松</td></tr>
<tr><td>裂缝</td><td>缝隙从混凝土表面延伸至混凝土内部</td><td>构件主要受力部位有影响结构性能或使用功能的裂缝</td><td>其他部位有少量不影响结构性能或使用功能的裂缝</td></tr>
<tr><td>连接部位缺陷</td><td>构件连接处混凝土缺陷及连接钢筋、连接件、后锚固件松动</td><td>连接部位松动或有影响结构传力性能的缺陷</td><td>连接部位有尚不影响结构传力性能的缺陷</td></tr>
<tr><td>外形缺陷</td><td>缺棱掉角、棱角不直、翘曲不平、飞边凸肋等</td><td>清水混凝土构件有影响使用功能或装饰效果的外形缺陷</td><td>其他混凝土的构件有不影响使用功能的外形缺陷</td></tr>
<tr><td>表面缺陷</td><td>构件表面掉皮起砂</td><td>用刮板检查，其深度大于5mm</td><td>仅有深度不大于5mm的局部凹陷</td></tr>
<tr><td>一般项目</td><td>外观质量</td><td>全数检查</td><td colspan="4">现浇结构的外观质量不宜有一般缺陷，对已经出现的一般缺陷，应由施工单位按技术处理方案进行处理，并重新检查验收</td><td>观察、检查技术处理方案</td></tr>
</table>

(2) 结构构件尺寸偏差检验项目、数量、方法和要求见表4.22。

结构构件尺寸偏差检验项目、数量、方法　　表 4.22

项目类别	检验内容	检验数量	检验要求及指标				检验方法
一般项目	尺寸偏差	按楼层、结构缝或施工段划分检验批。在同一检验批内，对梁、柱和独立基础，应抽查构件数量的 10%，且不少于 3 件；对墙和板，应按有代表性的自然间抽查 10%，且不少于 3 间；对大空间结构，墙可按相邻轴线间高度 5m 左右划分检查面，板可按纵、横轴线划分检查面，抽查 10%，且均不少于 3 面；对电梯井，应全数检查。对设备基础，应全数检查	现浇结构尺寸允许偏差的要求				—
			项目			允许偏差	—
			轴线位置	基础		15	经纬仪或吊线、钢尺检查
				独立基础		10	
				墙、柱、梁		8	
				剪力墙		5	
			垂直度	层高	≤ 5m	8	经纬仪或吊线、钢尺检查
					大于 5m	10	经纬仪或吊线、钢尺检查
				全高（H）		H/1000 且 ≤ 30	经纬仪、钢尺检查
			标高	层高		±10	水准仪或拉线、钢尺检查
				全高		±30	
			截面尺寸			+8，–5	钢尺检查
			电梯井	井筒长、宽对定位中心线		+25，0	钢尺检查
				井筒全高（H）垂直度		H/1000 且 ≤ 30	经纬仪、钢尺检查
			表面平整度			8	2m 靠尺和塞尺检查
			预埋设施中心线位置	预埋杆		10	钢尺检查
				预埋螺栓		5	
				预埋管		5	
			预留孔洞中心线位置			15	钢尺检查
			注：检查轴线、中心线位置时，应沿纵、横两个方向量测，并取其中的较大值。				—
			混凝土设备基础尺寸允许偏差				—
			项目			允许偏差（mm）	
			坐标位置			20	钢尺检查
			不同平面标高			0，–20	水准仪或拉线、钢尺检查

续表

<table>
<tr><th>项目类别</th><th>检验内容</th><th>检验数量</th><th colspan="3">检验要求及指标</th><th>检验方法</th></tr>
<tr><td rowspan="17">一般项目</td><td rowspan="17">尺寸偏差</td><td rowspan="17"></td><td colspan="2">平面外形尺寸</td><td>±20</td><td>钢尺检查</td></tr>
<tr><td colspan="2">凸台上平面外形尺寸</td><td>0，-20</td><td>钢尺检查</td></tr>
<tr><td colspan="2">凹穴尺寸</td><td>±20，0</td><td>钢尺检查</td></tr>
<tr><td rowspan="2">平面水平度</td><td>每米</td><td>5</td><td>水平尺、塞尺检查</td></tr>
<tr><td>全长</td><td>10</td><td>水准仪或拉线、钢尺检查</td></tr>
<tr><td rowspan="2">垂直度</td><td>每米</td><td>5</td><td rowspan="2">经纬仪或吊线、钢尺检查</td></tr>
<tr><td>全长</td><td>10</td></tr>
<tr><td rowspan="5">预埋地脚螺栓孔</td><td>标高（顶部）</td><td>+20，0</td><td>水准仪或拉线</td></tr>
<tr><td>中心距</td><td>±2</td><td>钢尺检查</td></tr>
<tr><td>中心线位置</td><td>10</td><td>钢尺检查</td></tr>
<tr><td>深度</td><td>+20，0</td><td>钢尺检查</td></tr>
<tr><td>孔垂直度</td><td>10</td><td>吊线、钢尺检查</td></tr>
<tr><td rowspan="5">预埋活动地脚螺栓</td><td>标高</td><td>±20，0</td><td>钢尺检查</td></tr>
<tr><td>中心线位置</td><td>5</td><td>水准仪或拉线、钢尺检查</td></tr>
<tr><td>带槽锚板平整度</td><td>5</td><td>钢尺、塞尺检查</td></tr>
<tr><td>带螺纹孔锚板平整度</td><td>2</td><td>钢尺、塞尺检查</td></tr>
<tr><td colspan="3">注：检查轴线、中心线位置时，应沿纵、横两个方向量测，并取其中的较大值。</td></tr>
</table>

（3）新旧混凝土结合面质量偏差检验项目、数量、方法和要求见表4.23。

新旧混凝土结合面质量偏差检验项目、数量、方法　　表4.23

<table>
<tr><th>项目类别</th><th>序号</th><th>检验内容</th><th>检验数量</th><th>检验要求或指标</th><th>检验方法</th></tr>
<tr><td rowspan="2">主控项目</td><td>1</td><td>粘结质量</td><td>每一界面，每隔100～300mm布置一个测点</td><td>新旧混凝土结合面粘结质量应良好，锤击或超声波检测判定为结合不良的测点数不应超过总点数的10%，且不应集中出现在主要受力部位</td><td>锤击或超声检测</td></tr>
<tr><td>2</td><td>粘结强度</td><td>《建筑结构加固工程施工质量验收规范》GB 50550附录U规定的抽样方案</td><td>当设计对使用结构界面胶（剂）的新旧混凝土粘结强度有复验要求时，应在新增混凝土28d抗压强度达到设计要求的当日，进行新旧混凝土正拉强度（f_t）的见证抽样检验。检验结果应符合 $f_t \geqslant 1.5$MPa，且应为正常破坏</td><td>《建筑结构加固工程施工质量验收规范》GB 50550附录U规定的方法</td></tr>
</table>

（4）新增构件钢筋的混凝土保护层厚度的质量检测项目、数量、方法和要求见表 4.24。

新增构件钢筋的混凝土保护层厚度质量偏差检验项目、数量、方法 表 4.24

项目类别	序号	检验内容	检验数量	检验要求或指标	检验方法
主控项目	1	梁类构件混凝土保护层	为工程中有关构件总数的 2% 且不少于 5 件。当有悬挑构件时，抽取的构件中悬挑梁类构件所占比例不宜少于 50%	在钢筋分项工程中，钢筋保护层厚度的允许偏差为梁 ±5mm。考虑施工扰动的影响，有了扩大且偏向正偏差。在实体检验时对梁为 +10、−7mm。允许偏差数值的确定取决于对结构受力性能的影响和现实施工技术水平；以检查的合格点率作为验收指标，梁类构件的钢筋保护层厚度检查合格点率达到 90% 及以上时为合格。由于该项目的重要性，比其他一般计数检验项目的 8% 合格点率要求提高了。此外，对于超差值也有限制，当有检查点最大偏差大于允许偏差值的 1.5 倍时，该类构件仍不能通过验收。为防止抽样偶然性带来的错判，减少生产方的风险，规定当合格点率不足 90% 但大于 80% 时，可再抽取相同数量的试件检查，以两次抽检的总合格点率重新进行合格与否的判断	对梁类构件，《混凝土结构设计规范》GB 50010 要求检查最外层钢筋的保护层厚度，如按照《混凝土结构工程施工质量验收规范》GB 50204 检查全部纵向受力钢筋的保护层厚度时，其设计要求的钢筋保护层厚度应加上箍筋的直径
	2	板类构件混凝土保护层	为工程中有关构件总数的 2% 且不少于 5 件。当有悬挑构件时，抽取的构件中悬挑板类构件所占比例不宜少于 50%	在钢筋分项工程中，钢筋保护层厚度的允许偏差为板 ±3mm。考虑施工扰动的影响，有了扩大且偏向正偏差。在实体检验时对板为 +8，−5mm。允许偏差数值的确定取决于对结构受力性能的影响和现实施工技术水平；以检查的合格点率作为验收指标，板类构件的钢筋保护层厚度检查合格点率分别达到 90% 及以上时为合格。由于该项目的重要性，比其他一般计数检验项目的 8% 合格点率要求提高了。此外，对于超差值也有限制，当有检查点最大偏差大于允许偏差值的 1.5 倍时，该类构件仍不能通过验收。为防止抽样偶然性带来的错判，减少生产方的风险，规定当合格点率不足 90% 但大于 80% 时，可再抽取相同数量的试件检查，以两次抽检的总合格点率重新进行合格与否的判断	对板类构件，抽取不少于 6 根纵向受力钢筋检查。可以采用钢筋保护层厚度测定仪检查，也可以采用剔凿后直接量测的局部破损方法检查；最好是以仪器作普查手段而配合局部破损的方法进行校准，以提高精度。剔凿可在混凝土初凝成型而尚未形成强度以前进行，比较方便，也可用电钻钻透保护层混凝土到达钢筋表面后量测孔深而得。量测精度要求为 1mm
	3	增大截面法的梁类构件新增钢筋保护层厚度	应符合《混凝土结构工程施工质量验收规范》GB 50204 的规定	应符合《混凝土结构工程施工质量验收规范》GB 50204 的规定；对梁类构件保护层允许偏差为 + 10mm，−3mm	应符合《混凝土结构工程施工质量验收规范》GB 50204 的规定
	4	增大截面法的板类构件新增钢筋保护层厚度	应符合《混凝土结构工程施工质量验收规范》GB 50204 的规定	应符合《混凝土结构工程施工质量验收规范》GB 50204 的规定；对板类构件保护层允许偏差为 8mm 正偏差，无负偏差	应符合《混凝土结构工程施工质量验收规范》GB 50204 的规定

续表

项目类别	序号	检验内容	检验数量	检验要求或指标	检验方法
主控项目	5	增大截面法的墙柱类构件新增钢筋保护层厚度	应符合《混凝土结构工程施工质量验收规范》GB 50204的规定	应符合《混凝土结构工程施工质量验收规范》GB 50204 的规定；对墙柱类构件保护层允许偏差为底层允许有 10mm 正偏差，无负偏差；其他楼层按梁类构件的要求执行	应符合《混凝土结构工程施工质量验收规范》GB 50204 的规定

4.4 竣工验收检测

竣工验收是旧工业建筑再生利用过程中的一个重要程序，是再生利用成果转化为实体功能的标志。竣工验收质量控制好坏直接关系到国民经济生命财产安全，因此，对于旧工业建筑再生利用加固改造工程竣工验收的检测应严格按照标准执行。

4.4.1 工程质量验收的合格标准

《建筑结构加固工程施工质量验收规范》GB 50550 和相应的专业施工质量验收规范中给出了检验批、分项工程和分部工程及单位工程质量验收的项目、方法、程序和组织。而基础的验收是检验批的验收。建筑工程质量验收的合格标准，包括检验批、分项工程、分部（子分部）工程和单位工程的验收合格标准，其分别为：

1. 检验批质量合格标准

结构加固改造分项工程中的检验批是工程项目划分的最小单元，由施工过程中条件相同的工程项目，或由一定数量的材料、产品、制作安装等多项内容组成。检验批作为分项工程质量检验的基本单元，是分项工程乃至整个加固改造工程质量验收的基础。检验批质量合格标准应符合下列规定：

（1）主控项目的质量经抽样检验合格

1）主控项目验收内容：①建筑材料、构配件及建筑设备的技术性能与进场复检要求，如水泥、钢材的质量，预制楼板、墙板、门窗等构配件的质量，风机等设备的质量等。②涉及结构安全、使用功能的检测项目，如混凝土、砂浆的强度，钢结构的焊缝强度，管道的压力试验，风管的系统测定与调整，电气的绝缘、接地测试，电梯的安全保护试运转结果等。③一些重要的允许偏差项目，必须控制在允许偏差限值之内。

2）主控项目验收要求：主控项目是保证安全和使用功能的重要检验项目，是对安全、卫生、环境保护和公众利益起决定性作用的检测项目，是确定该检验批主要性能的。主控项目中所有子项必须全部符合各专业验收规范规定的质量指标，方能判定该主控项目

质量合格。反之，只要其中某一子项或某一抽查样本的检查结果不合格时，即判定该主控项目质量不合格。主控项目是对检验批的基本质量起决定性影响的检验项目，因此必须全部符合有关专业工程的验收规范的规定。

（2）一般项目的质量经抽样检验合格

1）一般项目验收内容。一般项目是指除主控项目以外，对检验批质量有影响的检验项目。当其中缺陷（指超过规定质量指标的缺陷）的数量超过规定的比例，或样本的缺陷程度超过规定的限度后，对检验批质量会产生影响，包括的主要内容有：①允许有一定偏差的项目，即在一般项目中，用数据规定的标准，可以有允许偏差范围，并有不到20% 的检查点可以超过允许偏差值，但也不能超过允许值的 150%。②对不能确定偏差值而又允许出现一定缺陷的项目，则以缺陷的数量来区分。③其他一些无法定量而采用定性检验的项目，如碎拼大理石地面颜色协调，无明显裂缝和坑洼等。

2）一般项目验收要求。一般项目是指应该达到检验要求的项目，少数规范条文中不影响工程安全和使用功能的项目可适当放宽一些。一般项目的合格判定条件：抽查样本的 80% 及以上，个别项目为 90% 以上，如《混凝土结构工程施工质量验收规范》GB 50204 中梁、板构件上部纵向受力钢筋保护层厚度等符合各专业验收规范的质量指标，其余样本的缺陷通常不超过规定允许偏差值的 1.5 倍（个别规范规定为 1.2 倍，如《钢结构工程施工质量验收规范》GB 50205 等）。具体应根据各专业验收规范的规定执行。检验批的合格质量主要取决于对主控项目和一般项目的检验结果。

只有上述两项均符合要求，该检验批质量方能判定合格。若其中一项不符合要求，则该检验批质量不得判定为合格。

（3）具有完整的施工操作依据和质量检查记录及质量证明文件

检验批合格质量的要求，除主控项目和一般项目的质量经抽样检验符合要求外，其施工操作依据的技术标准尚应符合设计文件、验收规范的要求，采用企业标准的不能低于国家、行业标准。质量控制资料反映了检验批从原材料到最终验收的各施工工序的操作依据、检查情况以及保证质量所必需的管理制度等。对其完整性的检查，实际上是对过程控制的确认，这是检验批合格的前提。

有关质量检查的内容、数据、评定，由加固改造施工单位项目专业质量检查员填写，检验批验收记录及结论由监理单位监理工程师填写完整。根据《建筑工程施工质量验收统一标准》GB 50300 的规定，检验批质量验收记录应按表 4.25 的格式填写。

2. 分项工程质量合格标准

（1）分项工程质量合格要求

分项工程的质量验收，应在其所含检验批均验收合格的基础上，按《建筑结构加固工程施工质量验收规范》GB 50550 规定的检验项目，对各检验批中每项质量验收记录及其合格证明文件进行检查。

检验批质量验收记录 表 4.25

工程名称			分项工程名称		验收部位	
施工单位			专业工长		项目经理	
分包单位			分包项目经理		施工班组长	
批号及数量					见证取样人员	
执行标准名称及编号						
检查项目		质量验收规范的规定（条文号）	施工单位自查评定记录		监理（建设）单位验收记录	
主控项目	1					
	2					
	3					
	4					
	5					
	6					
	7					
	8					
	9					
一般项目	1					
	2					
	3					
	4					
	5					
施工单位检查结果评定		项目专业质量检查员：				年 月 日
监理（建设）单位验收结论		监理工程师（建设单位项目专业技术负责人）：				年 月 日

分项工程质量验收合格应符合下列规定：

1）分项工程所含的各检验批，其质量均符合《建筑结构加固工程施工质量验收规范》GB 50550 的合格质量的规定。

2）分项工程所含的各检验批，其质量验收记录和有关证明文件完整。

分项工程的验收在检验批的基础上进行，一般情况下，两者具有相同或相近的性质，只是批量的大小不同而已。因此，将有关的检验批汇集构成分项工程。分项工程质量合格的条件比较简单，只要构成分项工程的各检验批的验收资料文件完整，并且均已验收合格，则分项工程验收合格。

（2）分项工程质量验收要求

分项工程是由所含性质、内容一样的检验批汇集而成，是在检验批的基础上进行验收的，实际上分项工程质量验收是一个汇总统计的过程，并无新的内容和要求。因此，在分项工程质量验收时应注意：

1）核对检验批的部位、区段是否全部覆盖分项工程的范围，避免存在缺漏的部位；

2）一些在检验批中无法检验的项目，在分项工程中直接验收。如砖砌体工程中的全高垂直度、砂浆强度的评定等；

3）检验批验收记录的内容及签字人是否正确、齐全。

（3）分项工程质量验收记录

根据《建筑工程施工质量验收统一标准》GB 50300 的要求，分项工程质量应由监理工程师（建设单位项目专业技术负责人）组织项目专业技术负责人等进行验收，并按表 4.26 记录。

分项工程质量验收记录　　　　**表 4.26**

<table>
<tr><td colspan="2">工程名称</td><td></td><td>结构类型</td><td></td><td>检验批数</td><td></td></tr>
<tr><td colspan="2">施工单位</td><td></td><td>项目经理</td><td></td><td>项目技术负责人</td><td></td></tr>
<tr><td colspan="2">分包单位</td><td></td><td>分包单位负责人</td><td></td><td>分包项目经理</td><td></td></tr>
<tr><td>序号</td><td colspan="2">检验批部位、区段</td><td>施工单位检查
评定结果</td><td colspan="3">监理（建设）单位验收结论</td></tr>
<tr><td>1</td><td colspan="2"></td><td></td><td colspan="3"></td></tr>
<tr><td>2</td><td colspan="2"></td><td></td><td colspan="3"></td></tr>
<tr><td>3</td><td colspan="2"></td><td></td><td colspan="3"></td></tr>
<tr><td>4</td><td colspan="2"></td><td></td><td colspan="3"></td></tr>
<tr><td>5</td><td colspan="2"></td><td></td><td colspan="3"></td></tr>
<tr><td colspan="2">检
查
结
论</td><td colspan="2">项目专业
技术负责人：
年　月　日</td><td>验
收
结
论</td><td colspan="2">监理工程师：
（建设单位项目专业技术负责人）
年　月　日</td></tr>
</table>

3. 分部（子分部）工程质量合格标准

分部工程的验收在其所含各分项工程验收的基础上进行。首先，分部工程的各分项工程必须已验收合格且相应的质量控制资料文件必须完善，这是验收的基本条件。此外，由于各分项工程的性质不尽相同，因此作为分部工程不能简单地组合而加以验收，尚须增加以下两类检查项目：①涉及安全和使用功能的地基基础、主体结构、有关安全及重要使用功能的安装分部工程应进行有关见证取样、送样试验或抽样检测；②关于观感质量验收，这类检查往往难以定量，只能以观察、触摸或简单量测的方式进行，并由个人的主观印象判断，对于“差”的检查点通过返修处理等补救。

（1）分部（子分部）工程所含分项工程的质量均应验收合格。在工程实际验收中，这项内容也是一项统计工作，在做这项工作时应注意以下三点：

1）要求分部（子分部）工程所含各分项工程施工均已完成，核查每个分项工程验收是否正确。

2）注意核查所含分项工程归纳整理有无漏缺，各分项工程划分是否正确，有无分项工程没有进行验收。

3）注意检查各分项工程是否均按规定通过了质量验收，分项工程的资料是否完整，每个验收资料的内容是否有缺漏项，填写是否正确，分项验收人员的签字是否齐全等。

（2）质量控制资料应完整。质量控制资料完整是工程质量合格的重要条件，在分部工程质量验收时，应根据各专业工程质量验收规范的规定，对质量控制资料进行系统检查，着重检查资料的齐全、项目的完整、内容的准确和签署的规范。质量控制资料检查实际也是统计、归纳工作，主要包括三个方面资料：

1）核查和归纳各检验批的验收记录资料，查对其是否完整。有些龄期要求较长的检测资料，在分项工程验收时，尚不能及时提供，应在分部（子分部）工程验收时进行补查。

2）检验批验收时，要求检验批资料准确完整后，方能对其开展验收。对在施工中质量不符合要求的检验批、分项工程应按有关规定进行处理后的资料归档审核。

3）注意核对各种资料的内容、数据及验收人员签字的规范性。对于建筑材料的复验范围，各专业验收规范都作了具体规定，检验时按产品标准规定的组批规则、抽样数量、检验项目进行，但应注意部分规范的不同要求。

（3）地基与基础、主体结构和设备安装等涉及安全的见证检验项目，其抽检结果应符合《建筑结构加固工程施工质量验收规范》GB 50550 合格质量标准的要求。有关对涉及结构安全及使用功能检验（检测）的要求，应按设计文件及各专业工程质量验收规范中所作的具体规定执行。检测项目在各专业质量验收规范中已有明确规定，在验收时应注意以下三个方面的工作：

1）检查各规范中规定的检测项目是否都进行了测试，不能进行测试的项目应该说明原因。

2）查阅各项检验报告（记录），核查有关抽样方案、测试内容、检测结果等是否符合有关标准规定。

3）核查有关检测机构的资质、取样与送样见证人员资格、报告出具单位责任人的签署情况是否符合要求。

(4)观感质量验收应符合要求。观感质量验收是指在分部工程所含的分项工程完成后，在前三项检查的基础上，对已完工部分工程的质量，采用目测、触摸和简单量测等方法，所进行的一种宏观检查方式。分部（子分部）工程观感质量评价是验收规范新增内容，原因在于：其一，现在的工程体积越来越大、越来越复杂，待单位工程全部完工后再检查，会使得出现的问题无法返修；其二，若竣工后全部检查，会因工程专业多，检查人员不能发现各专业工程中的全部问题，并因项目结束后人员撤离，使得出现的问题返修难度加大。

分部（子分部）工程观感质量验收，其检查的内容和质量指标已包含在各个分项工程内，对分部工程进行观感质量检查和验收，并不增加新的项目，仅是用一种更直观、便捷、快速的方法，对工程质量从外观上作一次重复的、扩大的、全面的检查，这是由建筑施工的特点所决定的。在进行质量检查时，应对工程现场进行全面检查。

对分部（子分部）工程进行观感质量检查，有以下三方面作用：

1）尽管分部（子分部）工程所包含的分项工程均经过检查与验收，但随着时间的推移、气候的变化、荷载的递增等，可能会出现质量变异情况，如材料收缩、结构裂缝、建筑物的渗漏、变形等，经过观感质量的检查后，能及时发现上述缺陷并进行处理，确保结构的安全和建筑的使用功能。

2）弥补受抽样方案局限造成的检查数量不足和后续施工部位（如施工洞、井架洞、脚手架洞等）未检查到的缺陷，扩大了检查面。

3）通过对专业分包工程的质量验收和评价，分清了质量责任，可减少质量纠纷，既促进了专业分包队伍技术素质的提高，又增强了后续施工对产品的保护意识。

观感质量验收并不给出“合格”或“不合格”的结论，而是给出“好”、“一般”或“差”的总体评价。所谓“一般”是指经观感质量检验能符合验收规范的要求；所谓“好”是指在质量符合验收规范的基础上，能达到精致、流畅、匀净的要求，精度控制得好；所谓“差”是指勉强达到验收规范的要求，但质量不够稳定，离散性较大，给人以粗疏的印象。观感质量验收中若发现有影响安全、功能的缺陷，有超过偏差限值或明显影响观感效果的缺陷，不能评价，应处理后再进行验收。评价时，施工企业应先自行检查合格后，由监理单位来验收。参加评价的人员应具有相应的资格，由总监理工程师组织，不少于三位监理工程师来检查，在听取其他参加人员的意见后共同作出评价，但总监理工程师的意见应为主导意见。在作评价时，可分项目逐点评价，也可按项目进行综合评价，最后对分部（子分部）作出评价。

4. 单位（子单位）工程质量合格标准

参与建设的各方责任主体和有关单位及人员，应该认真做好单位（子单位）工程质量的竣工验收，把好工程质量关。

单位（子单位）工程质量验收，总体上讲是一个统计性的审核和综合性的评价，是通过核查分部（子分部）工程验收质量控制资料和有关安全、功能检测资料，进行主要功能项目的复核及抽测，以及总体工程观感质量的现场实物质量验收。

单位（子单位）工程质量验收是“统一标准”的主要内容之一，是工程质量验收的最后一道把关，是对工程质量的一次总体综合评价。这部分内容只存在于“统一标准”中，其他专业质量验收规范中并未涉及。所以，标准规定为强制性条文，列为工程质量管理的一道重要程序。

为加深理解单位工程的合格条件，分别叙述如下：

(1) 单位（子单位）工程所含分部（子分部）工程的质量均应验收合格。

单位（子单位）工程所含分部（子分部）工程的质量均应验收合格，总承包单位应事前进行认真准备，将所有分部（子分部）工程质量验收的记录表，及时进行收集整理，并列出目次表，依序将其装订成册。在核查及整理过程中，应注意以下三点：

1）核查各分部工程中所含的子分部工程是否齐全。

2）核查各分部（子分部）工程质量验收记录表的质量评价是否完善，有分部（子分部）工程质量的综合评价，有质量控制资料的评价，地基与基础、主体结构和设备安装分部（子分部）工程规定的有关安全及功能的检测和抽测项目的检测记录，以及分部（子分部）观感质量的评价等。

3）核查分部（子分部）工程质量验收记录表的验收人员是否具有相应资质，并进行了评价和签证。

(2) 质量控制资料应完整。

质量控制资料完整是指所收集到的资料，能反映工程所采用的建筑材料、构配件和建筑设备的质量技术性能、施工质量控制和技术管理状况，涉及结构安全和使用功能的施工试验和抽样检测结果，及建设参与各方参加质量验收的原始依据、客观记录、真实数据和执行见证等资料，能确保工程结构安全和使用功能，满足设计要求。它是客观评价工程质量的主要依据，是印证各方各级质量责任的证明。

尽管质量控制资料在分部工程质量验收时已经检查过，但某些资料由于受试验龄期的影响，或因系统测试的需要等，难以在分部验收时到位。单位工程验收时，对所有分部工程资料的系统性和完整性进行一次全面的核查，与分部工程验收时相比，本次核查是在全面梳理的基础上，重点检查是否需要拾遗补缺，从而达到完整无缺的要求。

单位（子单位）工程质量控制资料核查的项目应按表 4.27 的要求填写核查记录。

单位（子单位）工程质量控制资料的检查应在施工单位自查的基础上进行，监理单位应填上核查意见，总监理工程师应给出质量控制资料“完整”或“不完整”的结论。

单位（子单位）工程质量控制资料核查记录　　表 4.27

工程名称			施工单位		
序号	项目	资料名称	份数	核查意见	核查人
1	建筑与结构	图纸会审、设计变更、洽商记录			
2		工程定位测量、放线记录			
3		原材料出厂合格证书及进场检（试）验报告			
4		施工试验报告及见证检测报告			
5		隐蔽工程验收记录			
6		施工记录			
7		预制构件、预拌混凝土合格证			
8		地基基础、主体结构检验及抽样检测资料			
9		分项、分部工程质量验收记录			
10		工程质量事故及事故调查处理资料			
11		新材料、新工艺施工记录			
12					

（3）单位（子单位）工程所含分部工程有关安全和功能的检测资料应完整。

本项检查是在对所有涉及单位工程验收的全部质量控制资料进行普查的基础上，对其中涉及结构安全和建筑功能的检测资料所作的一次重点抽查，凸现了新的验收规范对涉及结构安全和使用功能方面的强化作用。这些检测资料直接反映了建（构）筑物的技术性能，与其他规定的试验、检测资料共同构成建筑产品的一份“型式”检验报告。检查的内容按表 4.28 的要求进行。在单位工程验收时对检测资料进行核查，并不是简单的重复检查，而是对原有检测资料所作的一次延续性的补充、修正和完善，是整个“型式”检验的一个组成部分。

单位（子单位）工程安全和功能检测资料核查表应由施工单位填写，总监理工程师应逐一进行核查，尤其对检测的依据、结论、方法和签署情况应认真审核，并在表上填写核查意见，给出“完整”或“不完整”的结论。

（4）主要功能项目的抽查结果应符合相关专业质量验收规范的规定。

主要功能抽查的目的是综合检验工程质量是否保证工程质量的功能，满足使用要求。这项抽查检测多数还是复查性的和验证性的。

主要功能抽查项目已在各分部、子分部工程中列出，有的是在分部、子分部工程完成后进行检测，有的需等相关分部、子分部工程完成后试验检测，有的需等单位工程全

单位（子单位）工程安全和功能检验资料核查及主要功能抽查记录 表 4.28

工程名称			施工单位			
序号	项目	安全和功能检查项目	份数	检查意见	抽查结果	核查（抽查）人
1	建筑与结构	屋面淋水试验记录				
2		地下室防水效果检查记录				
3		有防水要求的地面蓄水试验记录				
4		建筑物垂直度、标高、全高测量记录				
5		抽气（风）道检查记录				
6		幕墙及外窗气密性、水密性、耐风压检测报告				
7		建筑物沉降观测测量记录				
8		节能、保温测试记录				
9		室内环境检测报告				
10						

部完成后进行检测。这些检测项目应在单位工程完工、施工单位向建设单位提交工程验收报告之前，全部进行完毕，并将检测报告写好。建设单位组织单位工程验收时的抽查项目，可由验收委员会（验收组）来确定。

功能抽查的项目应不超出表 4.28 规定的范围，合同另有约定的不受其限制。

主要功能抽查完成后，总监理工程师应在表 4.28 上填写抽查意见，并给出“符合”或“不符合”验收规范的结论。

（5）观感质量验收应符合要求。

观感质量评价是工程的一项重要评价工作，可全面评价一个分部、子分部、单位工程的外观及使用功能质量，促进施工过程的管理、成品保护，提高社会效益和环境效益。观感质量验收不单纯是对工程外表质量进行检查，同时也是对部分使用功能和使用安全所作的一次全面检查。如门窗启闭是否灵活，关闭后是否严密，即属于使用功能；又如室内顶棚抹灰层的空鼓、楼梯踏步高差过大等，涉及使用的安全，在检查时应加以关注。检查中发现有影响使用功能和使用安全的缺陷，或不符合验收规范要求的缺陷，应进行处理后再进行验收。

观感质量检查应在施工单位自查的基础上进行，总监理工程师填写观感质量综合评价，并给出“符合”与“不符合”要求的检查结论。

单位（子单位）工程质量验收完成后，要求填写工程质量验收记录，验收记录由施工单位填写，验收结论由监理单位填写，综合验收结论经参加验收各方共同商定后，由建设单位填写，并应对工程质量是否符合设计和规范要求及总体质量水平作出评价。

单位工程质量验收也称“质量竣工验收”，是建筑工程投入使用前的最后一次验收，也是最重要的一次验收。验收合格的条件有 5 个，除构成单位工程的各分部工程应该合格，并且有关的资料文件应完整以外，还须进行以下三个方面的检查：

1）涉及安全和使用功能的分部工程应进行检验资料的复查。不仅要全面检查其完整性（不得有漏检缺项），而且对分部工程验收时补充的见证抽样检验报告也要复核。这种强化验收的手段体现了对安全和主要使用功能的重视。

2）对主要使用功能项目还须进行抽查。使用功能的检查是对加固改造工程最终质量的综合检验，也是业主最关心的内容。因此，在分项、分部工程验收合格的基础上，竣工验收时再作全面检查。抽查项目是在检查资料的基础上由参加验收的各方人员商定，并用计量、计数的抽样方法确定检查部位。检查要按有关专业工程施工质量验收标准的要求进行。

3）参加验收的各方人员共同进行观感质量检查。检查的方法、内容、结论等已在分部工程的相应部分中阐述，最后共同确定是否通过验收。

4.4.2　质量不符合要求时的处理

《建筑工程施工质量验收统一标准》GB 50300 规定，当建筑工程质量不符合要求时，应由加固改造施工单位返工重做，并重新检查、验收。若通过返工后仍不能满足安全使用要求，严禁验收。具体项目应按下列规定进行处理：

（1）经返工重做或更换器具、设备的检验批，应重新进行验收。

（2）经有资质的检测单位检测鉴定能达到设计要求的检验批，应予以验收。

（3）经有资质的检测单位检测鉴定达不到设计要求，但经原设计单位核算认可能够满足结构安全和使用功能的检验批，可予以验收。

（4）经返修或处理的分项、分部工程，虽然改变外形尺寸但仍能满足安全使用要求，可按技术处理方案和协商文件进行验收。

（5）通过返修或处理仍不能满足安全使用要求的分部工程，单位（子单位）工程，严禁验收。

第5章 使用维护阶段结构安全检测与评定

旧工业建筑进行再生利用之后，使用功能与原设计相比发生了巨大的变化，其建筑结构、构造形式、装饰装修等都在不同程度上发生了变化。除此之外，经过一段时间的使用后，由于各种自然或人为因素影响，旧工业建筑可能会出现各种各样的结构损伤，因此需要对旧工业建筑再生利用使用维护阶段进行结构安全检测与评定。由于再生利用后结构已经转化为不同于之前的空间实体，因此，使用维护阶段的结构检测与评定，不同于其他阶段，具有自身的特点，例如时间参数的改变、抗力不确定性来源的改变等。

5.1 使用维护阶段结构安全检测与评定基础

5.1.1 一般工作流程

1. 一般工作流程

旧工业建筑再生利用使用维护阶段的一般工作流程如图5.1所示。

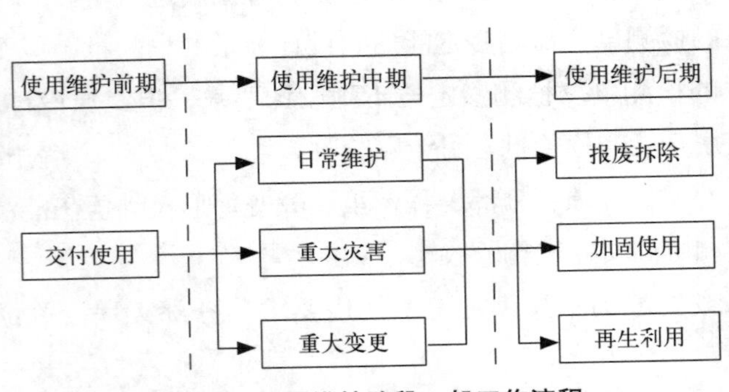

图5.1 使用维护阶段一般工作流程

一般而言，旧工业建筑再生利用后从竣工验收、交付使用之后直至目标使用年限末，这一阶段称之为使用维护阶段。

（1）使用维护前期

旧工业建筑再生利用加固改造工程竣工验收合格之后，随即投入正常运营。一般情况下，在使用维护前期，由于使用时间短，受到自然或人为破坏的概率较小，较为严重的结构损伤事件很难发生，但会存在围护结构的轻微损伤，如抹灰脱落等现象。

（2）使用维护中期

使用维护中期，经历了数年的使用，结构易出现较大面积的外观损伤，或不能满足正常使用需求。主要存在以下几种情况：

1）日常维护。旧工业建筑再生利用之后，在日常运营中，需进行定期的日常结构维护与管理，发现问题及时修复，以保证后续使用年限内的结构安全。

2）发生重大灾害。在使用过程中，若遇到火灾、爆炸、地震等重大灾害，需对灾后结构进行维修、补强及装饰装修，才能保证结构的后续正常使用。

3）发生重大变更。由于业主对使用功能需求产生新的变化，部分或全部建筑区域不能满足拟定使用功能的需求，建筑本体需要进一步进行增层改建、加固改造等工作。

（3）使用维护后期

使用维护后期，结构本身必然会存在各种各样的问题，但对于不同类型的建筑，使用情况不尽相同，结构性能产生的变化也存在千差万别。主要有以下几种情况：

1）报废拆除。当建筑物达到目标使用年限后，由于日常维护不当，建筑破旧不堪，结构性能不能满足要求，经检测后明确不能继续使用时，可进行报废拆除。

2）加固使用。当建筑物达到或接近目标使用年限，由于使用过程维护良好，虽然建筑围护结构或装饰装修已有较大损坏，但结构性能良好或仅部分区域、部分构件不能满足要求，根据业主需求，可进行加固修复，继续使用。

3）再生利用。当建筑物达到或接近目标使用年限，由于使用过程维护良好，虽然建筑围护结构或装饰装修已有较大损坏，但结构性能良好，根据业主需求，可根据新的功能要求或延续原有使用功能，进行新一轮的再生利用。

2. 使用维护阶段检测与评定工作的原则

旧工业建筑再生利用使用维护阶段，开展结构性能检测与评定工作需遵循一定的原则。通常决定一个项目需要检测哪些内容，需要考虑委托单位的检测目的、建筑物本身的实际情况及国家标准规范等，对原建筑物要有充分的认识，才能得出贴近实际的结论。

（1）规范性原则

旧工业建筑再生利用检测与评定规范性体现在检测方法、检测工作人员及检测仪器的选取方面。其中，检测方法在符合国家规范标准的前提下，应保护原有结构不受损；检测工作人员必须要有扎实的专业基础，所在单位需要相应的资质；检测仪器在使用前必须检查精度是否在合理偏差范围内，确保可以正常使用。

（2）科学性原则

旧工业建筑再生利用检测与评定需要有严谨的态度，不能随意减少检测与评定内容，也不能故意夸大、增加检测与评定内容，一定要实事求是。另外在确定受检构件的位置时要有典型性、代表性，不能就近扎堆选择等，要严格按照规范依据科学选取。

（3）针对性原则

旧工业建筑再生利用模式的差异很大，不同的再生利用模式其使用功能不尽相同，而不同使用功能的旧工业建筑荷载分布等内容亦不相同，因此需要针对不同的再生模式及其使用功能，并结合现场的实际情况，制定相应的现场检测与评定方案。

（4）综合性原则

旧工业建筑再生利用使用维护阶段的检测与评定是以确保结构安全为首要条件，但并不仅仅围绕结构安全性一项检测内容，检测与评定工作应开展对结构安全性、使用性、抗震性能的综合检测评定，全面反映结构的实际情况。

5.1.2 检测与评定内容

旧工业建筑再生利用使用维护阶段的结构安全检测与评定，如同医生看病一样，病人的病情经过一系列检查、手术等之后得到了治疗，已经完全康复，但经过若干时间之后，病人的身体是否仍然健康，是否出现各种病症，这就需要对其进行全面的、系统的、定期的检查、化验等，以保证后续生命的安全。旧工业建筑再生利用使用维护阶段结构安全检测与评定的实质亦是如此，需要对旧工业建筑再生利用竣工验收合格之后的建筑物，在使用一段时间后进行定期检测，对其是否能够继续安全使用进行评定。

旧工业建筑再生利用维护阶段结构检测与评定的主要内容，有多种分类方式，主要分类方式如图 5.2 所示。其中，按照检测与评定的目标可分为以下几种情况：

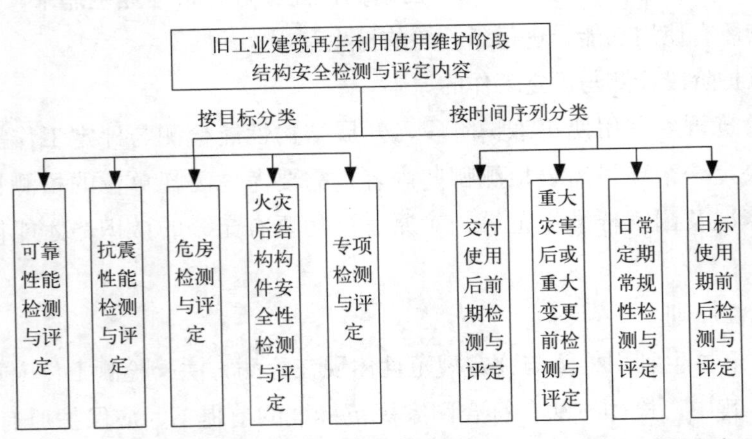

图 5.2 旧工业建筑再生利用使用维护阶段结构安全检测与评定内容

（1）可靠性检测与评定：遵循《民用建筑可靠性鉴定标准》GB 50292 的相关要求进行可靠性检测与评定，可靠性包括安全性、正常使用性。

（2）抗震性能检测与评定：依据《建筑抗震鉴定标准》GB 50023 及《建筑抗震设计规范》GB 50011 的要求，分两级进行抗震性能检测与评定。

(3) 危房检测与评定：依据《危险房屋鉴定标准》JGJ 125 的相关规定，按两个阶段（地基危险性、基础及上部结构危险性），三个层次（构件危险性、楼层危险性、房屋危险性）进行检测与评定。

(4) 火灾后结构构件安全性检测与评定：根据《火灾后建筑结构鉴定标准》CECS 252，得出火灾后结构构件的检测与评定等级。

(5) 专项检测与评定：针对使用过程中遇到的专项问题或特殊要求，根据《民用建筑可靠性鉴定标准》GB 50292 和国家其他现行标准、法规进行专项检测与评定。

按照使用维护阶段检测评定的阶段特点（时间序列）来分，主要分为四种情况：交付使用后前期检测与评定、重大灾害后或重大变更检测与评定、日常定期常规性检测与评定、目标使用期前后检测与评定。

1. 交付使用后前期的检测与评定

旧工业建筑再生利用交付使用后，使用初期突出问题表现在围护结构的磨损、装饰层的破损以及设备管线的老化、地基局部变形等。

(1) 缺陷的检查

旧工业建筑再生利用交付使用后，结构现状的检查内容主要包括屋面、装修、防护设施、连接等，具体见表 5.1。

缺陷的检查　　　　**表 5.1**

编号	类别	内容
1	墙体	围护墙体（包括女儿墙）开裂、变形及其连接、内外面装饰层破损情况
2	门窗	框、扇、玻璃和开启结构及其连接、气密性情况
3	屋面系统	防水、排水及保温隔热构造层和连接情况
4	地下防水系统	防水层、滤水层及保护层、抹面装饰层、伸缩缝、排水管等完整、破损情况
5	防护设施	各种隔热、保温、防潮设施及保护栅栏、防护吊顶等损伤情况
6	其他设施	走道、过桥、斜梯、爬梯、平台等缺陷损伤情况

(2) 变形的检测

外接、增层或内嵌的旧工业建筑，需要对地基进行处理。经过竣工验收合格交付使用后，应对其结构进行变形观测，直至达到稳定阶段。

1) 沉降观测。旧工业建筑再生利用交付使用后一段时间内，地基沉降的观测周期，应根据地基土类型和沉降速率大小等因素确定。一般情况下，第一年应观测 3 ～ 4 次，第二年 2 ～ 3 次，第三年后每年 1 次，直至稳定。观测期限对于砂土地基一般不少于 2 年，膨胀土地基不少于 3 年，黏土地基不少于 5 年，软土地基不少于 10 年。沉降是否进入稳定阶段，应有沉降量与时间关系曲线判定。当最后100天或最后两个观测周期的沉降速率小于0.01～0.04mm/d时，可认为已进入稳定阶段。

2）倾斜观测。旧工业建筑再生利用交付使用后一段时间内，建筑主体倾斜观测应测定建筑顶部观测点相对于底部固定点，或上层相对于下层观测点的倾斜度、倾斜方向及倾斜速率。刚性建筑的整体倾斜，可通过测量顶面或基础的差异沉降来间接确定。主体倾斜观测的周期可视倾斜速度每1～3个月观测一次。当遇基础附近因大量堆载或卸载、场地降雨长期积水等而导致倾斜速度加快时，应及时增加观测次数。

2. 重大灾害后或重大变更前检测与评定

旧工业建筑再生利用后的使用维护过程中，当结构遭受重大灾害（如火灾、爆炸等）时，或由于使用功能发生重大变化时，应对其结构的安全性进行检测与评定。

（1）重大灾害后结构的检测与评定

在使用维护过程中，若发生如火灾、爆炸等重大灾害，如图5.3所示，需及时对其进行结构安全性检测与评定，检测人员必须第一时间对所有受灾构件及建筑整体进行检测。一方面是为了防止重大灾害后现场被人为破坏，影响结构安全性检测与评定工作的准确性；另一方面，及时得出检测与评定结论，就能够尽快对灾后建筑开展加固修复或重建工作，最大限度地保证结构安全，避免更大的财产损失。

(a) 遭遇地震灾害后的工业厂房

(b) 遭遇火灾后的工业厂房

图5.3　遭受重大灾害后的工业建筑

（2）重大变更前结构的检测与评定

在使用维护过程中，如发生需要进行增层、改建等重大变更的情况时，应对其进行检测与评定。如上海湖丝栈为一幢砖木结构二层楼房、一幢砖木结构三层楼房，楼上楼下均为仓库和工厂实用的大通间格局，具有典型的时代烙印和江南风格，在使用前期为大平层，如图5.4所示。近年来业主对建筑使用功能进行调整，在各层原有结构楼板层上增设横墙进行分割划分，相应地增加了大量的集中荷载。对于此种情况，结合第2章决策设计阶段的相关规定，应对其进行检测与评定（结构可靠性）。

（a）发生使用功能改变前的上海湖丝栈　　（b）发生使用功能改变后的上海湖丝栈

图 5.4　优秀历史建筑上海湖丝栈

3. 日常定期常规性检测与评定

旧工业建筑再生利用后的使用维护过程中，即使没有发生重大灾害或变更，也应在日常经营活动中进行定期的检测与评定。检测主要包括结构现状的检查和结构性能的检测。结构现状的检查主要包括对建筑物的环境、地基基础、结构体系和布置、外观质量和缺陷等进行检查，并密切关注旧工业建筑和新建建筑间的构造与连接。结构性能的检测主要包括材料强度、硬度等项目，对于不同的结构材料采用不同的强度检测技术。例如，混凝土结构的检测，主要采用回弹法、超声法、超声—回弹综合法、钻芯法；对于钢结构的检测，主要采用取样法和表面硬度法；对于钢材焊缝，主要采用取样法、超声波法、X 射线透射法；对于砌体结构的检测，主要采用回弹法和取样法；对于砌筑砂浆的检测，主要采用回弹法、推出法、点荷法、射钉法等；对于木材检测，主要采用取样法。

4. 目标使用期前后检测与评定

旧工业建筑再生利用之后，当基本接近目标使用期限或者已经超过目标使用期限仍在使用时，建筑结构发生严重老化，出现了各种各样的缺陷，其性能必然会产生极大的衰减，需要依据《民用建筑可靠性鉴定标准》GB 50292 进行结构安全性检测与评定。

5.1.3　检测与评定程序

旧工业建筑再生利用之后，结构形式较为复杂，不仅存在原结构部分，还有新增结构部分。对于使用维护阶段结构安全检测与评定，应依据不同的检测评定目的，依据相应的检测与评定程序开展工作，不同的检测评定程序略有不同，一般流程如图 5.5 所示。

5.2　结构性能检测

旧工业建筑再生利用使用维护阶段结构性能检测包括结构现状的初步调查和详细调查两部分。

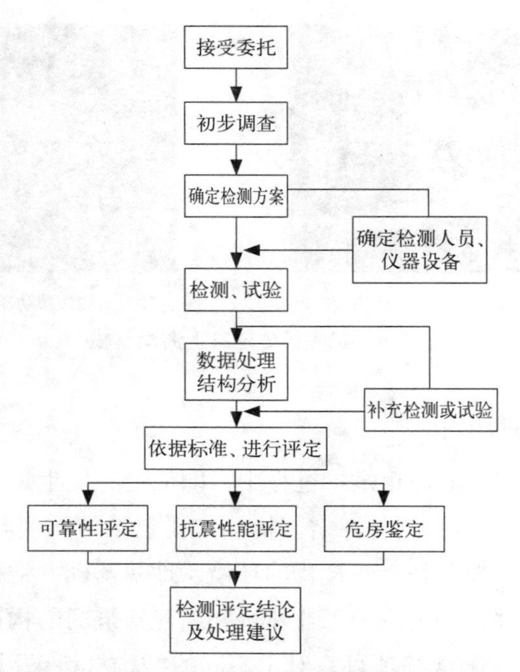

图 5.5 结构安全检测与评定程序（使用维护阶段）

1. 结构初步调查

（1）图纸资料，如岩土工程勘察报告，再生利用结构设计图纸、结构设计计算书、设计变更记录，施工图、施工及施工变更记录，竣工图、竣工质检及验收文件（包括隐蔽工程验收记录），定点观测记录、事故处理报告、维修记录等。

（2）旧工业建筑历史情况，如原始施工、加固改造施工、历次修缮、用途变更、使用条件改变以及受灾等情况。

（3）考察现场，依据原始资料核对，调查建筑物实际使用条件和内外环境，查看已发现的问题，听取有关人员的意见等。

（4）填写初步调查表，见表 5.2，并制定详细调查计划及工作方案。

初步调查表 **表 5.2**

<table>
<tr><td rowspan="4">概况</td><td>名 称</td><td></td><td colspan="2">原设计</td><td></td></tr>
<tr><td>地 点</td><td></td><td colspan="2">原施工</td><td></td></tr>
<tr><td>用 途</td><td></td><td colspan="2">原监理</td><td></td></tr>
<tr><td>竣工日期</td><td></td><td colspan="2">设防烈度</td><td></td></tr>
<tr><td rowspan="3">建筑</td><td>建筑面积</td><td></td><td colspan="2">檐高</td><td></td></tr>
<tr><td>平面形式</td><td></td><td colspan="2">女儿墙标高</td><td></td></tr>
<tr><td>地上层数</td><td></td><td>底层标高</td><td></td><td>层高</td></tr>
</table>

续表

<table>
<tr><td rowspan="2">建筑</td><td colspan="2">地下层数</td><td colspan="2"></td><td colspan="4">基本柱距
/ 开间尺寸</td><td></td></tr>
<tr><td colspan="2">总长 × 宽</td><td colspan="2"></td><td colspan="4">屋面防水</td><td></td></tr>
<tr><td rowspan="3">地基基础</td><td colspan="2">地基土</td><td colspan="2"></td><td colspan="4">基础形式</td><td></td></tr>
<tr><td colspan="2">地基处理</td><td colspan="2"></td><td colspan="4">基础深度</td><td></td></tr>
<tr><td colspan="2">冻胀类别</td><td colspan="2"></td><td colspan="4">地下水</td><td></td></tr>
<tr><td rowspan="7">上部结构</td><td colspan="2">主体结构</td><td colspan="7"></td></tr>
<tr><td colspan="2">附属结构</td><td colspan="7"></td></tr>
<tr><td rowspan="3">构件</td><td>梁板</td><td colspan="2" rowspan="3"></td><td rowspan="3">连接</td><td colspan="3">梁 - 柱、屋架 - 柱</td><td rowspan="3"></td></tr>
<tr><td>桁架</td><td colspan="3">梁 - 墙、屋架 - 墙</td></tr>
<tr><td>柱墙</td><td colspan="3">其他连接</td></tr>
<tr><td colspan="2" rowspan="2">结构整体性构造</td><td>抗侧力系统</td><td></td><td colspan="4" rowspan="2">抗震设防状况</td><td rowspan="2"></td></tr>
<tr><td>圈梁</td><td></td></tr>
<tr><td rowspan="5">图纸资料</td><td colspan="2">建筑图</td><td colspan="2"></td><td colspan="4">地质勘探</td><td></td></tr>
<tr><td colspan="2">结构图</td><td colspan="2"></td><td colspan="4">施工记录</td><td></td></tr>
<tr><td colspan="2">水、暖、电图</td><td colspan="2"></td><td colspan="4">设计变更</td><td></td></tr>
<tr><td colspan="2">标准、规范</td><td colspan="2"></td><td colspan="4">设计计算书</td><td></td></tr>
<tr><td colspan="2">已有调查资料</td><td colspan="7"></td></tr>
<tr><td rowspan="3">环境</td><td colspan="2">振动</td><td colspan="2"></td><td colspan="2" rowspan="3">设施</td><td>屋顶
水箱</td><td colspan="2"></td></tr>
<tr><td colspan="2">腐蚀性介质</td><td colspan="2"></td><td>电梯</td><td colspan="2"></td></tr>
<tr><td colspan="2">其他</td><td colspan="2"></td><td>其他</td><td colspan="2"></td></tr>
<tr><td rowspan="3">历史</td><td colspan="2">用途变更</td><td colspan="7"></td></tr>
<tr><td colspan="2">改扩建</td><td colspan="2"></td><td colspan="3">修缮</td><td colspan="2"></td></tr>
<tr><td colspan="2">使用条件改变</td><td colspan="2"></td><td colspan="3">灾害</td><td colspan="2"></td></tr>
<tr><td rowspan="3">主要问题</td><td colspan="2">委托方陈述</td><td colspan="7"></td></tr>
<tr><td colspan="2">鉴定方意见</td><td colspan="7"></td></tr>
<tr><td colspan="2">达成的共识</td><td colspan="7"></td></tr>
</table>

2. 结构详细调查

结构详细调查是在初步调查的基础上进行的，是整个调查工作的核心。与初步调查相比，详细调查更加细致。使用维护阶段结构详细调查包括常规项目调查和特殊项目调查。对于常规项目来说，应根据相关国家现行的检测技术标准进行，主要包括的检测项目见表 5.3。

详细调查的主要内容 表 5.3

<table>
<tr><th>工作内容</th><th colspan="2">具体内容</th></tr>
<tr><td rowspan="3">使用条件的调查和检测</td><td colspan="2">结构上的作用</td></tr>
<tr><td colspan="2">建筑物内外环境、荷载和作用</td></tr>
<tr><td colspan="2">建筑物历史</td></tr>
<tr><td rowspan="11">建筑物核查</td><td rowspan="5">承重系统</td><td>地基类型和基础形式</td></tr>
<tr><td>结构布置和结构体系</td></tr>
<tr><td>承重结构及节点的形式、尺寸和构造</td></tr>
<tr><td>支撑布置和杆件尺寸</td></tr>
<tr><td>圈梁、构造柱的布置和构造</td></tr>
<tr><td rowspan="4">围护系统</td><td>屋面防排水方式和构造</td></tr>
<tr><td>墙体门窗的布置和连接</td></tr>
<tr><td>地下防水构造</td></tr>
<tr><td>防护措施的设置</td></tr>
<tr><td rowspan="2">其他系统</td><td>地下管网的布置</td></tr>
<tr><td>通风方式和设施</td></tr>
<tr><td rowspan="11">建筑物使用状况的检测</td><td rowspan="7">承重系统</td><td>地基处理质量缺陷和地基变形</td></tr>
<tr><td>承重构件及节点的质量缺陷和损伤</td></tr>
<tr><td>支撑构件及节点的质量缺陷和损伤</td></tr>
<tr><td>圈梁、构造柱的质量缺陷和损伤</td></tr>
<tr><td>承重构件和支撑杆件的变形</td></tr>
<tr><td>结构体系的位移和变形</td></tr>
<tr><td>结构整体或局部振动</td></tr>
<tr><td rowspan="2">围护系统</td><td>屋面、墙体门窗、楼地面的质量缺陷和损伤</td></tr>
<tr><td>防护设施的设置和使用状况</td></tr>
<tr><td rowspan="2">其他系统</td><td>地下管网的渗漏</td></tr>
<tr><td>通风系统的功能缺陷和损伤</td></tr>
<tr><td rowspan="5">承重系统实际性能检测</td><td colspan="2">材料力学性能</td></tr>
<tr><td colspan="2">构件的挠度、抗裂、裂缝宽度和承载能力</td></tr>
<tr><td colspan="2">结构动力特性</td></tr>
<tr><td colspan="2">地基土层的物理力学性质</td></tr>
<tr><td colspan="2">地基承载能力</td></tr>
</table>

再生利用后的旧工业建筑不仅存在常见的结构缺陷，如混凝土裂缝、空鼓、墙体倾斜等，也存在其自身特点造成的结构缺陷，如外包型钢加固后的钢板断裂、碳纤维材料加固后的断裂、新增锚固构件松动等结构缺陷。通过调研，部分常见的缺陷如图 5.6 所示。

(a) 木结构构件钢箍加固螺栓松动

(b) 木结构构件钢板加固螺栓松动

(c) 砌体构件破损

(d) 砌体外立面风化

(e) 混凝土排架柱包钢环带破损

(f) 混凝土屋架抹灰脱落

图 5.6　旧工业建筑再生利用后结构常见缺陷

特殊检测项目，指那些对结构进行加固改造使用若干年后的结构性能是否产生变化的检测与评定。例如：混凝土构件增大截面结构、局部置换混凝土结构、外粘或外包型钢结构、碳纤维片材结构、灌浆料加固后的密实度检测、锚栓锚固承载力检测、裂缝修补工程检测等。本书主要对几种常见类型的检测内容及方法进行分析。

5.2.1　碳纤维片材结构检测

本方法适用于碳纤维片材加固混凝土结构的性能检测。

（1）梁、柱类构件以同规格、同型号的构件为一检验批。每批构件随机抽样的受检构件应按该批构件总数的 10% 确定，但不得少于 3 根，以每根受检构件为一检验组，每组 3 个检验点。

（2）板、墙类构件应以同种类、同规格的构件为一检验批。每批按实际粘贴的表面积（不论粘贴的层数）均匀划分为若干区，每区 100m^2（不足 100m^2，按 100m^2 计），且每一楼层不得少于 1 区；以每区为一检验组，每组 3 个检验点。

（3）布点时，应由独立检验单位的技术人员在每一检验点处，粘贴钢标准块以构成检验用的试件。钢标准块的间距不应小于 500mm，且有一块应粘贴在加固构件的端部。

1. 设备及试样

（1）粘结强度检测仪。对粘结强度检测仪的要求，应符合现行行业标准《数显式粘结强度检测仪》JG 3056 的规定。粘结强度检测仪应每年检定一次，若发现异常，应及时维修，并重新检定。

（2）现场试样制备。①表面处理：被测部位的加固表面应清除污渍并保持干燥；②切割预切缝：从加固表面向混凝土基体内部切割预切缝，切入混凝土深度 10 ~ 15mm，宽度约 2mm。预切缝形状为直径 50mm 的圆形或边长 40mm × 40mm 的正方形；③粘贴钢标准块：采用高强、快固化的胶粘剂（取样胶粘剂）粘贴钢标准块。取样粘结剂的正拉粘结强度应大于粘贴碳纤维片材的结构胶粘剂正拉粘结强度，钢标准块粘贴后应立即固定。

2. 检测步骤

按照粘结强度检测仪生产厂提供的使用说明书，连接钢标准块，并以 1500 ~ 2000N/min 匀速加载，记录破坏时的荷载值，并观察破坏形态。现场检测如图 5.7、图 5.8 所示。

图 5.7　碳纤维片材现场检测

图 5.8　碳纤维片材现场检测

3. 检测结果

（1）强度计算

正拉粘结强度应按公式（5-1）计算：

$$f=\frac{P}{A} \tag{5-1}$$

式中：f——正拉粘结强度，MPa；

P——试样破坏时的荷载值，N；

A——钢标准块的粘结面面积，mm^2。

（2）结果分析

每组取 3 个被测试样，以算术平均值作为该组正拉粘结强度的试验结果。最终试验结果应包括试样的正拉粘结强度值和该组正拉粘结强度的试验平均值。

（3）试样破坏形式及其正常性判别

1）试样破坏形式应按下列规定划分：①内聚破坏：应分为基材混凝土内聚破坏和受

检胶粘剂的内聚破坏，后者可见于使用低性能、低质量胶粘剂的工程；②粘附破坏：应分为胶层与基材之间的粘附破坏及胶层与纤维复合材或钢标准块之间的粘附破坏；③混合破坏：粘合面出现两种或两种以上的破坏形式。

2）破坏形式正常性判别，应符合下列规定：①当破坏形式为基材混凝土内聚破坏，或虽出现两种或两种以上的破坏形式，但基材混凝土内聚破坏形式的破坏面积占粘合面面积 85% 以上，均可判为正常破坏；②当破坏形式为粘附破坏、胶层内聚破坏或基材混凝土内聚破坏面积少于 85% 的混合破坏，均应判为不正常破坏。

4. 合格评定

（1）组检验结果的合格评定，应符合下列规定：①当组内每一试样的正拉粘结强度均达到 max{1.5，f_{tk}} 的要求，且其破坏形式正常时，应评定该组为检验合格组（注：f_{tk} 为原构件混凝土实测的抗拉强度值）；②若组内仅一个试样达不到要求，允许以加倍试样重做一组检验，如检验结果全数达到要求，仍要评定该组为检验合格组；③若重做试验中，仍有一个试样达不到要求，则应评定该组为检验不合格组。

（2）检验批的合格评定，应符合下列规定：①当批内各组均为检验合格组时，应评定该检验批碳纤维片材与基材混凝土粘贴合格；②若有一组或一组以上为检验不合格组，则应评定该检验批构件加固材料与基材混凝土的粘贴合格；③若检验批由不少于 20 组试样组成，且检验结果仅有一组因个别试样粘结强度低而被评为检验不合格组，则应评定该检验批构件的粘贴合格。

5.2.2　灌浆料密实度检测

本方法适用于灌浆料密实度检测。

1. 检测原理

超声波检测法是利用超声来进行介质和部件内部缺陷的检测技术，包括材料内部缺陷探测、粘接或焊接缺陷的探测等，也称为超声无损探伤。目前已经广泛地应用于建筑、材料、机械等各领域。超声波检测法工作原理如图 5.9 所示，现场检测如图 5.10、图 5.11 所示。

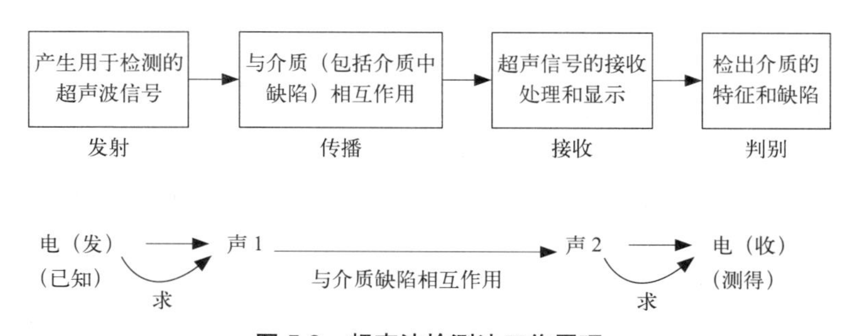

图 5.9　超声波检测法工作原理

图 5.10 超声波法检测混凝土密实度

图 5.11 结果查看

在图 5.9 所示的超声波检测过程中，要求从电（发）和电（收）两个已知和测得的电信号求出声 1 和声 2 两个射入和射出介质的电信号，从声 1 和声 2 的对比中或从同一个声 1 不同的声 2 对比中去检出介质特性和缺陷特征。这个过程实际上是一个信号的传输检测过程。在这个过程中，由电（发）和电（收）去求声 1 和声 2 是检测换能器研究的问题，其中比较重要的是电声信号转换的瞬态特性和向介质辐射的声场特性。而如何从声 1 与声 2 或不同的声 2 对比中去探测缺陷和分析介质特性，则是超声波在介质中的传播问题，其中主要的是传播速度、衰减、界面上的反射和透射、缺陷的散射等特性。

超声检测过程是信号的传输过程，有关检测超声信号的产生和接收是超声检测中比较重要的问题之一。检测超声换能器是实现产生和接收用于检测的超声信号的器件，随着无损检测技术的发展，对检测超声换能器的研究和制作，在国内外越来越受到普遍的重视。检测超声换能器主要是利用材料的压电效应做成的压电换能器，俗称“探头”。

在已知的电脉冲的激励下或者在一个已知的入射声波脉冲作用下，探头会随之产生超声波脉冲响应；或者说，在已知电脉冲激励下，探头在负载中产生的超声波由界面反射回来后，又被探头接收，输出的电脉冲影响特性，可以反映出所检介质内部特性和缺陷。对该过程的分析，就是通常所说的发射接收、又发又收特性。

对于探头，其中心轴线上声场的声压 p 按公式（5-2）、（5-3）计算：

$$p=2\rho VU_0\sin\frac{k}{2}\left(\sqrt{a^2+z^2}-z\right)\mathrm{e}^{j\left[\omega t+\frac{\pi}{2}-\frac{k}{2}\left(\sqrt{a^2+z^2}+z\right)\right]} \tag{5-2}$$

$$|p|=2\rho VU_0\left|\sin\frac{k}{2}\left(\sqrt{a^2+z^2}-z\right)\right| \tag{5-3}$$

上面两式中，V 为介质声速，$\rho VU_0=p_0$，由上式给出探头中心轴线上声场声压随距离的变化曲线，如图 5.12 所示。

2. 检测仪和探头性能指标

（1）声波检测仪应符合下列要求：①具有实时显示和记录接收信号的时程曲线以及

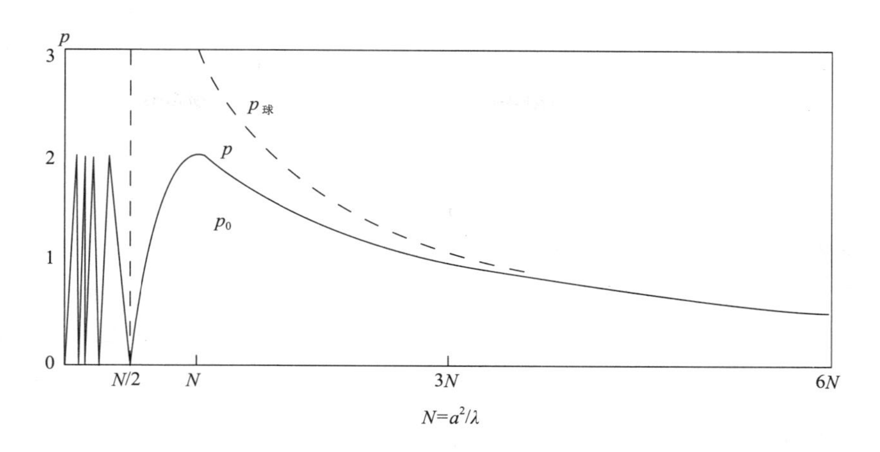

图 5.12　探头声压曲线图

频率测量或频谱分析功能；②声时测量分辨力优于或等于 0.5μs，声波幅值测量相对误差小于 5%，系统频带宽度为 1 ～ 200kHz，系统最大动态范围不小于 100dB；③声波发射脉冲宜为阶跃或矩形脉冲，电压幅值为 200 ～ 1000V。

（2）探头（换能器）应符合下列要求：①圆柱状径向振动，沿径向无指向性；②有效工作面轴向长度不大于 150mm；③谐振频率宜为 30 ～ 50kHz；④水密性满足 1MPa 水压不渗水。

3. 现场检测

现场检测前准备工作应符合下列规定：①采用标定法确定仪器系统延迟时间；②探头应能在全测量范围内平滑移动。根据《超声法检测混凝土缺陷技术规程》CECS 21，其数据处理及判断按公式（5-4）、（5-5）、（5-6）计算：

$$m_x = \sum X_i / n \tag{5-4}$$

$$S_x = \sqrt{(\sum X_i^2 - n \cdot m_x^2)/(n-1)} \tag{5-5}$$

$$X_0 = m_x - \lambda_1 \cdot S_x \tag{5-6}$$

式中：m_x——声速平均值；

S_x——标准差；

X_0——异常情况的判断值。

5.2.3　锚栓锚固承载力检测

本方法适用于混凝土结构锚固工程结构性能检测。锚固件抗拔承载力现场检验分为非破损检验和破坏性检验，锚固工程质量应按其锚固件抗拔承载力的现场抽样检验结果进行评定。对重要结构构件锚固件锚固质量采用破坏性检验方法确有困难时，若该批锚固件的连接系按规范的规定进行设计计算，可在征得业主和设计单位同意的情况下，改用非破损抽样检验方法，但必须按表5.4确定抽样数量（注：若该批锚固件已进行过破坏性试验，且不合格时，不得要求重作非破损检测）。对一般结构构件，其锚固件锚固质量的现场检验可采用非破损检验方法。

1. 抽样规则

（1）锚固质量现场检验抽样时，应以同品种、同规格、同强度等级的锚固件安装于锚固部位基本相同的同类构件为一检验批，并应从每一检验批所含的锚固件中进行抽样。

（2）现场破坏性检验的抽样，应选择易修复和易补种的位置。取每一检验批锚固件总数的1‰，且不少于5件进行检验。若锚固件为植筋，且种植的数量不超过100件时，可仅取3件进行检验。

（3）现场非破损检验的抽样，应符合下列规定：

1）锚栓锚固质量的非破损检验：①对重要结构构件，应在检查该检验批锚栓外观质量合格的基础上，按表5.4规定的抽样数量，对该检验批的锚栓进行随机抽样。②对一般结构构件，可按重要结构构件抽样量的50%，且不少于5件进行随机抽样。

2）植筋锚固质量的非破损检验：①对重要结构构件，应按其检验批植筋总数的3%，且不少于5件进行随机抽样。②对一般结构构件，应按1%，且不少于3件进行随机抽样。

（4）当不同行业标准的抽样规则与本书要求不一致时，对承重结构加固工程的锚固质量检验，应按本书的规定执行。

（5）胶粘的锚固件，其检验应在胶粘剂达到其产品说明书标示的固化时间的当天，但不得超过7d进行。若因故需推迟抽样与检验日期，不得超过3d。

重要结构构件锚栓锚固质量非破损检验抽样表 表5.4

检验批的锚栓总数	≤100	500	1000	2500	≥5000
按检验批锚栓总数计算的最小抽样量	20%，且不少于5件	10%	7%	4%	3%

2. 仪器设备要求

（1）现场检测用的加荷设备，可采用专门的拉拔仪（如图5.13、图5.14所示）或自行组装的拉拔装置，但应符合下列要求：①设备的加荷能力应比预计的检验荷载值至少大20%，且应能连续、平稳、速度可控地运行；②设备的测力系统，其整机误差不得超过全量程的±2%，且应具有峰值储存功能；③设备的液压加荷系统在短时（≤5min）保持荷载期间，其降荷值不得大于5%；④设备的夹持器应能保持力线与锚固件轴线的对中；⑤设备的支承点与植筋之间的净间距，不应小于$3d$（d为植筋或锚栓的直径），且不应小于60mm；设备的支承点与锚栓的净间距不应小于$1.5h_{ef}$（h_{ef}有效埋深）。

图 5.13　拉拔仪

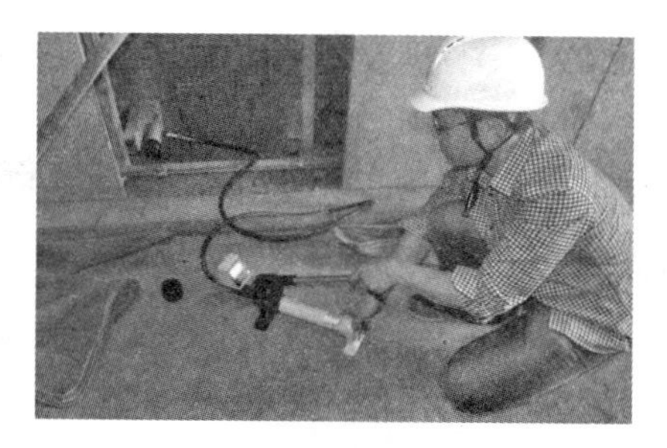

图 5.14　锚栓锚固承载力现场检测

(2) 当委托方要求检测重要结构锚固件连接的荷载–位移曲线时，现场测量位移的装置，应符合下列要求：①仪表的量程不应小于 50mm，其测量的误差不应超过 ±0.02mm；②测量位移装置应能与测力系统同步工作，连续记录，测出锚固件相对于混凝土表面的垂直位移，并绘制荷载–位移的全程曲线。

注：若受条件限制，允许采用百分表，以手工操作进行分段记录。此时，在试样到达荷载峰值前，其位移记录点应在 12 点以上。

(3) 现场检验用的仪器设备应定期送检定机构检定。若遇到下列情况之一时，还应及时重新检定：①读数出现异常；②被拆卸检查或更换零部件后。

3. 拉拔检验方法

(1) 检验锚固拉拔承载力的加荷制度分为连续加荷和分级加荷两种，可根据实际条件进行选用，但应符合下列规定：

1) 非破损检验。①连续加荷制度：应以均匀速率在 2 ~ 3min 时间内加荷至设定的检验荷载，并在该荷载下持荷 2min；②分级加荷制度：应将设定的检验荷载均分为 10 级，每级持荷 1min 至设定的检验荷载，且持荷 2min；③非破损检验的荷载检验值应符合下列规定：a. 对植筋，应取 $1.15N_t$ 作为检验荷载；b. 对锚栓，应取 $1.3N_t$ 作为检验荷载（注：N_t 为锚固件连接受拉承载力设计值，应由设计单位提供，检测单位及其他单位均无权自行确定）。

2) 破坏性检验。①连续加荷制度：对锚栓应以均匀速率控制在 2 ~ 3min 时间内加荷至锚固破坏；对植筋应以均匀速率控制在 2 ~ 7min 时间内加荷至锚固破坏；②分级加荷制度：应按预估的破坏荷载值 N_u 作如下划分：前 8 级，每级 $0.1N_u$，且每级持荷 1 ~ 1.5min；自第 9 级起，每级 $0.05N_u$，且每级持荷 30s，直至锚固破坏。

4. 结果评定

(1) 非破损检验的评定，应根据所抽取的锚固试样在持荷期间的宏观状态，按下列规定进行：①当试样在持荷期间锚固件无滑移、基材混凝土无裂纹或其他局部损坏迹象出现，且施荷装置的荷载示值在 2min 内无下降或下降幅度不超过 5% 的检验荷载时，应评定其锚固质量合格；②当一个检验批所抽取的试样全数合格时，应评定该批为合格批；③当一个检验批所抽取的试样中仅有5%或5%以下不合格（不足一根，按一根计）时，应另抽3根试样进行破坏性检验。若检验结果全数合格，该检验批仍可评为合格批；④当一个检验批抽取的试样中不止5%（不足一根，按一根计）不合格时，应评定该批为不合格批，且不得重做任何检验。

（2）破坏性检验结果的评定，应按下列规定进行：

①当检验结果符合下列要求时，其锚固质量评为合格：

$$N_{u,m} \geqslant [\gamma_u] N_t \tag{5-7}$$

且 $$N_{u,min} \geqslant 0.85 N_{u,m} \tag{5-8}$$

式中：$N_{u,m}$——受检验锚固件极限抗拔力实测平均值；

$N_{u,min}$——受检验锚固件极限抗拔力实测最小值；

N_t——受检验锚固件连接的轴向受拉承载力设计值；

$[\gamma_u]$——破坏性检验安全系数，按表5.5取用。

②当 $N_{u,m} < [\gamma_u]$ 或 $N_{u,min} < 0.85N_{u,m}$ 时，应评该锚固质量不合格。

检验用安全系数 $[\gamma_u]$ 表5.5

锚固件种类	破坏类型	
	钢材破坏	非钢材破坏
植筋	≥ 1.45	—
锚栓	≥ 1.65	≥ 3.5

5.3 结构分析与校核

5.3.1 结构分析基础

1. 杆件间连接的简化

杆件间的连接区应简化为结点，结点通常简化为以下两种理想情形：

（1）铰结点

被连接的杆件在连接处不能相对移动，但可以相对转动；可以传递力，但不能传递力矩。这种理想情况，实际很难遇到，木屋架节点比较接近于铰结点，如图5.15所示。

（2）刚结点

被连接的杆件在连接处既不能相对移动，又不能相对转动；既可以传递力，也可以传递力矩，现浇钢筋混凝土节点通常属于这类情形，如图5.16所示。

2. 结构与基础间的连接简化

结构与基础的连接区简化为支座。按其受力特征，一般简化为以下四种情形：

（1）滚轴支座

被支承的部分可以转动和水平移动，不能竖向移动，如图 5.17（a）所示，能提供的反力只有竖向反力 F_y。在计算简图中用一根支杆表示，如图 5.17（e）所示。

（2）铰支座

被支承的部分可以转动，不能移动，如图 5.17（b）所示，能提供两个反力 F_x、F_y。在计算简图中用两根相交的支杆表示，如图 5.17（f）所示。

（3）滑动支座

被支承的部分不能转动，但可沿一个方向平行滑动，如图 5.17（c）所示，能提供反力矩 M 和一个反力 F_y。在计算简图中用两根平行支杆表示，如图 5.17（g）所示。

（4）固定支座

被支承的部分完全固定，如图 5.17（d）所示，能提供三个反力 F_x、F_y、M。在计算简图中用插入端表示，如图 5.17（h）所示。

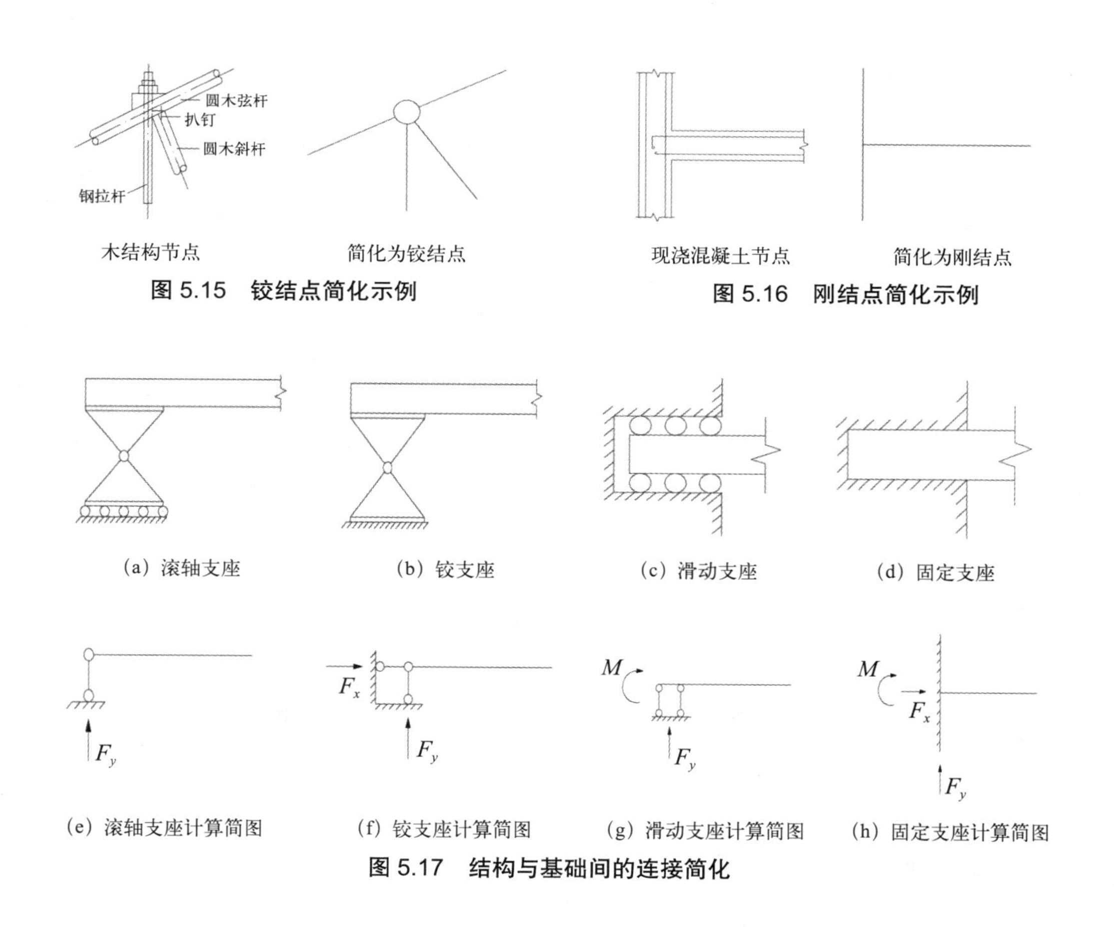

图 5.15　铰结点简化示例

图 5.16　刚结点简化示例

图 5.17　结构与基础间的连接简化

5.3.2　结构分析方法

当结构按承载能力极限状态验算时，根据材料和结构对作用的反应，可采用线性、非线性或塑性理论验算。当结构按正常使用极限状态验算时，可采用线性理论验算；必要时，可采用非线性理论验算。结构按承载能力极限状态验算和按正常使用极限状态验算时，应按相关标准规定的作用（荷载）对结构的整体进行作用（荷载）效应分析；必要时，尚应对结构中受力复杂区进行细化的有限元分析。当结构在其目标使用期的不同阶段有多种受力状况时，应分别进行结构分析，并确定其最不利的作用效应组合。有必要时可对结构在极端外部作用下（如强烈地震、爆炸、冲撞等）的倒塌反应进行计算机仿真分析。结构分析中所采用的各种简化和近似假定，应有理论或试验依据，或经工程实践验证，所采用的计算简图应符合结构的实际工作状况和构造状况，计算结果的准确程度应符合工程精度的要求。

1. 有限元的求解步骤

用有限元法求解问题的计算步骤比较繁多，其中最主要的计算步骤为：

（1）问题及求解域定义。根据实际问题近似确定求解域的物理性质和几何区域。

（2）求解域离散化。将求解域近似为具有不同有限大小和形状且彼此相连的有限个单元组成的离散域，习惯上称为有限元网络划分。显然单元越小则离散域的近似程度越好，计算结果也越精确，但计算量将增大，因此求解域的离散化是有限元法的核心技术之一。

（3）确定状态变量及控制方法。一个具体的物理问题通常可以用一组包含问题状态变量边界条件的微分方程式表示，为适合有限元求解，通常将微分方程化为等价的泛函形式。

（4）单元推导。对单元构造一个适合的近似解，即推导有限单元的列式，其中包括选择合理的单元坐标系，建立单元试函数，以某种方法给出单元各状态变量的离散关系，从而形成单元矩阵。现以三角形单元为例说明单元分析的过程。三角形有三个结点 i,j,m。在平面问题中每个结点有两个位移分量 u，v 和两个结点力分量 F_x，F_y。三个结点共六个结点位移分量可用列阵 $\{\boldsymbol{\delta}\}^e$ 表示：

$$\{\boldsymbol{\delta}\}^e=[u_i \quad v_i \quad u_j \quad v_j \quad u_m \quad v_m]^T \tag{5-9}$$

同样，可把作用于结点处的六个结点力用列阵 $\{\boldsymbol{F}\}^e$ 表示：

$$\{\boldsymbol{F}\}^e=[F_{ix} \quad F_{iy} \quad F_{jx} \quad F_{jy} \quad F_{mx} \quad F_{my}]^T \tag{5-10}$$

应用弹性力学理论和虚功原理可得出结点位移与结点力之间的关系：

$$\{\boldsymbol{F}\}^e=[\boldsymbol{K}]^e\{\boldsymbol{\delta}\}^e \tag{5-11}$$

其中 $\{\boldsymbol{k}\}^e$ 为单元刚度矩阵。

为保证问题求解的收敛性，单元推导有许多原则要遵循。对工程应用而言，重要的是应注意每一种单元的解题性能与约束。

（5）总装求解。将单元总装形成离散域的总矩阵方程，反映对近似求解域的离散域的要求，即单元函数的连续性要满足一定的连续条件。总装是在相邻单元结点进行，状态变量及其导数连续性建立在结点处。它的目的是要建立起一个线性方程组，来揭示结点外荷载与结点位移的关系，从而用来求解结点位移。有了式（5-11），就可用结点的力平衡和结点变形协调条件来建立整个连续体的结点力和结点位移的关系式，即：

$$[\boldsymbol{K}]\{\boldsymbol{\delta}\}=\{\boldsymbol{R}\} \tag{5-12}$$

式中：$[\boldsymbol{K}]$——整体刚度矩阵；

$\{\boldsymbol{\delta}\}$——全部结点位移组成的列阵；

$\{\boldsymbol{R}\}$——全部结点荷载组成的列阵。

在这个方程中只有 $\{\boldsymbol{\delta}\}$ 是未知的，求解该线性方程组就可得到各结点的位移。将结点位移代入相应方程中可求出单元的应力分量。用有限元法不仅可以求结构体的位移和应力，还可以对结构体进行稳定性分析和动力分析。例如，结构体的整体动力方程：

$$[\boldsymbol{M}]\{\boldsymbol{\delta}\}+[\boldsymbol{C}]\{\boldsymbol{\delta}\}=[\boldsymbol{K}]\{\boldsymbol{\delta}\}=\{\boldsymbol{F}\} \tag{5-13}$$

式中：$[\boldsymbol{M}]$——整体质量矩阵；

$[\boldsymbol{C}]$——整体阻尼矩阵；

$[\boldsymbol{K}]$——整体刚度矩阵；

$\{\boldsymbol{\delta}\}$——整体结点位移向量；

$\{\boldsymbol{F}\}$——整体结点荷载向量。

（6）联立方程组求解和结果解释：有限元法最终导致联立方程组。联立方程组的求解可用直接法、迭代法和随机法。求解结果是单元结点处状态变量的近似值。对于计算结果的质量，将通过与设计准则提供的允许值比较来评价并确定是否需要重复计算。简言之，有限元分析可分成三个阶段，前处理、求解和后处理。前处理是建立有限元模型，完成单元网格划分；后处理则是采集处理分析结果，使用户能简便提取信息，了解计算结果。

2. 结构有限元分析常用的单元

用于结构分析的有限元单元主要分为杆系单元、壳单元、实体单元。

（1）杆系单元：杆系单元分为杆单元和梁单元。杆单元每个节点有 3 个自由度：沿坐标系 x，y，z 方向的平动。杆单元只承受轴向拉、压力，后处理比较简单，常用于模拟平面桁架、缆索等。梁单元基于铁木辛柯梁结构理论，每个节点有 6 个自由度，可承受弯曲、扭转、拉压力等，常用于模拟梁、柱、平面、空间框架等结构。

（2）壳单元：壳单元具有弯曲和薄膜两种功能，面内和法向荷载都允许，该单元每个节点具有 6 个自由度，通常用于模拟膜结构、储气罐、钢水箱、大型箱形梁等薄板组成的结构。

（3）实体单元：该单元主要用于模拟挡墙、地基、洞室、大型设备基础等结构。

3. 建模通用原则

（1）尽可能使用最简单的模型。建模时尽可能使用简单的单元，宜优先选用杆系单元，其次是壳单元，最后是实体单元。

(2) 尽可能使用对称边界条件。建模时要充分利用对称、反对称、轴对称等对称关系，这样可以缩短建模和分析时间。

(3) 由粗到细，消除基本错误后再细分网格。划分网格时应先采用较粗的网格，得到一个较粗的分析结果，反复优化分析模型，待模型和分析思路都清晰后再细分网格。

(4)尽可能使用分布荷载。在壳单元和实体单元上施加集中荷载常常会造成应力集中，会出现一个不真实的高应力。

(5) 不出现尖角、长扁的单元网格。单元形状应以规则为好，畸形时不仅精度低，而且有缺秩的危险，将导致无法求解。

4. 结构上荷载标准值的确定方法

(1) 对结构上荷载标准值的取值，除应符合现行国家标准《建筑结构荷载规范》GB 50009 的规定外，尚应遵守下列规定：

1) 结构和构件自重的标准值，应根据构件和连接的实际尺寸，按材料或构件单位自重的标准值计算确定。对不便实测的某些连接构造尺寸，允许按结构详图估算。

2) 常用材料和构件的单位自重标准值，应按《建筑结构荷载规范》GB 50009 的规定采用。当规范规定值有上、下限时，若其效应对结构不利，取上限值；若其效应对结构有利（如验算倾覆、抗滑移、抗浮起等），取下限值。

3) 当遇到下列情况之一时，材料和构件的自重标准值应按现场抽样称量确定：①现行荷载规范尚无规定；②自重变异较大的材料或构件，如现场制作的保温材料、混凝土薄壁构件等；③有理由怀疑规定值与实际情况有显著出入时。

(2) 现场抽样检测材料或构件自重的试样，不应少于 5 个。当按检测的结果确定材料或构件自重的标准值时，应按下列规定进行计算：

1) 当其效应对结构不利时，按公式 (5-14) 计算：

$$g_{k,sup} = m_g + \frac{1}{\sqrt{n}} s_g \tag{5-14}$$

式中：$g_{k,sup}$——材料或构件自重的标准值；

m_g——试样称量结果的平均值；

s_g——试样称量结果的标准差；

n——试样数量（样本容量）；

t——考虑抽样数量影响的计算系数，按表 5.6 采用。

2) 当其效应对结构有利时，按公式 (5-15) 计算：

$$g_{k,sup} = m_g - \frac{1}{\sqrt{n}} s_g \tag{5-15}$$

计算系数 t 值　　表 5.6

n	t 值	n	t 值	n	t 值	n	t 值
5	2.13	8	1.89	15	1.76	30	1.70
6	2.02	9	1.86	20	1.73	40	1.68
7	1.94	10	1.80	25	1.72	≥ 60	1.67

3）对非结构的构、配件，或对支座沉降有影响的构件，若其自重效应对结构有利时，应取其自重标准值 $g_{k,sup}=0$。

4）当对结构或构件进行可靠性验算时，其基本雪压和风压值应按《建筑结构荷载规范》GB 50009 采用。

5. 结构有限元分析实例

（1）体育馆空间管桁架有限元分析

某体育馆屋面采用空间管桁架结构体系，空间桁架模型如图 5.18 所示。在进行该体育馆屋面系统分析时，应根据工业厂房改造后的具体屋盖形式建立整体模型，即包括主桁架、屋面檩条、屋面水平支撑、垂直支撑等的整体空间模型。但由于屋面水平支撑、垂直支撑等受力较小，一般都是构造确定。屋面檩条可采用简支梁或连续梁模型进行分析，屋面主桁架的平面外稳定也可通过屋面水平支撑和垂直支撑得到很好的保证，在这种情况下建立整体空间模型意义不大。因此可将屋面系统拆分成几榀桁架进行单独分析，这样受力清晰，分析简单，耗时较少。在建立桁架模型时，通常会使用杆单元，但该模型的桁架为 3 根圆管组成的空间桁架，使用杆单元时，很容易失稳，难以分析出结果。这时采用梁单元来模拟空间桁架的杆件会得到较好的结果。采用梁单元分析时，其杆件的内力除了轴力外，还有弯矩，对于桁架的上、下弦杆件，可采用压弯构件进行后处理，这样得到的应力通常会较采用杆单元分析等到的应力高约 10%；对于桁架的腹杆，其弯矩较小，通常可不计弯矩项，按照轴心受力构件进行后处理。综上所述，大跨度的旧工业建筑若在停产后经再生利用后（内部空间如图 5.19 所示），屋架可整体或局部替换为钢桁架，建模分析可参照本文所阐述的方法。

图 5.18　屋面桁架平面布置图

图 5.19　沈阳某再生利用项目实景图

(2) 圆柱形筒仓结构分析

某圆柱形大型储气柜储气容积为 15 万 m^3,储气压力为 9.5kPa。其结构为内径 51.2 m、高 86.3 m 的圆筒形钢结构。主要由立柱、加劲侧板、回廊等组成。在进行该模型分析时，侧板、回廊只能采用壳单元，而立柱、侧板加劲则可采用梁单元和壳单元。由于立柱（工字钢）、侧板加劲（T 形钢）的截面相对于柜体尺寸较小，若采用壳单元，则单元的网格会匹配立柱、侧板加劲的尺寸，这样单元的尺寸需按 100 mm 左右划分。按此划分模型，单元的数量会达到 100 万以上。这样计算的时间会相当长。为此,采用梁单元来模拟立柱、加劲，壳单元来模拟侧板，两种单元混合使用，单元数量下降到 1 万左右，极大地节约了分析时间，而分析的精度已能达到设计要求。建立的有限元模型如图 5.20 所示，该类圆柱形筒仓结构若在停产后经再生利用的实景如图 5.21 所示。

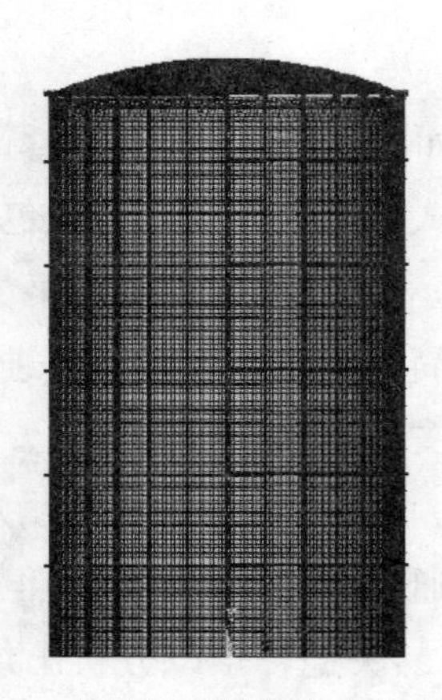

图 5.20　某圆柱形储气柜有限元模型图

图 5.21　上海民生港码头再生利用项目实景图

(3) 异形结构体系分析

某异形结构高炉框架由炉体下部框架、上部框架、炉顶框架组成，宽约 40 m，高约 90 m。下部框架由 4 根 2500mm × 200 mm 箱形柱子和 4 根 2500mm × 2000 mm 箱形梁组成。上部框架由箱形柱和各层平台梁组成，顶层框架梁为箱形梁。首次设计荷载 50000 kN 的框架，对方案进行了多次论证，部分专家认为箱形梁为 4 块板材焊接而成，应采用壳单元；亦有专家认为可把箱形梁作为一个整体，采用梁单元进行分析。为确保分析的可靠，通过采用 ANSYS 和 Marc 两种有限元软件，分别采用梁单元和壳单元进行分析，然后对应力、位移等指标进行比较。建立的有限元模型如图 5.22 所示。两种分析结果表明，总体上的应力和位移差别不超过 3%，但在局部区域如上部框架与下部框架的连接点，应力差别约 10%，这是因为梁单元未反映连接节点处的加强措施。该比较表明，该类工程的分析应优先采用梁单元进行分析，当需对节点等地方进行精细分析时，可取局部区域采用壳单元进行分析。如果整个模型均采用壳单元进行分析，则建模的时间太长，难以满足工程设计的工期要求。该类异形结构体系若在停产后经再生利用的外部空间如图 5.23 所示。

图 5.22　某高炉框架模型图

图 5.23　上海智力产业园再生利用项目实景图

5.3.3　模型修正方法

1. 有限元模型修正流程

利用有限元模型分析进行定量、准确地结构损伤识别，首先要建立结构的基准有限元模型。但是，往往存在各种材料参数不确定、支撑刚度和连接刚度不恰当模拟、边界条件近似、阻尼特性精确度不高、理论假设等因素影响着初始有限元模型的精度，其与实际模型之间不可避免地存在误差，这就要求对初始有限元模型进行修正，有限元模型修正流程如图 5.24 所示。

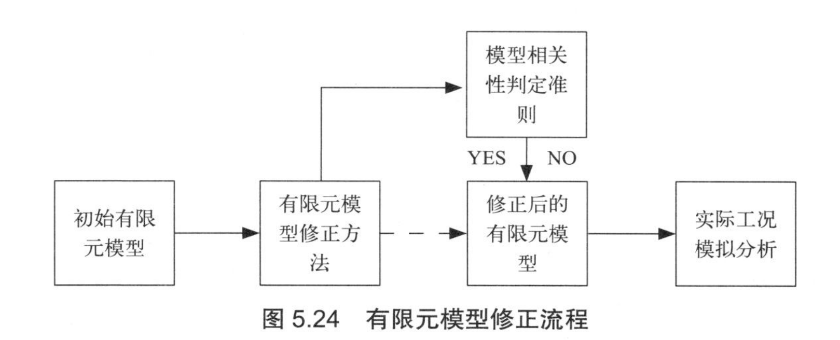

图 5.24　有限元模型修正流程

2. 初始有限元模型修正方法对比分析

模型修正方法大致可以分为两类：

（1）优矩阵修正法。以有限元模型的刚度矩阵元素和质量矩阵元素作为修正的对象，该方法计算简便，修正结果的模态数据与实测的模态数据一致，但存在刚度矩阵和质量矩阵被修正为满矩阵，有时还会出现虚元和负刚度值的现象。

(2) 设计参数型法。以结构参数如弹性模量、截面面积、密度等参数作为修正对象，该方法可以很好地保留结构的力学特性，因此常被采用。

较为常见的模型修正方法按所采用的数据类型进行分类，即分为基于静力的模型修正方法、基于动力的模型修正方法、基于智能计算的模型修正方法和其他模型修正方法。有限元模型修正方法对比分析见表 5.7。

有限元模型修正方法对比分析 表 5.7

序号	方法	方法释义	特点
1	基于静力的模型修正方法	结构的静力参数主要包括结构刚度、结构的位移和应变，结构的刚度和位移反映结构的整体效应，结构应变反映结构的局部效应。采用静力测试数据进行有限元模型修正研究	对位移或应变等静力参数进行测量，对静力参数的计算与测量值间的残差进行分析，来实现对结构的有限元模型修正
2	基于动力的模型修正方法	①矩阵优化法：以实测模态参数和有限元模型（质量矩阵 $\boldsymbol{M}$、刚度矩阵 $\boldsymbol{K}$、阻尼矩阵 $\boldsymbol{C}$）作为参考基，寻找满足特征方程、正交条件、对称条件等，且与参考基最逼近的修正过的有限元模型	得到的质量矩阵和刚度矩阵不仅改变了原矩阵的带状性和稀疏性，且物理意义不明确，有时矩阵主对角线元素会出虚元和负刚度或负质量
		②设计参数法：是直接对结构设计参数进行修正，即结构的几何特性和物理特性参数：如构件的截面惯性矩、材料的弹性模量、密度等	其结果具有明确的物理意义，便于实际结构分析计算，并与其他优化设计过程兼容，实用性强
		③灵敏度分析法：可求出结构各部分质量、刚度及阻尼变化对结构特征值、特征向量或频响函数改变的敏感程度	从而指示修改何处的物理参数对结构总体的动态特性影响最大且最为有效
		④特征结构配置法：借用经典自动控制的闭环反馈控制技术，把局部修正看作反馈回路来研究它对原系统的影响，从而达到模型修正的目的	求解反馈增益矩阵，使闭环系统中固有频率和模态与实测值吻合，而高阶频率和模态保持不变
		⑤频响函数法：频响函数反映了系统的输入和输出之间的关系，反映了系统的固有特性，是系统在频域中的一个重要特征量。基于频响函数的模型修正算法可以分为方程残差和输出力残差两大类	残差为空间参数的线性函数，修正可以很快收敛，输出力残差的优点是精度高，当实验结果具有零均值的噪声时，参数估计是无偏的
3	基于智能计算的模型修正方法	①神经网络法：翟伟廉等建立了基于径向基神经网络的空间网架结构有限元模型修正的计算方法，依据神经网络方法完成了大型空间网架结构节点固结系数的识别	不求解灵敏度矩阵，自适应处理由噪声引起的测量模态失真和克服数据不完整造成缺陷，具有强大非线性映射功能
		②随机优化方法：随机优化方法较为广泛的是遗传算法和模拟退火法，它们按概率寻找问题的最优解	可较好解决陷入局部最优问题，较好地找到全局最优解，具有很强的鲁棒性
4	其他模型修正方法	基于响应面方法：有基于方差分析的参数筛选、基于回归分析的响应面拟合、利用响应面进行模型修正三种方法	—

此外，有限元模型修正方法还可按计算方法、模型修正对象、功能需求、模型修正范围等情况进行分类。

3. 有限元模型修正相关性判定准则

通过有限元模型修正方法得到修正后的模型后，需要通过一定的目标函数定义来检验修正后的有限元模型是否正确，即模型相关性判定准则：

（1）静力特性相关性准则

通过百分比误差来表示实测位移和应变等参数与有限元计算出的位移和应变等对应的参数之间的相关性。用 U_{t} 表示实测位移，U_{a} 表示计算位移；用 ε_{t} 表示实测应变，ε_{a} 表示计算应变；U_{t} 与 U_{a} 之间，ε_{t} 与 ε_{a} 之间的相关程度分别按公式（5-16）计算：

$$e_{\mathrm{u}}=\frac{\left|U_{\mathrm{t}}-U_{\mathrm{a}}\right|}{U_{\mathrm{t}}}\times 100, e_{\varepsilon}=\frac{\left|\varepsilon_{\mathrm{t}}-\varepsilon_{\mathrm{a}}\right|}{\varepsilon_{\mathrm{t}}}\times 100 \tag{5-16}$$

由于有限元模型是简化的光滑模型，模型中给出的是单元上的平均应变，而实测应变是一个局部量，跟位置密切相关。因此，基于静力的有限元模型修正过程中，应变数据误差则可适当放宽，位移数据误差可以控制得偏小一些。

（2）频率相关性准则

通过百分比误差来表示固有频率与有限元计算出的频率之间的相关性。固有频率是动态检测的最基本参数，比模态振型向量更容易准确测量。用 $f_{\mathrm{t}i}$ 表示检测频率，$f_{\mathrm{a}i}$ 表示计算频率，$f_{\mathrm{t}i}$ 与 $f_{\mathrm{a}i}$ 之间的相关程度按公式（5-17）计算：

$$e_{\mathrm{f}i}=\frac{\left|f_{\mathrm{t}i}-f_{\mathrm{a}i}\right|}{f_{\mathrm{t}i}}\times 100, e_{\mathrm{f}}=\left[\frac{\sum_{i=1}^{p}\left(f_{\mathrm{t}i}-f_{\mathrm{a}i}\right)}{\sum_{i=1}^{p}f_{\mathrm{t}i}^{2}}\right]\times 100 \tag{5-17}$$

（3）振型相关性准则

通过百分比误差来表示计算振型与实测振型之间的相关性。其相关性 MAC_i 可以通过模态置信准则来计算。$MAC_i=1$ 表示模态完全相关，$MAC_i=0$ 表示模态完全不相关。除此以外，误差表达式亦可以按公式（5-18）进行相关性评价：

$$e_{\varphi}=\left[1-\frac{1}{p}\sqrt{\sum_{i=1}^{p}\left(MAC_{i}\right)^{2}}\right]\times 100 \tag{5-18}$$

5.4　结构性能评定

旧工业建筑再生利用使用维护阶段结构性能评定是关系结构后续使用安全的关键。结构性能评定包括结构可靠性评定和抗震性能评定，需依据《民用建筑可靠性鉴定标准》GB 50292 及《建筑抗震鉴定标准》GB 50023 进行。

5.4.1 结构可靠性评定

根据《民用建筑可靠性鉴定标准》GB 50292，结构可靠性评定包括安全性评定和使用性评定，如图 5.25 所示。对旧工业建筑再生利用使用维护阶段结构的可靠性评定，同样分为安全性评定和使用性评定。

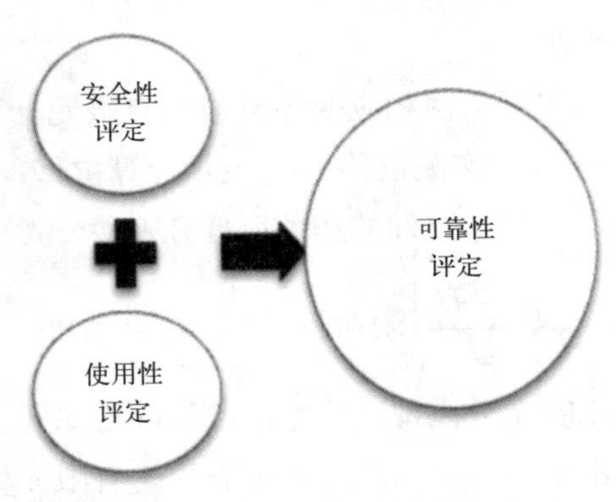

图 5.25 可靠性评定分类关系图

一般来说，旧工业建筑再生利用后的使用过程中，在下列情况下需要进行结构的可靠性评定，见表 5.8。

民用建筑可靠性评定的适用范围 表 5.8

评定类别	适用范围
仅进行安全性	建筑物改造前的安全检查
	需要延长使用期的安全检查
	使用性评定中发现有安全问题
	危房鉴定及各种应急评定
仅进行使用性	建筑物日常维护的检查
	建筑物使用功能的评定
	建筑物有特殊使用要求的专项评定
可靠性	建筑物大修前的全面检查
	重要建筑物的定期检查
	建筑物改变用途或使用条件的评定
	建筑物超过设计基准期继续使用的评定
	为制定建筑群维修改造规划而进行的普查

旧工业建筑再生利用使用维护阶段结构的可靠性评定，需要依据相应的评定标准和方法，按照构件、子单元和鉴定单元 3 个层次，各层分级并逐步进行。其中各层次的可靠性评定等级，应以该层次安全性和使用性的评定结果为依据综合确定，每一层次的可靠性等级分为四级，具体的可靠性评级标准见表 5.9 规定。

结构可靠性评级标准　　表 5.9

层次	评定对象	等级	评级标准	处理要求
一	单个构件或其检查项目	a	可靠性符合《民用建筑可靠性鉴定标准》GB 50292 对 a 级的要求，具有正常的承载功能和使用功能	不必采取措施
		b	可靠性略低于《民用建筑可靠性鉴定标准》GB 50292 对 a 级的要求，尚不显著影响承载功能和使用功能	可不采取措施
		c	可靠性不符合《民用建筑可靠性鉴定标准》GB 50292 对 a 级的要求，显著影响承载功能和使用功能	应采取措施
		d	可靠性极不符合《民用建筑可靠性鉴定标准》GB 50292 对 a 级的要求，已严重影响安全	必须及时或立即采取措施
二	子单元或其中的某种构件	A	可靠性符合《民用建筑可靠性鉴定标准》GB 50292 对 A 级的要求，不影响整体承载功能和使用功能	可能有个别一般构件应采取措施
		B	可靠性略低于《民用建筑可靠性鉴定标准》GB 50292 对 A 级的要求，但尚不显著影响整体承载功能和使用功能	可能有极少数构件应采取措施
		C	可靠性不符合《民用建筑可靠性鉴定标准》GB 50292 对 A 级的要求，显著影响整体承载功能和使用功能	应采取措施，且可能有极少数构件必须及时采取措施
		D	可靠性极不符合《民用建筑可靠性鉴定标准》GB 50292 对 A 级的要求，已严重影响安全	必须及时或立即采取措施
三	现有建筑整体	Ⅰ	可靠性符合《民用建筑可靠性鉴定标准》GB 50292 对Ⅰ级的要求，不影响整体承载功能和使用功能	可能有极少数一般构件应在安全性或使用性方面采取措施
		Ⅱ	可靠性略低于《民用建筑可靠性鉴定标准》GB 50292 对Ⅰ级的要求，尚不显著影响整体承载功能和使用功能	可能有极少数构件应在安全性或使用性方面采取措施
		Ⅲ	可靠性不符合《民用建筑可靠性鉴定标准》GB 50292 对Ⅰ级的要求，显著影响整体承载功能和使用功能	应采取措施，且可能有极少数构件必须及时采取措施
		Ⅳ	可靠性极不符合《民用建筑可靠性鉴定标准》GB 50292 对Ⅰ级的要求，已严重影响安全	必须及时或立即采取措施

旧工业建筑再生利用使用维护阶段的可靠性评定，应按划分的三个层次，以其安全性和正常使用性的评定结果为依据逐层进行，按下列原则进行确定：

（1）一般情况，可按安全性等级和正常使用性等级中较低的一个等级确定；

（2）当该层次安全性等级低于 b_u 级、B_u 级或 B_{su} 级时，应按安全性等级确定。

1. 结构安全性评定

使用维护阶段结构的安全性评定，是在对结构现状检测情况进行分析的基础上，根据结构分析与校核的结果，依据《民用建筑可靠性鉴定标准》GB 50292 等规范，按照构件、子单元和评定单元 3 个层次，各层分级并逐步进行安全性评定，其具体评定的层次、等级划分以及工作内容和评级标准分别见表 5.10、表 5.11。每一层次分为四个安全性等级，按检查项目和步骤，从第一层开始，分层进行：

首先，根据构件各检查项目评定结果，确定单个构件等级；

其次，根据子单元各检查项目及各种构件的评定结果，确定子单元等级；

最后，根据各子单元的评定结果，确定鉴定单元等级。

结构安全性评定的层次、等级划分及内容 表 5.10

<table>
<tr><th>层次</th><th>一</th><th colspan="2">二</th><th>三</th></tr>
<tr><td>评定对象</td><td>构件</td><td colspan="2">子单元</td><td>评定单元</td></tr>
<tr><td>等级</td><td>a_u、b_u、c_u、d_u</td><td colspan="2">A_u、B_u、C_u、D_u</td><td>A_{su}、B_{su}、C_{su}、D_{su}</td></tr>
<tr><td rowspan="3">地基基础</td><td>—</td><td>地基变形评级</td><td rowspan="3">地基基础评级</td><td rowspan="7">评定单元安全性评级</td></tr>
<tr><td rowspan="2">按同类材料构件各检查项目评定单个基础等级</td><td>边坡场地稳定性评级</td></tr>
<tr><td>地基承载力评级</td></tr>
<tr><td rowspan="3">上部承重结构</td><td rowspan="2">按承载能力、构造与连接、变形与损伤等检查项目评定单个构件等级</td><td>每种构件集评级</td><td rowspan="3">上部承重结构评级</td></tr>
<tr><td>结构侧向位移评级</td></tr>
<tr><td>—</td><td>按结构布置、支撑、圈梁、结构间连接等检查项目评定结构整体性等级</td></tr>
<tr><td>围护系统承重部分</td><td colspan="3">按上部承重结构检查项目及步骤评定围护系统承重部分各层次安全性等级</td></tr>
</table>

结构安全性评级标准 表 5.11

<table>
<tr><th>层次</th><th>评定对象</th><th>等级</th><th>评级标准</th><th>处理要求</th></tr>
<tr><td rowspan="4">一</td><td rowspan="3">单个构件或其检查项目</td><td>a_u</td><td>安全性符合《民用建筑可靠性鉴定标准》GB 50292 对 a_u 级的要求，具有足够的承载能力</td><td>不必采取措施</td></tr>
<tr><td>b_u</td><td>安全性略低于《民用建筑可靠性鉴定标准》GB 50292 对 a_u 级的要求，尚不显著影响承载能力</td><td>可不采取措施</td></tr>
<tr><td>c_u</td><td>安全性极不符合《民用建筑可靠性鉴定标准》GB 50292 对 a_u 级的要求，显著影响承载能力</td><td>应采取措施</td></tr>
<tr><td>单个构件或其检查项目</td><td>d_u</td><td>安全性极不符合《民用建筑可靠性鉴定标准》GB 50292 对 a_u 级的要求，已严重影响承载能力</td><td>必须及时或立即采取措施</td></tr>
</table>

续表

层次	评定对象	等级	评级标准	处理要求
二	子单元或子单元的某种构件集	A_u	安全性符合《民用建筑可靠性鉴定标准》GB 50292 对 A_u 级的要求，不影响整体承载	可能有个别一般构件应采取措施
		B_u	安全性略低于《民用建筑可靠性鉴定标准》GB 50292 对 A_u 级的要求，尚不显著影响整体承载	可能有极少数构件应采取措施
		C_u	安全性不符合《民用建筑可靠性鉴定标准》GB 50292 对 A_u 级的要求，显著影响整体承载	应采取措施，且可能有极少数构件必须立即采取措施
		D_u	安全性极不符合《民用建筑可靠性鉴定标准》GB 50292 对 A_u 级的要求，严重影响整体承载	必须立即采取措施
三	评定单元	A_{su}	符合《民用建筑可靠性鉴定标准》GB 50292 对 A_{su} 级的要求，不影响整体承载	可能有极少数一般构件应采取措施
		B_{su}	略低于《民用建筑可靠性鉴定标准》GB 50292 对 A_{su} 级的要求，尚不显著影响整体承载	可能有极少数构件应采取措施
		C_{su}	不符合《民用建筑可靠性鉴定标准》GB 50292 对 A_{su} 级的要求，显著影响整体承载	应采取措施，且可能有极少数构件必须及时采取措施
		D_{su}	极不符合《民用建筑可靠性鉴定标准》GB 50292 对 A_{su} 级的要求，严重影响整体承载	必须立即采取措施

2. 结构使用性评定

旧工业建筑再生利用使用维护阶段结构的使用性评定，是在位移（变形）、裂缝、锈蚀（腐蚀）、风化（粉化）等检测的基础上，依据相应的评定标准和方法，按照构件、子单元和鉴定单元 3 个层次，各层分级并逐步进行使用性评定，其具体评定的层次、等级划分以及工作内容和评级标准分别见表 5.12、表 5.13。每一层次分为三个使用性等级，按检查项目和步骤，从第一层开始，分层进行：

结构使用性评定的层次、等级划分及内容　　表 5.12

<table>
<tr><th>层次</th><th>一</th><th colspan="2">二</th><th>三</th></tr>
<tr><td>评定对象</td><td>构件</td><td colspan="2">子单元</td><td>评定单元</td></tr>
<tr><td>等级</td><td>a_s、b_s、c_s</td><td colspan="2">A_s、B_s、C_s</td><td>A_{ss}、B_{ss}、C_{ss}</td></tr>
<tr><td>地基基础</td><td>—</td><td colspan="2">按上部承重结构和围护系统工作状态评估地基基础等级</td><td rowspan="3">评定单元正常使用性评级</td></tr>
<tr><td rowspan="2">上部承重结构</td><td rowspan="2">按位移、裂缝、风化、锈蚀等检查项目评定单个构件等级</td><td>每种构件集评级</td><td rowspan="2">上部承重结构评级</td></tr>
<tr><td>结构侧向位移评级</td></tr>
</table>

续表

层次	一	二		三
围护系统功能	—	按屋面防水、吊顶、墙、门窗、地下防水及其他防护设施等检查项目评定围护系统功能等级	围护系统评级	评定单元正常使用性评级
	按上部承重结构检查项目及步骤评定围护系统承重部分各层次使用性等级			

旧工业建筑再生利用使用维护阶段结构使用性评级标准　　表 5.13

层次	评定、对象	等级	评级标准	处理要求
一	单个构件或其检查项目	a_s	使用性符合《民用建筑可靠性鉴定标准》GB 50292 对 a_s 级的要求，具有正常的使用功能	不必采取措施
		b_s	使用性略低于《民用建筑可靠性鉴定标准》GB 50292 对 a_s 级的要求，尚不显著影响使用功能	可不采取措施
		c_s	使用性不符合《民用建筑可靠性鉴定标准》GB 50292 对 a_s 级的要求，显著影响使用功能	应采取措施
二	子单元或其中某种构件集	A_s	使用性符合《民用建筑可靠性鉴定标准》GB 50292 对 A_s 级的要求，不影响整体使用功能	可能有极少数一般构件应采取措施
		B_s	使用性略低于《民用建筑可靠性鉴定标准》GB 50292 对 A_s 级的要求，尚不显著影响整体使用功能	可能有极少数构件应采取措施
		C_s	使用性不符合《民用建筑可靠性鉴定标准》GB 50292 对 A_s 级的要求，显著影响整体使用功能	应采取措施
三	评定单元	A_{ss}	使用性符合《民用建筑可靠性鉴定标准》GB 50292 对 A_{ss} 级的要求，不影响整体使用功能	可能有极少数一般构件应采取措施
		B_{ss}	使用性略低于《民用建筑可靠性鉴定标准》GB 50292 对 A_{ss} 级的要求，尚不显著影响整体使用功能	可能有极少数构件应采取措施
		C_{ss}	使用性不符合《民用建筑可靠性鉴定标准》GB 50292 对 A_{ss} 级的要求，显著影响整体使用功能	应采取措施

首先，根据构件各检查项目评定结果，确定单个构件等级；

其次，根据子单元各检查项目及各种构件的评定结果，确定子单元等级；

最后，根据各子单元的评定结果，确定现有鉴定单元等级。

(1) 结构构件的使用性评定

第一个层次，结构构件使用性等级应根据不同材料的种类，按照位移、裂缝、锈蚀（腐蚀）等项目进行评定，并取其中最低一级作为该构件使用性等级。具体评定项目如图 5.26 所示。

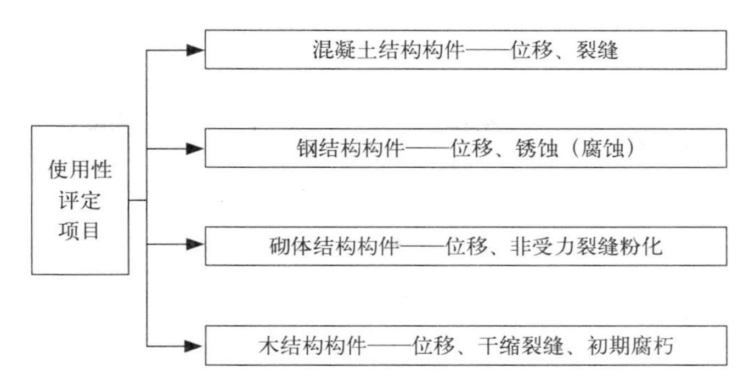

图 5.26　旧工业建筑再生利用使用维护阶段结构使用性评定项目

（2）子单元的使用性评定

第二个层次，子单元的使用性评定是在结构构件使用性评定的基础上进行的，从地基基础、上部承重结构、围护结构三个方面来进行评定。

1）地基基础的使用性评定等级，应按下列原则进行确定：

①当上部承重结构和围护系统的使用性检查未发现问题，或与地基基础无关时，可将地基基础定为 A_u 级或 B_u 级；

②当上部承重结构或围护系统的使用性检查发现了问题，且与地基基础有关时，可取其中较低一级作为地基基础使用性等级；

③当开挖检查结果为 C_u 级时，应将地基基础使用性等级定为 C_u 级。

2）上部承重结构的使用性评定等级，应根据其所含各种构件的使用等级和结构侧向位移等级进行评定，具体按下列原则进行确定：

①一般情况下，应按各种主要构件及结构侧移等级的评级结果，取最低一级；

②若按主要构件和结构侧移评为 A_s 级或 B_s 级，但有多种一般构件为 C_s 级时，应降为 C_s 级，仅一种一般构件为 C_s 级时，可不降低。当建筑物的使用要求对振动有限制时，还应评估振动的影响。

3）围护结构系统的使用性评定等级，应根据该系统的使用功能等级及其承重部分的使用等级进行评定，取两部分中的较低等级作为围护系统的使用性等级。

一般情况下，围护结构系统使用性评定项目主要包括屋面防水、吊顶（天棚）、非承重内墙（和隔墙）、外墙（自承重墙或填充墙）、门窗、地下防水、其他防护设施等，可取主要项目中最低等级作为围护系统的使用性等级。当主要项目为 A_s 级或 B_s 级，但有 $\geqslant 2$ 项为 C_s 级时，应降为 C_s 级。

（3）评定单元使用性评定

第三个层次，使用性等级评定应根据其地基基础、上部承重结构和围护结构系统的使用性等级评定结果，取最低一级作为现有建筑整体评定单元的使用性等级。

5.4.2 结构抗震性能评定

旧工业建筑再生利用使用维护阶段结构抗震性能评定，旨在满足可靠性的要求下，为减轻地震破坏，减少损失，依据《建筑抗震鉴定标准》GB 50023，对建筑结构进行抗震性能评定。

抗震性能评定分为两级。第一级评定应以宏观控制和构造鉴定为主进行综合评价，第二级评定应以抗震验算为主结合构造影响进行综合评价。如图 5.27 所示。

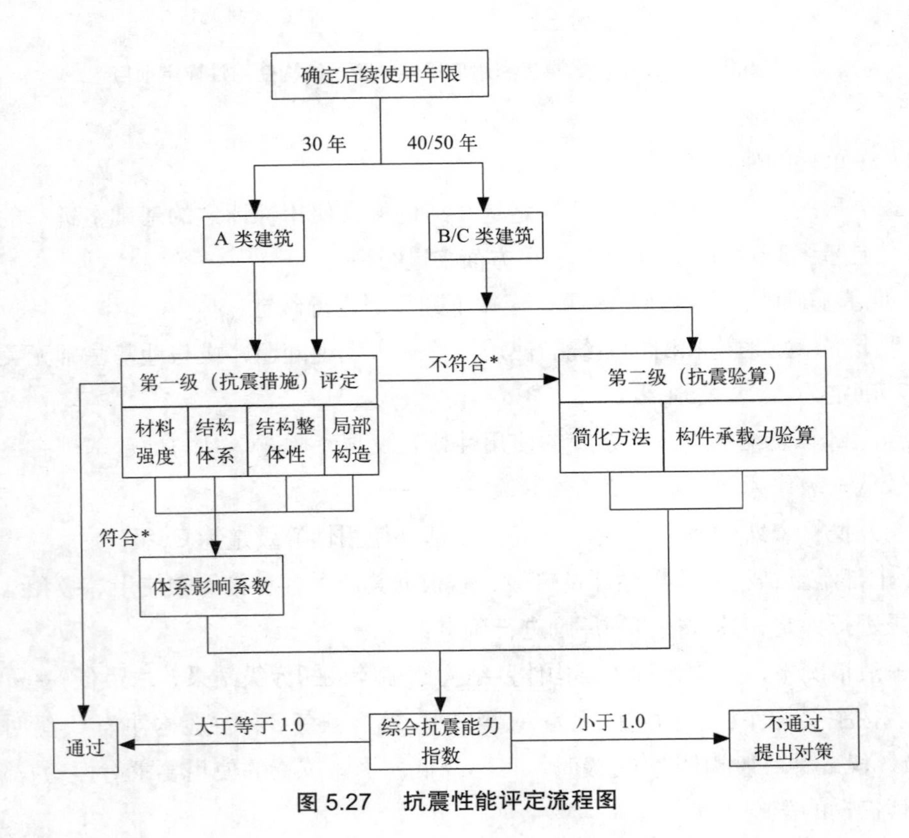

图 5.27 抗震性能评定流程图

(1) 旧工业建筑再生利用使用维护阶段抗震性能第一级评定，即现有建筑宏观控制和构造鉴定的基本内容及要求，应符合下列规定：

1）当建筑的平面、立面，质量、刚度分布和墙体等抗侧力构件的布置在平面内明显不对称时，应进行地震扭转效应不利影响的分析；当结构竖向构件上下不连续或刚度沿高度分布突变时，应找出薄弱部位并按相应的要求评定。

2）检查结构体系，应找出其破坏会导致整个体系丧失抗震能力或丧失对重力的承载能力的部件或构件；当房屋有错层或不同类型结构体系相连时，应提高其相应部位的抗震性能评定要求。

3）检查结构材料实际达到的强度等级，当低于规定的最低要求时，应提出采取相应的抗震减灾对策。

4）多层建筑的高度和层数，应符合《建筑抗震鉴定标准》GB 50023 规定的最大值限值要求。

5）当结构构件的尺寸、截面形式等不利于抗震时，宜提高该构件的配筋等构造抗震性能评定要求。

6）结构构件的连接构造应满足结构整体性的要求。

7）非结构构件与主体结构的连接构造应满足不倒塌伤人的要求；位于出入口及人流通道等处，应有可靠的连接。

8）当建筑场地位于不利地段时，尚应符合地基基础的有关评定要求。

（2）旧工业建筑再生利用使用维护阶段抗震性能第二级评定，即当第一级评定不满足时，可通过抗震验算进行综合抗震性能评定。一般情况下，依据《建筑抗震鉴定标准》GB 50023 规定的各种情况进行结构的抗震验算，对于没有给出具体方法的情况，可采用现行国家标准《建筑抗震设计规范》GB 50011 的方法，结构构件抗震验算按公式（5-19）进行：

$$S \leqslant R / \gamma_{Ra} \tag{5-19}$$

式中：S——结构构件内力（轴向力、剪力、弯矩等）组合的设计值；计算时，有关的荷载、地震作用、作用分项系数、组合值系数，应按现行国家标准《建筑抗震设计规范》GB 50011 的规定采用；其中，场地的设计特征周期可按表 5.14 确定，地震作用效应（内力）调整系数应按《建筑抗震鉴定标准》GB 50023 的规定采用，8、9 度的大跨度和长悬臂结构应计算竖向地震作用；

特征周期值（s）　　　　**表 5.14**

设计地震分组	场地类别			
	Ⅰ	Ⅱ	Ⅲ	Ⅳ
第一、二组	0.20	0.30	0.40	0.65
第三组	0.25	0.40	0.55	0.85

R——结构构件承载力设计值，按现行国家标准《建筑抗震设计规范》GB 50011 的规定采用；其中，各类结构材料强度的设计指标应按《建筑抗震鉴定标准》GB 50023 附录 A 采用，材料强度等级按现场实际情况确定；

γ_{Ra}——抗震性能评定的承载力调整系数，一般情况下，可按现行国家标准《建筑抗震设计规范》GB 50011 的承载力抗震调整系数值采用；A 类建筑抗震性能评定时，钢筋混凝土构件应按现行国家标准《建筑抗震设计规范》GB 50011 承载力抗震调整系数值的 0.85 倍采用。

第 6 章　工程案例

在第 1 ~ 5 章旧工业建筑再生利用结构安全检测与评定理论分析的基础上，本章结合“陕钢厂再生利用项目”，详细阐述陕钢厂在决策设计阶段、施工建造阶段、质量验收阶段、使用维护阶段如何确保全过程结构安全，以期理论结合实践，具体形象地向广大读者分析旧工业建筑再生利用结构安全检测与评定的全过程。

6.1　项目概况——陕钢厂再生利用项目

陕西钢铁厂始建于 1958 年，1965 年全面投产，曾是全国十大特种钢材企业之一，年产特种钢材 21 万吨，为我国的国防事业做出过巨大贡献，同时培养和输送了大量的专业人才和技术。改革开放后，陕钢厂抓住机遇，高速发展，在 20 世纪 80 年代，规模不断扩大，同时职工人数也不断增长，高峰期职工人数达 15000 人之多，旧貌如图 6.1 所示。

(a) 厂房鸟瞰图

(b) 厂房内部

(c) 高温炼钢作业

(d) 工人吊装作业

图 6.1　陕钢厂厂房旧貌及工作剪影

但在 20 世纪 90 年代，随着产业结构的调整，陕钢厂由于产品的创新跟不上市场需求，不能与新兴的钢厂并驾齐驱；设备日益陈旧，产品质量难以得到保证，高能耗同时造成高成本；原材料来源主要依靠外地运输，交通运输成本高造成产品成本高于同行；企业离退休职工越来越多，而养老金、医疗费用仍然由企业自行负担等原因，在经历各种改革尝试后，未能跟进市场发展的潮流，于 1999 年元月宣告停产。原陕钢厂功能分区如图 6.2 所示。

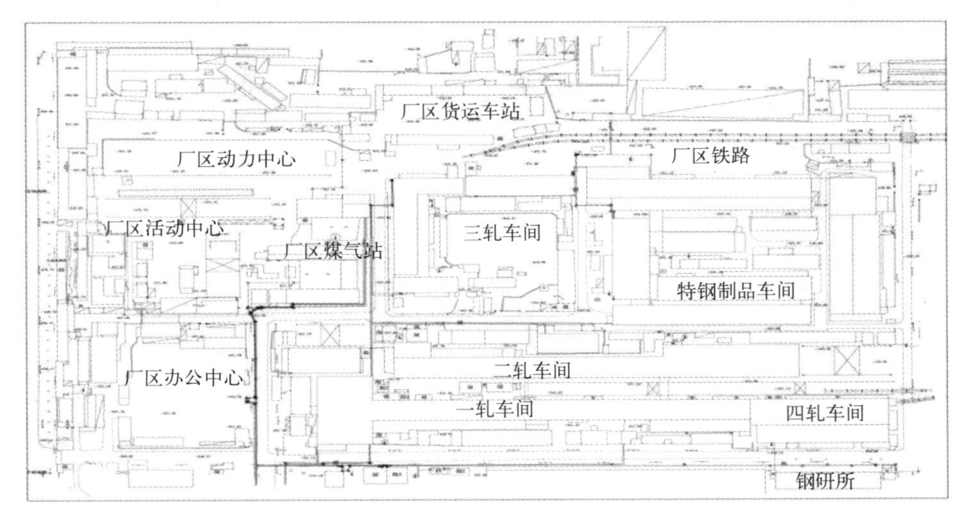

图 6.2　原陕钢厂功能分区

西安建大科教产业公司在省、市政府的大力支持下，全面收购陕钢厂，建立西安建大科教产业园。在结合原有的建筑资源、区位环境以及西安市的总体规划布局基础上，对科教产业园区进行了整体规划。将整个园区划分为教育园区、产业园区、开发园区等几部分。其中以教育、产业和开发园区建设的主体构架，辅以配套的生产、生活设施。西安建筑科技大学华清学院（属独立学院，下称华清学院）作为教育园区是产业科技园的重要组成部分，建设始于 2002 年 12 月，通过对原有旧工业建筑的再生利用，校园建设已初具规模，目前，已建成 14 栋学生公寓以及教学综合楼、培训中心等新校舍，学校的教学条件已逐步完善，校园内绿树成荫，环境优美，各种设施齐全，文化氛围浓厚，在校学生人数已达 12000 余人，预计今后该校区在校学生人数将达到 15000 人。

教学园区的建设规划及重点工程设计由我国著名建筑设计大师刘克成教授主持。在合理利用陕钢厂原有旧工业建筑资源的基础上，对原有建筑物进行了大胆新颖的设计，部分保持了原有风貌，凸显了旧厂房由兴盛至破败、由衰亡到重生的历史演变，体现出了对人文、历史、环境的深刻反思，营造了浓郁的产业文化氛围，如图 6.3 所示。

图 6.3　再生利用后厂区布局

整个教学园区占地面积 400 余亩，由教学楼、学生宿舍、体育场、大学生活动中心、学生食堂、风雨操场、图书馆、健身房、报告厅、洗浴中心、校医院等十余栋单体建筑组成，其中再利用项目主要包括一、二号教学楼工程，工程训练中心，风雨操场工程，大学生活动中心等，见表 6.1。

西安建筑科技大学华清学院重点项目概况表　　表 6.1

项目名称	再利用前功能	原建设时间	再利用后功能	建筑面积 (m^2)	开工时间	竣工时间	技术途径
一号教学楼	一号轧钢车间	1960	教学楼	11091	2003.4	2004.3	钢筋混凝土框架加层
图书馆	一号轧钢车间	1960	教学场所	5904	2004.4	2004.10	钢结构框架加层
二号教学楼	二号轧钢车间	1978	教学楼	14440	2003.4	2003.12	钢筋混凝土框架加层
大学生活动中心	二号轧钢车间料厂	1980	学生活动	1213	2004.7	2004.8	水磨石地面
风雨操场	三号轧钢车间	1978	教学、试验、多媒体教室	3255	2004.6	2004.10	装修为主

华清学院一、二号教学楼即原陕钢厂的一、二号轧钢车间，因加固改造工程量最大、最复杂，所以本书以两个教学楼的再生利用过程举例说明其在决策设计阶段、施工建造阶段、质量验收阶段、使用维护阶段的相关工程实践经验。

6.2 决策设计阶段

6.2.1 结构性能检测与评定

华清学院是在对旧工业建筑再生利用的基础上建造而成的大学教育机构，拥有在校学生12000多名，如果房屋发生安全事故，将威胁到学生及老师的生命安全。因此，学院在建设和使用的过程中制定了严格的房屋安全管理条例，形成了一套完整的安全管理体系来确保教学设施的使用安全。

在学院规划建设初期，学院聘请专业的检测单位对原厂区内所有的建筑物进行了安全普查。首先查阅原有的设计图纸和文件，结合资料对建筑物进行整理编号，开展现场勘查和外观检测；然后召开专家论证会，在检测的基础上结合最初的规划设想，由专家提供建议形成建筑物的安全使用建议报告。根据建议报告确定可进行再生利用的建筑物的名单及利用形式，并对拟再生利用的建筑物采用分级检测开展结构安全检测。设计之初，就建立了严密的检测制度以保证结构安全，分级检测制度如图6.4所示。

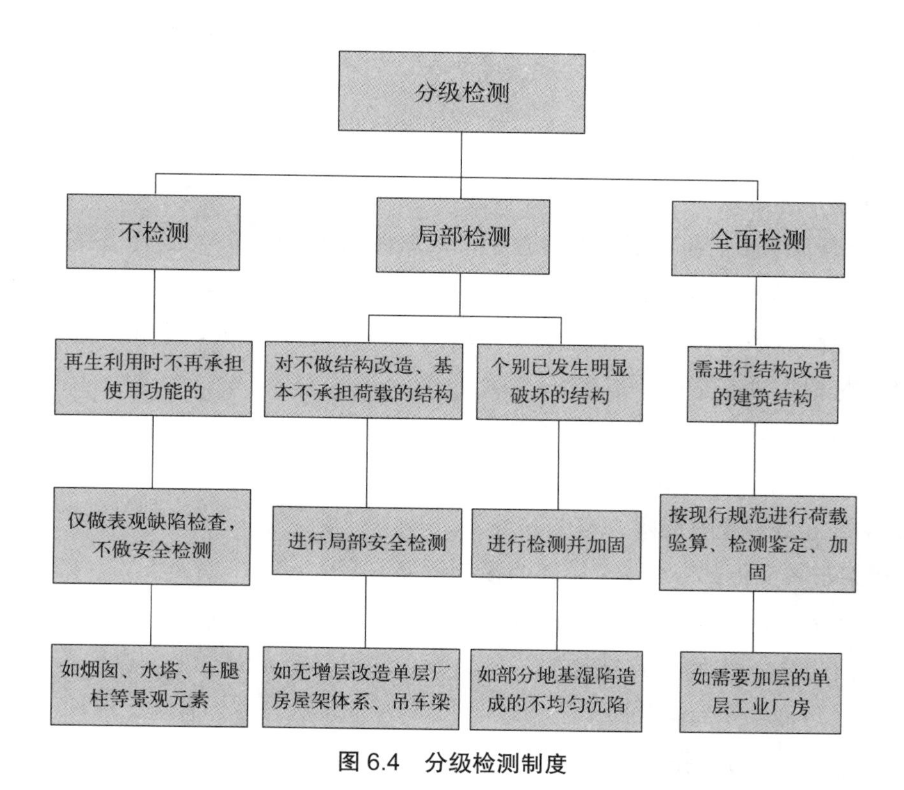

图6.4 分级检测制度

（1）不检测。对如烟囱、水塔、牛腿柱等景观元素，再生利用时不再承担使用功能的建（构）筑物，仅做表观缺陷检查，不做安全检测。

（2）局部检测。对不做增层改造的旧工业建筑单层厂房，仅对屋盖体系进行安全检测。

吊车梁、牛腿柱等构件已无需承载动力荷载，无必要进行检测。但对部分地基湿陷造成的不均匀沉陷应进行检测，并按加固方案进行加固。

(3) 全面检测。单层或多层厂房因为使用功能增加需要加层的，要根据现行规范要求进行荷载验算、检测评定，并根据具体情况提出加固方案。

再生利用过程进行全面检测与评定的建筑物主要包括一号轧钢车间、二号轧钢车间、二号轧钢车间料厂、三号轧钢车间等，由于该项目再生利用年代较早，未考虑结构抗震性能评定，此处以一号轧钢车间（1 号教学楼）举例，说明详细的结构可靠性检测评定过程，一号轧钢车间平面简图如图 6.5 所示。

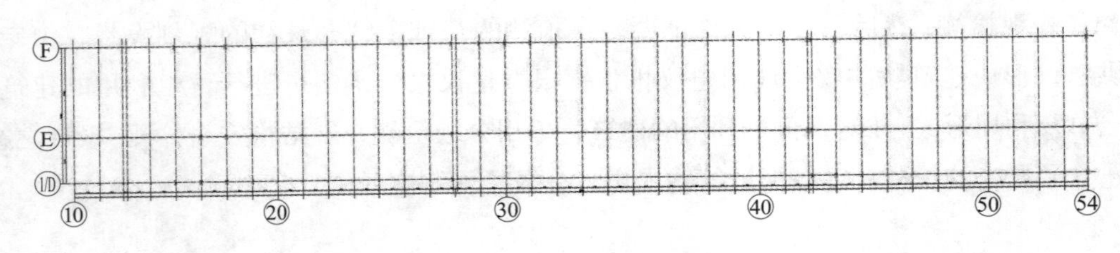

图 6.5　原一号轧钢车间平面简图

1. 结构检查与检测

(1) 现场检查结果

1）地基基础检查：在对基础的检查中，未发现明显的倾斜、变形、裂缝等缺陷，未出现腐蚀、粉化等不良现象。未发现由于不均匀沉降造成的结构构件开裂和倾斜，建筑地基和基础无静载缺陷，地基主要受力层范围内不存在软弱土、液化土和严重不均匀土层，非抗震不利地段，地基基础基本完好。

2）排架柱检查：柱子整体外观质量较好，排架柱均为工字形钢筋混凝土柱；厂房中的一些线路、管道的布置均在混凝土柱上打孔安装；经普查，部分柱表面有轻微机械擦伤；部分柱底侧表面混凝土有脱落，有漏筋现象。

3）屋架与屋面板部分检查：屋架为预制钢筋混凝土屋架，屋面板为预制钢筋混凝土轻型屋面；屋架与柱头连接节点板普遍锈蚀，特别是屋面漏雨部位节点板锈蚀严重；屋面板直接搭接于屋架，无可靠连接措施，屋面板之间板缝填充混凝土普遍脱落，板与板之间板缝较宽，屋面防水有破损时，漏雨较为严重；屋面部分位置，有杂土堆积，杂草丛生，导致屋面排水不畅；屋面防水有部分位置破损。

4）围护结构检查：厂房室内地坪及过道地坪、门窗严重损坏，墙体出现多处裂缝，抹灰脱落严重，部分区域腐蚀严重。

5）支撑检查：屋面支撑、柱间支撑普遍有锈蚀点；钢支撑无防火处理；柱间支撑与柱子连接的节点板普遍锈蚀，特别是水平支撑节点处，由于普遍漏雨造成锈蚀严重；

19/（1/D）柱附近，有管道通至屋面，走管道处将屋架水平支撑角钢翼缘切掉，其余走管道处处理方式一样，严重破坏了水平支撑。

6）吊车梁系统：经检查，吊车梁布置合理；检查吊车轨道，未发现明显的偏轮磨损；检查吊车梁，发现部分明显的裂缝或破损；吊车梁与牛腿连接节点钢板锈蚀。

（2）现场检测结果

1）碳化深度：碳化测试结果表明，厂房牛腿柱、吊车梁等构件碳化深度基本满足要求，未超过钢筋保护层厚度，对钢筋基本无影响，仅部分柱碳化较深，并出现漏筋现象。

2）混凝土强度：根据回弹法检测数据可知，推定牛腿柱强度为 C35，吊车梁强度为 C30，取实测值进行结构承载力验算。

3）钢筋布置：从检测结果可知，排架柱、吊车梁等构件配筋情况基本良好，钢筋间距等基本满足《混凝土结构设计规范》GB 50010 的要求。

4）钢筋锈蚀：根据混凝土现状检查和电位梯度法钢筋锈蚀抽样无损检测，判定牛腿柱、吊车梁混凝土内钢筋已发生锈蚀，锈蚀概率约为 8%。从腐蚀图形来看，混凝土内部绝大部分钢筋未发生锈蚀，少量钢筋有轻微锈蚀。

5）排架柱侧移：根据《工业建筑可靠性鉴定标准》GB 50144，结构侧向（水平）位移评定等级，在单层厂房混凝土柱的倾斜小于 $H/1000$ 柱高时评为 A 级。根据测量结果，部分柱的倾斜量已超出限值，最大倾斜量 38mm，在进行结构承载力验算中予以考虑。

2. 结构承载能力分析

（1）计算说明

采用 PKPM 计算软件进行结构承载能力校核验算，其中荷载取值：①地震作用：本地区抗震设防烈度为 8 度，设计基本地震加速度值为 0.20g；设计地震分组为第一组；设计特征周期为 0.45s；②平台活荷载：2.0kN/m^2；③本地区基本风压为 0.35kPa；基本雪压为 0.20kPa；④材料强度取值：混凝土强度等级 C35、C30。本次计算对结构进行三维建模分析，构件尺寸等按照实测结果输入，计算模型如图 6.6 所示。

（2）计算结果

通过对结构计算模型的验算分析，考虑影响系数后，验算结果表明，地基基础承载力满足要求，局部混凝土排架柱不能满足承载力要求。

3. 结构可靠性评定

依据《工业建筑可靠性鉴定标准》GB 50144，在本次计算分析、现场检查、检测结果的基础上对一号轧钢车间的可靠性评定等级结果如下：

（1）地基基础评级：地基基础基本完好，各检查项基本符合规范要求，评为 B 级。

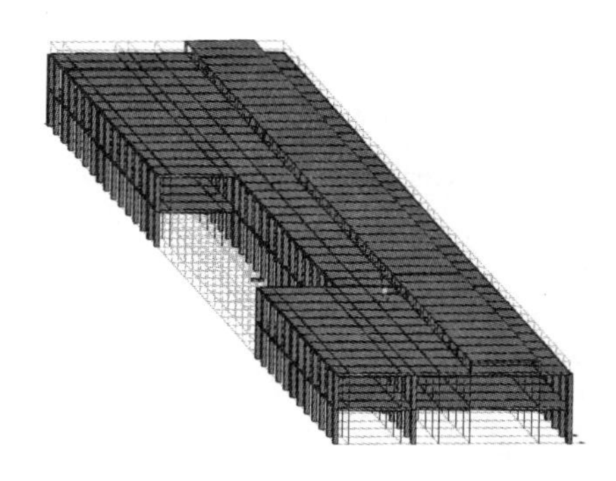

图 6.6　一号轧钢车间计算模型

(2) 上部承重结构评级：使用性包括结构水平位移和上部承重结构使用状况两个子项。其中，排架柱水平位移较大，评为B级；上部承重结构的梁板柱等主要构件多处露筋、破损、腐蚀，评为B级。安全性包括结构整体性和结构承载能力两个子项。其中，结构布置合理，构造基本满足规范要求，整体性评为B级；经计算，结构承载力不满足要求，评为B级。综上，上部承重结构评为B级。

(3) 围护结构评级：通过现场的检查，该建筑围护结构存在较大缺陷，评为C级。

(4) 综合评级：根据评级结果，该楼的可靠性综合评级为C级，极不符合国家现行标准规范的可靠性要求，已严重影响整体安全，必须立即采取措施。

4. 加固修复建议

针对一号轧钢车间现状，建议采取以下措施：1）对混凝土构件锈胀剥落部位，将表面疏松混凝土彻底凿除，钢筋除锈，采用防腐砂浆或防腐混凝土进行修补；裂缝部位压力灌浆进行封闭，最后整体涂刷混凝土保护液。2）对强度不足的混凝土构件，可进行混凝土结构加固补强，提高承载能力。3）对开裂的墙体进行裂缝修补和补强处理。

6.2.2 再生利用方案评定

根据所在地的区位优势，结合西安市的总体规划，华清学院的规划设计按照整体功能协调的原则，对旧工业建筑进行了合理改造利用，同时保留了原来的路网和大量的原生树木、植被，利用原构件或设备形成了独特的工业景观。校园内主要的建筑物都是在原陕西钢铁厂的旧工业建筑的基础上进行局部改造或扩建完成的。

1. 整体规划

(1) 区位优势。原陕钢厂地处西安市二环与三环之间，位于东郊幸福南路西侧，周边聚集了多家大型企业。园区区位良好，是西安市未来发展的重点地段。根据《西安市城市总体规划（1995—2010）》，未来市区建设将实现两个转移：一是将部分城市功能转移到外围区域；二是调整改造中心市区，将一环以内的新增城市功能转移到二环与三环之间，重点开发二环沿线地带，加强二环沿线的基础设施建设，规划大片的住宅区和大型公用建筑。这些规划政策涉及园区周边的多个大型项目，为园区的建设提供了良好的外部环境和发展契机，对建大科教产业园的发展具有显著的促进作用。

(2) 分区规划。原陕钢厂同国内大部分国有企业一样，在生产经营模式上经历了从一体化经营到部分相对独立经营，至分公司承包经营，直至分公司独立运营的过程。这种生产经营模式的转变不仅体现在生产线流程的变化，也表现为工业建筑的分布格局，陕西钢铁厂的分区规划特点如图6.7所示。

(3) 教学园区功能区划。在陕钢厂原来功能分区的基础上，结合教育办学所需的基本功能将校区划分为教学区、运动区、综合服务区和住宿区。根据原有建筑物的特点和学校学生的使用要求将建筑体量大的一、二号轧钢车间所在区域规划为教学区；将原煤场所在区域改造为运动区；对于体量适中、造型独特的原煤气发生站片区规划为综合服务区；对简易建筑较多的原铁路专运线及东部仓储区进行整改变为住宿区，新功能分区如图 6.7 所示。这样的规划有效地契合了学生住宿、教学、运动等动静结合分区的规划思想。

图 6.7　陕钢厂再生利用模式分区

（4）路网设计。原陕钢厂作为生产特种钢的厂家，其产品属性决定了厂区内的道路宽敞且具有较大的回转半径，有足够的承载能力。因此，原厂区的道路质量较高，尤其是主干道保存完好，且路两侧的高大行道树是难得的稀缺资源。华清学院在建设过程中充分利用了原厂区的优良道路，对主干道进行了维护，并根据功能分区设置了多条辅道。同时对园内所有的成林树木保留修剪，进行测量定位编号，并且在校园建设过程中尽量减少对树木的破坏，对于确实需要避让的树木重新选址移栽。

（5）环境改造。陕钢厂在经历经营模式转变的过程中曾出现过各车间相对独立经营时期，当时为了适应各主体独立发展的要求，产生了大量简易、临时的小型建筑。在对华清学院整体规划时，为了满足校园景观设计和场地规划，拆除了大量小型建筑物。原陕钢厂的东方红广场为入口广场，在多年的发展和使用过程中聚集了大量的简易建筑物如车库、简易车间、小型仓库等，如图 6.8 所示。在再生利用过程中，华清学院将旧的小型建筑物拆除，对原场地进行重整绿化，建成了环境优美的校园绿荫广场，如图 6.9 所示。

原陕钢厂的一些构筑物如：烟囱、水塔、储料池等在华清学院的景观规划中被巧妙利用，将原本废弃的设备、设施重塑变成独具特色的景观风景和彰显个性的元素。图 6.10 为原陕钢厂二轧的机修车间露天跨，在景观设计中将其重新利用，拆除了吊车梁，在牛腿柱表面喷刷真石漆，既保留了其粗犷的外观又是对表面混凝土的保护，再加上各色彩旗迎风招展，活力四射。同时利用柱间空间形成阅报栏，满足了学生阅读报刊和学校宣传的需要。

图 6.8　东方红广场旧貌

图 6.9　重整的园区入口广场

图 6.11 为原陕钢厂煤气发生站的大型排风机，为其重新更换风机叶片，涂刷金属漆，伫立于操场草坪中，变身为靓丽的风车。图 6.12 为大型轧机齿轮备件，原本一直存放于库房中，原有简易库房拆除后，原址变为平坦的草坪。重达 20t 的铸铁齿轮没有费力搬除反而就地放置，通过对表面除锈打磨、刷漆防护，将其变为工业雕塑。

图 6.10　露天跨牛腿

图 6.11　大型排风机

图 6.12　轧机齿轮

2. 单体改造

西安建筑科技大学华清学院建设中，一号教学楼、二号教学楼、学生餐厅、工程训练中心、学生综合服务楼、图书馆、大学生活动中心等都是经旧工业建筑再生利用而重获新生，其中蕴含着值得借鉴的优秀设计手法。

（1）一、二号教学楼

1）概况。西安建筑科技大学华清学院的一、二号教学楼，是由原陕钢厂一、二号轧钢车间再利用建成的。其最大亮点在于，尊重原有建筑的空间视觉效果，完整保留了原厂房主体的钢筋混凝土排架结构。

2）技术途径。原陕钢厂的一号轧钢车间是陕钢厂建厂之初兴建的第一个大型厂房，始建于1958年，后期随轧钢工艺的发展，逐步扩建了部分附跨。一号轧钢车间见证了新中国成立之初，我国钢铁工业建设发展的历史，承载着三代陕钢人奋发图强、奉献青春的健康文化底蕴。再生利用将尊重原建筑本体，以延续和宣扬历史文化作为设计首要原则。设计建造中保留了原厂房的几乎所有承重构件，外观立面以轻质墙或橘红明框幕墙加以装饰，以轻质明快和鲜艳火热焕发旧工业厂房的青春；同时，同样规则和严格的线条与原厂房粗犷、井然的建筑构件相匹配辉映，教室的严谨与庄重的氛围得到了体现，如图6.13、图6.14所示。

图6.13　再生利用前的华清学院一、二号教学楼

图6.14　再生利用后的华清学院一、二号教学楼

3）再利用效果。以原陕钢厂的两个轧钢车间为物质基础，通过室内空间加层再生利用形成的一、二号教学楼，长度超过300m，建筑面积达32000m^2，教室120余间，可同时容纳近7000名学生上课，如图6.15、图6.16所示。

图6.15　轧钢车间改造为教室实景

图6.16　轧钢车间改造为教室实景

再生利用后的教室空间宽敞明亮，整齐规则的建筑构件向学生传达了庄重、严谨、务实的治学理念，新功能与形式得到了高度的统一。经过朴素整修的原厂房的牛腿柱、吊车梁、屋架、槽形屋面板等构件默默诉说着昔日工厂的辉煌与宏伟。如图6.17、图6.18所示。

以建筑类专业闻名的西安建筑科技大学华清学院，不仅通过再生利用较好地解决了学院教学场所问题，更是获得了生动完整的工业建筑实物模型，为其建筑类相关学科提供了现场教学的最佳物质基础。

图 6.17 原厂房屋架

图 6.18 原厂房柱、吊车梁

（2）学生餐厅

华清学院学生餐厅是利用原陕钢厂煤气发生站的一栋三层厂房和一栋单层厂房再生利用而成。原有的两个单体建筑之间的两端采用回廊闭合连接，闭合而成的中庭部位整体高度相对一致。屋顶用球形网架支撑钢化玻璃采光，形成采光屋顶。一、二号楼间除按防火要求设置疏散楼梯外，在宽敞的中庭设自动扶梯解决人流交通。餐厅建筑主入口立面采用内倾明框玻璃幕墙增大采光面积。整个建筑现代、时尚，室内就餐环境宽敞、明亮，交通流线简洁、适用，如图 6.19、图 6.20 所示。

图 6.19 再生利用前的华清学院学生餐厅

图 6.20 再生后的华清学院学生餐厅

（3）图书馆和大学生活动中心

图书馆是由一号轧钢车间西侧的原厂房经增层改造而成。其中中文书库大厅，系由原规划的校博物馆变更为书库使用，因而未做加层，有一定的使用面积浪费。其根本原因在于再生利用过程中的功能变更，并非设计不够周全，如图 6.21、图 6.22 所示。

华清学院大学生活动中心是由原单层工业厂房结构改造而成，建筑内部空间基本未作调整，仅在厂房内一侧增设了表演舞台和灯光音响等设施，并对室内墙面与屋顶进行装饰改造以满足隔音吸声和舞台灯光效果的要求。

图 6.21　再生利用前的华清学院图书馆

图 6.22　再生利用后的华清学院图书馆

（4）学生综合服务楼

华清学院学生综合服务楼是由原陕钢厂锅炉房再生利用而成，如图 6.23、图 6.24 所示。该工程建筑面积 3400m^2，原建筑物由 3 部分组成，分为主体、西段厂房和北侧附跨。主体厂房为三层，钢筋混凝土框架结构，原结构有梁柱无楼板，用于布置悬空设备；西段厂房为钢筋混凝土单层排架结构厂房，层高与主体三层顶基本一致，与主体平屋顶不同的是屋面体系为钢屋架槽形板坡屋面；北侧附跨为四层框架，其中一、二、三层与主体厂房楼层标高相同，四层层高较低，为顶层控制室。

图 6.23　再生利用前的学生综合服务楼（旧锅炉房）

图 6.24　再生利用后的学生综合服务楼

综合服务楼经结构加固改造后，重新装修。一层为学生浴室，二层、三层为文具、体育用品、打字复印、日常用品等与学生的生活和学习相关的商业门店。再生利用工程于 2005 年 3 月投入使用，运行效果良好。

6.2.3 再生利用结构设计评定

一、二号教学楼作为华清学院再生利用的重点项目其设计方案较为复杂。一、二号教学楼分别为原陕钢厂的一、二号轧钢车间，均为20世纪70年代建造的排架结构单层工业厂房，厂房的部分构件及屋面等部位已经老化。将车间改造为教学楼在国内尚属首例，其设计和施工无先例可循，难度较大，因此，将这两栋教学楼作为勘察设计的重点。

1. 最终结构设计总说明

这里以一号教学楼的最终结构设计图纸为例说明。

（1）设计概述

1）设计依据：依据现行设计规范和甲方提供的原厂房设计图纸。

2）本工程为改造项目（在原厂房内通过合理增层，分隔将厂房改造成教学用房）。加层部分：一层为框架结构，二层为钢筋混凝土柱与钢梁（无屋面板）组成的混合结构。

3）本工程结构安全等级为二级。

4）抗震设防：

a. 依据《建筑抗震设防分类标准》GB 50223，本工程为丙类建筑。

b. 依据《建筑抗震设计规范》GB 500111 及《中国地震动参数区划图》GB 18306，本地区抗震设防烈度为8度，设计地震分组为第一组，设计基本地震加速度值为0.20g；设计特征周期为0.45s。

c. 本工程场地类别为Ⅲ类。

d. 框架抗震等级为二级。

5）本地区基本风压为0.35kPa，基本雪压为0.20kPa，本工程楼面均布活荷载标准值：教室、办公室2.0kPa，卫生间、走廊2.5kPa，楼梯3.5kPa。

6）本设计未考虑冬期施工措施，施工单位应根据有关施工规范自定。施工单位在整个施工过程中，应严格遵守国家现行的各项施工及验收规范。

7）施工单位在施工过程中，应按施工规范的规定对跨度较大的梁板起拱。

8）本项目施工图平面表示与图集《混凝土结构施工图平面整体表示方法制图规则和构造措施》03G101-1 相配套。抗震等级为一至四级及非抗震时的框架梁、柱的构造均按该图集的相应等级采用。

（2）地基与基础

1）按照《建筑地基基础设计规范》GB 50007，本工程地基基础设计等级为丙级。

2）±0.000 相对高程及楼层顶面位置由业主及建筑设计单位现场确定。其中一轧二层楼面顶与牛腿根部平齐，相对标高为4.450m；二轧二层楼面顶与厂房牛腿顶面平齐，相对标高为4.650m。

3）地基、基础设计依据西北综合勘察设计研究院提供的工程地质勘察报告。

4）经综合比选，本工程采用人工挖孔灌注桩方案。

5）基础施工前应按《建筑场地墓坑探查与处理暂行规程》Q/XJ 104—64 进行墓探与处理。

6）回填素土的质量要求，当垫层厚度不大于 3m 时，其压实系数不得小于 0.93；当垫层厚度大于 3m 时，其压实系数不得小于 0.95。回填灰土的压实系数不得小于 0.95。基槽回填土和地坪下回填土亦应符合以上规定。

7）基坑（槽）开挖时施工单位必须采取有效措施，充分保证土体边坡、周围建筑物及其公用设施和施工人员的安全。基坑降水时应采取措施，保证周围建筑的稳定和安全。

（3）材料

1）混凝土结构的环境类别：本工程室外地坪以下与土壤接触部分的混凝土环境类别属于二 b 类，其他部位的混凝土环境类别属于一类。

2）不同类别环境中，设计使用年限为 50 年的结构混凝土耐久性的基本要求见表 6.2。

使用年限为 50 年的结构混凝土耐久性的基本要求

表 6.2

环境类别	最大水灰比	最小水泥用量	最大氯离子含量	最大碱含量
一	0.65	225kg/m^3	1%	不限制
二 b	0.55	275kg/m^3	0.2%	3.0kg/m^3

注：氯离子含量系指占水泥用量的百分率。

3）本工程混凝土结构材料应符合下列规定：抗震等级为二级的框架结构，其纵向受力钢筋采用普通钢筋时，钢筋的抗拉强度实测值与屈服强度实测值的比值不应小于 1.25；且钢筋的屈服强度实测值与强度标准值的比值不应大于 1.3。

4）混凝土。垫层：C10；承台、基础拉梁：C30；框架柱、梁：C30；构造柱、装饰柱（含基础）：C25；现浇板：C30。

5）钢筋：A 表示 HPB235 钢，B 表示 HRB335 钢，C 表示 HRB400 钢。

6）预埋件：Q235 钢。

7）焊条：E43 系列（焊 Q235 钢，HPB235 与 HRB335）；E50 系列（焊 HRB335）。

8）砌体：±0.000 以下，采用 MU10 普通黏土砖，M5 水泥砂浆砌筑。±0.000 以上隔墙采用加气混凝土砌块（卫生间部分采用 KPI 型空心砖），M5 混合砂浆砌筑。

（4）混凝土结构

1）受力钢筋的保护层厚度。a. 室外地坪以下：承台、拉梁为 40mm；框架柱为 35mm。b. 室外地坪以下：梁为 25mm，板为 15mm；框架柱为 30mm；构造柱为 20mm。

2）纵向受拉钢筋的最小锚固长度 l_a 见表 6.3 且不应小于 250mm。受拉钢筋绑扎搭接接头的搭接长度不小于 $1.2l_a$ 且不小于 300mm。

3）受拉钢筋接头当采用机械连接或焊接时应符合下列规范规程的要求。机械连接时接头的适用范围、构造和质量等应符合:《钢筋机械连接通用技术规程》JGJ 107;《带肋钢筋套筒挤压连接技术规程》JGJ 108;《钢筋锥螺纹接头技术规程》JGJ 109。

纵向受拉钢筋的最小锚固长度 l_a 表 6.3

钢筋型号 \ 混凝土强度等级	C20	C25	C30	C35
HPB235(Q235)钢筋	31d	27d	24d	22d
HRB335(16MnSi)钢筋	39d	34d	30d	27d
HRB400 钢筋	46d	40d	36d	33d

4)结构构件分别符合以下规定:

①板与次梁。

a. 板中受力钢筋的搭接接头应互相错开,在任一接头中心至 $1.3L_1$ 的区段内,有接头的受力钢筋的截面面积不得超过总面积的 25%。双向板板底短向钢筋在长向钢筋之下,板面短向钢筋在长向钢筋之上。

b. 次梁中钢筋的搭接接头应互相错开,在任一接头中心至 $1.3L_1$ 的区段内,有接头的受力钢筋面积不得超过总面积的 25%,且上部钢筋应在梁跨中三分之一跨度范围内搭接,下部钢筋应在梁支座三分之一跨度范围内搭接。在钢筋搭接长度范围内的箍筋间距 ≤100mm。

c. 外露现浇挑檐板、女儿墙或通长阳台板,每隔 12 ~ 15m 需设置温度缝,缝宽 20mm,位置由施工单位自理。当不设温度缝时应按图纸要求加大分布钢筋的配筋率。板或梁(包括框架梁)下有构造柱时,应在其下预埋钢筋,应严格按图施工。

②框架梁、柱。

a. 按设计施工图给定的抗震等级,选用《混凝土结构施工图平面整体表示方法制图规则和构造措施》03G101-1 图集中抗震等级为二级的构造内容。

b. 在梁、柱节点核芯区必须克服困难,按要求设置加密区箍筋,并保证混凝土振捣密实。

c. 框架梁、柱纵筋采用焊接接头。

d. 当次梁与框架梁或主梁同高时,次梁主筋应放在主梁钢筋的内侧。

e. 当梁(包括框架梁)侧留有 $D \leqslant 150$ 或 $b \times h \leqslant 200 \times 150$ 的套管或留洞时应严格按图施工。

f. 在梁或板底预埋电扇吊钩时应严格按图施工。

g. 当上柱的纵向钢筋总面积大于下柱时,应另加插铁予以补足。

h. 当柱的混凝土强度等级较梁、板的混凝土等级超过 C5 以上时:如先浇筑强度高的柱及节点混凝土，再浇筑强度低的柱混凝土时，需严格按图施工；如接缝两侧的混凝土同时浇筑时，随着两侧混凝土的浇入，逐渐提高中间隔板，并同时将混凝土振捣密实。

5）梁侧配置的腰筋在支座处均按受拉锚固，锚固长度严格按设计执行。

6）悬挑构件模板必须待混凝土达到100%后方可拆除。

7）钢筋混凝土结构施工中必须密切配合建施、水施、电施、设施和动施等有关图纸施工。如：配合建施图的楼梯栏杆、钢梯、平顶、门窗安装等设置埋件或预埋孔洞及柱与墙身的拉结钢筋等；电施的预埋管线、防雷装置、接地与柱内纵向钢筋按图要求焊接成整体等；水施和设施图中的预埋管及预留洞。

8）后浇带节点待缝两侧混凝土浇灌至少一个月后，将缝两侧混凝土表面凿毛、清洗后再用高一级微膨胀混凝土浇灌并加强养护。

（5）后砌墙的抗震构造措施

1）后砌墙与框架柱的拉结施工时必须配合建施图纸按隔墙位置施工，在柱内预留锚拉钢筋。

2）后砌隔墙，当墙高度>4m时，在墙高中部或门顶设置与柱连接的通长钢筋混凝土圈梁，圈梁梁宽同墙厚，梁高≥120mm，配筋：6、7度为≥4ϕ8，ϕ6@250，8度为≥4ϕ10，ϕ6@200，9度为≥4ϕ12，ϕ6@150。混凝土：C20。

3）后砌隔墙，当墙长>5m时，墙顶部应与梁或板拉接，根据抗震设防烈度，严格按图施工。

4）后砌隔墙与现浇板拉结，施工现浇板时，若板底有隔墙时，应严格按图施工并预留锚拉钢筋。

5）当梁悬挑长度>1.5m时，除按03G101-1第66页配筋外，尚应严格按图施工并加设弯起钢筋。

（6）其他

1）后砌墙上的门窗过梁见93G322，对于柱边的现浇过梁，施工柱子时应在现浇过梁处由柱内预留出钢筋。

2）构造柱应在主体完工后施工，必须先砌墙后浇柱，未注明构造柱截面为240mm×240mm，柱内竖向钢筋除注明者外均为4ϕ12，ϕ6@200，柱内竖向钢筋插入梁内或板内长450mm。

3）地坪上后砌120mm厚隔墙，基础应保证地坪下的回填土夯实密实，压实系数不得小于0.93。

4）所有外露铁件均涂红丹二度，色漆二度。

5）各层梁浇注前应准确预留构造柱、梯柱插筋。

6）本工程所示构造柱、装饰柱、门框立柱等非结构构件均应在主体完工后施工，并应采取措施，使其不成为主体结构构件支承点。

7）本工期按“建施图”所示隔墙计算，若要在其他部位设置隔墙，则必须采用不大于0.5kN/m的轻质材料。

8）场地内所有废弃管道必须可靠封堵，以防水沿管道流入地基土中。

9）室内地面应加强防水措施，其中卫生间应满足检漏防水要求。

10）根据现场具体情况，经商议后，可对本设计进行局部变更。具体见“变更联系单”。

11）植筋施工要求由具体植筋单位负责，植筋位置由现场确定。

12）所有新老混凝土接触面必须进行处理，应将老混凝土表面完全凿毛，露出坚固混凝土层，并清洗、湿润后方可浇筑新混凝土，且应充分振捣密实、加强养护，保证新老混凝土结合牢靠。

2. 结构设计方案的评定

（1）安全性S_1。最终选定的设计方案与未被采用的方案相比，加固改造后的结构性能优化程度均远高于原结构的安全性、抗震性、耐久性的要求，最终选择目标方案是基于方案的适应性、经济性等指标因素。

（2）适应性S_2。最终选定的设计方案与未被采用的方案相比，实施的方案能更好地实现使用功能的要求，不影响正常的教学及办公，而未被采用的方案一来会使整个结构体系发生改变（如增设剪力墙），二来会改变建筑的使用空间（如加大截面法）。

（3）经济性S_3。最终选定的设计方案与未被采用的方案相比，实施的方案加固改造成本、后续使用年限长、后期维护费用少、施工工期短。

（4）可行性S_4。最终选定的设计方案与未被采用的方案相比，施工工艺的复杂程度较低、施工作业的劳动强度较低、改造方法对机械的依赖程度较低。

（5）环保性S_5。最终选定的设计方案与未被采用的方案相比，几个方案施工过程中对空气污染及噪声污染程度相对均衡，未被选用是基于其方案经济性和适应性而确定的。

6.3 施工建造阶段

6.3.1 施工方案评定

华清学院为完成建设任务，制定了严格的项目管理体系。领导小组下设建设办公室具体负责建设工程项目管理工作，项目组织管理采用直线型组织形式。这种组织形式能有效加快工程进度，减少工程造价。项目实施中，将基础托换、地基处理，上部承重结构的加固，在原有结构上增加结构而进行的植筋，屋面防水、立面玻璃幕墙等工程通过招标指定分包，既接受业主方的领导，同时在生产进度安排上接受总包单位的领导。出于对旧工业建筑再生利用的复杂性的充分认识，华清学院建设管理班子通过一系列措施解决了设计图纸滞后，2003年“非典”期间施工单位劳动力不足，施工条件复杂等因素的影响。

1. 组织管理

（1）建立设计单位派驻现场代表制度，随时解决由于特殊情况不能正常组织施工的问题，同时根据条件变化完善图纸。这一制度在设计—施工总承包管理制度中已经十分健全，尤其适用于大型复杂项目。而在民用建筑项目管理中，使用较少，这一制度的引入，有效地解决了设计与施工的衔接问题。

（2）在招标文件中对专业性较强的分部分项工程明确保留指定分包的权利，为施工中根据总体进度安排，适时加快进度，组织施工创造了条件。如屋面防水、玻璃幕墙安装、局部加固等均采用了这种模式。

（3）组织小型施工队伍，由建设办公室随时调遣，根据需要对施工过程中临时发生的工程任务进行突击，对总包企业不能按进度目标完成的部分分部分项工程问题提供劳动力支援。实践中，华清学院组织了原陕钢厂维修工人，成立了内部的工程公司，添置了小型设备完成了大量的临时性工程任务，同时也解决了下岗职工的工作岗位。目前，该工程公司已经成功转型为门窗公司，于 2008 年正式独立运营，当年即实现注册资本金盈利 65% 的良好经济效益。

（4）加固改造施工由具有相应资质的专业施工队伍承担。由于施工过程所涉及的结构局部变形较大，特别是 12-26/（1/D）-F 区域受弯构件挠度较大，部分承重构件明显破坏下垂，给施工带来了极大的安全隐患。为此，根据实际情况的特殊性，确定了先设临时支撑，以便卸载和安全防护，拆除评级较差的严重受损构件，然后再进行加固改造施工。纵向考虑，先施工下层，再施工上层；先加固柱、墙体，再处理梁板。横向考虑，先施工危险和关键部位，再施工次要部位。在施工过程中对原有结构的保护、施工质量的控制特别是新老结构的结合面以及植筋锚固处理，是本工程施工控制的重点也是难点。

2. 勘察设计方案

按照一、二号教学楼的规划使用要求，需要在内侧做两层框架结构的基础。由于项目工期较紧，且难度较大，学校聘请了一家在西安具有相当实力的勘察单位对原厂房进行勘查。由于两个轧钢车间内部布满了废弃的设备及设备基础，进行普探的机械设备无法进入厂房内部，且两个轧钢车间平行相距不到 30m，受到这些实际现场条件的制约，勘查单位仅仅围绕两个轧钢车间的周边和中间区域进行了勘查，未对车间内部进行勘查，这对此后两个教学楼人工挖孔灌注桩的施工带来了一定困难。

该工程是将大型轧钢车间改造为教学楼，需要考虑旧结构对新结构的影响、新旧结构体系之间的差异以及教学楼的使用功能，同时还要兼顾美观要求及工期等实际情况，这在国内尚属首例，且无经验可循，故学校将该项目的设计指定给对项目情况较为熟悉且技术力量雄厚的西安建筑科技大学建筑设计院。在设计人员的全力配合下，项目的设计工作取得了一定进展，但仍然存在以下问题：

（1）设计工作未能配合施工工期。由于设计的拖延导致图纸提供不及时，或所供图纸不全，数次造成停工待图现象；

(2) 设计图纸的不完善导致设计变更、签证多，且给工期控制、成本控制带来较大困难。

(3) 设计中存在考虑不周全的地方，导致需在施工中寻求解决的办法。例如：新老结构之间的接缝处理、天窗的防水和旧厂房内侧受污染严重的墙面处理及原有牛腿柱、吊车梁的处理等。

(4) 规划不到位。原规划图书馆的设计面积不够，不能满足广大师生使用要求及教育部评估的要求，只能在项目改造完成后将校博物馆改为图书馆中文书库大厅。原博物馆在规划时未做增层，改为图书馆使用后造成使用面积上的浪费。

3. 结构加固改造施工方案

华清学院在对建筑物进行再利用过程中综合运用了多种结构加固技术；且在实施过程中，原设计加固措施受施工部位特殊构造的影响无法进行，多次根据现场情况变更了加固措施。该工程采用的改造加固措施主要有如下几个内容：

(1) 保持主体和北侧附跨的整体三层构造，西侧厂房内新建结构与主体结构连通，建筑物整体三层，局部四层（北侧附跨四层）；

(2) 建筑物基础加固采用扩大基础断面的形式加固，开挖暴露原基础，采用钢筋混凝土植筋外包原基础，扩大断面；新增结构采用同样的基础形式——独立柱基础，各基础之间设连梁连接；

(3) 原结构梁柱大部分采用增大截面法加固技术，破损严重的构件经钢板全部外包后再采用钢筋混凝土外包；

(4) 拆除主体结构东段一部分破损严重的顶层，减轻结构自重，消除安全隐患。经重新装修后，形成观景露台；

(5) 新增的结构梁以及原梁外包钢筋混凝土的钢筋，采用高强结构胶植入原结构柱或主梁；

(6) 拆除西侧原单层厂房的大型屋面板，减少荷载，局部加固原钢屋架后，整体除锈涂刷防锈漆后改装夹芯彩钢板形成屋面围护结构。

6.3.2 施工过程结构安全分析

(1) 各阶段模型的建立与分析

本书就一号轧钢车间全过程施工过程进行有限元模拟，对结构受力变化和刚度变化进行分析，从而确定最优施工方案和具体施工措施。在有限元分析过程中，根据施工流程选取以下4个模型进行分析：原厂房结构模型、拆除施工结构模型、加固改造施工结构模型和再生利用完成后的厂房结构模型。通过对原厂房结构模型的分析，可以得出排架柱、梁等厂房结构、构件的内力情况，进而对其强度、平面内外稳定性等进行初步分析验算。然后以原厂房的分析数据为参考，对加固改造过程中以及之后的厂房结构变化情况进行对比分析，为加固改造施工的安全合理进行提供依据。

（2）结构分析模型

使用结构分析软件 SAP2000 对原厂房结构整体三维建模，进行有限元分析。施工过程阶段所关注的内容是对加固改造全过程进行受力分析，而不是正常使用条件下的受力情况，所以在对原厂房进行受力分析时，只需要对施工时结构所承受的荷载进行分析即可。一般情况下，整个厂房的再生利用施工过程较短，本工程工期要求很紧，所以在加固改造过程中不考虑风荷载和地震荷载。该三维立体模型只建立了厂房的主要构件，对于局部小构件，按照荷载的传递方式作为恒载作用到相应构件上。建立的模型如图 6.25 所示。

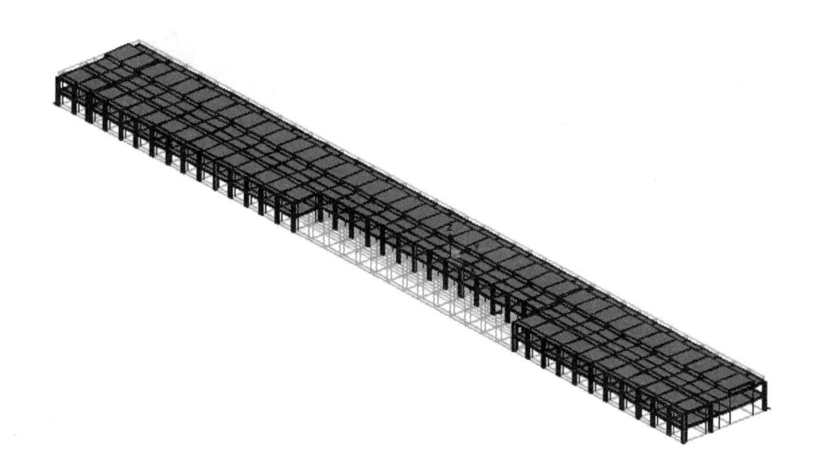

图 6.25　原厂房结构分析模型

结构加固改造后新增了部分竖向构件，无法采用一个模型进行施工全过程模拟，因此定义以结构拆除时间作为分界点，将厂房加固改造施工过程划分为几个阶段，在各阶段内建立分析模型，研究结构在各阶段中最不利的若干状态，采用生死单元法来描述结构变化的过程，既符合实际情况，又大大缩短了模型的计算周期。

荷载时变采用分步加载和单元分组技术来实现，模型考虑时间依存效果，每个施工阶段分析时，均继承上个施工阶段的内力和位移作为初始状态，同时激活当前施工阶段的单元、荷载和边界条件进行分析。

（3）模拟工况制定

该项目需将原有围护结构拆除，内部新建 2 层，采用边拆边建的施工顺序进行模拟，由图 6.26 中排架柱再生利用前后立面对比可知需要将施工模拟分为 4 个阶段。以第 1 阶段为例，在原有结构上拆除围护结构，然后拆除原有结构严重受损（评级为 c、d 级）的构件，结构变化如图 6.26（a）所示。其余 3 个阶段与第 1 阶段类似，如图 6.26（b）、（c）、（d）所示，施工模拟工况描述见表 6.4。

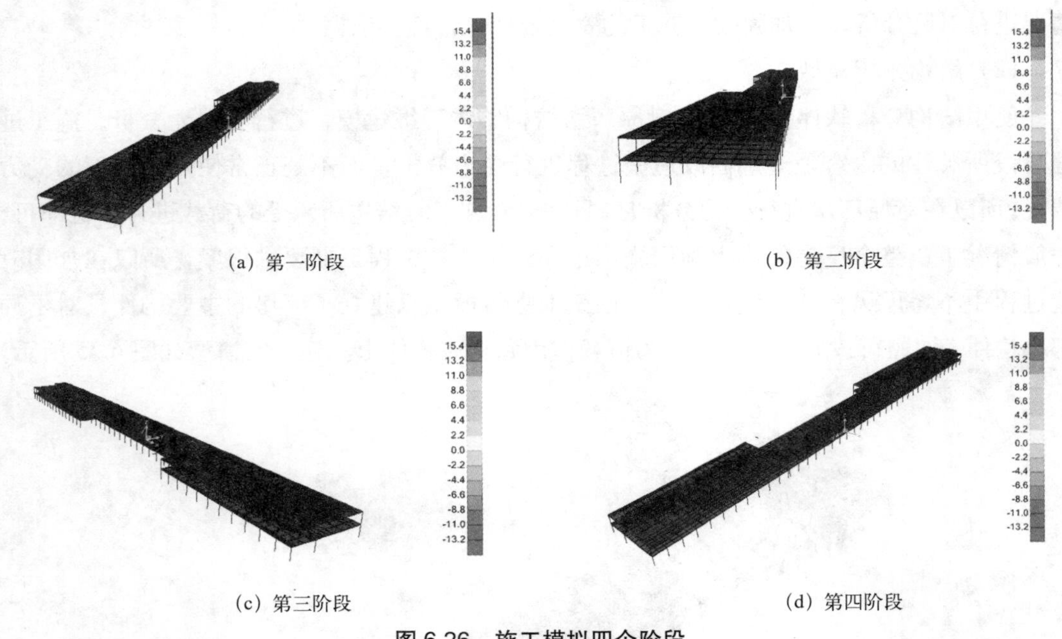

(a) 第一阶段　(b) 第二阶段

(c) 第三阶段　(d) 第四阶段

图 6.26　施工模拟四个阶段

施工模拟工况　**表 6.4**

序号	施工阶段	工况	工况描述
1	第一阶段	I_{cs1} I_{cs2}	激活新加第一层柱 钝化原有结构
2	第二阶段	II_{cs1} II_{cs2}	激活新加第一层梁、板 钝化原有结构
3	第三阶段	III_{cs1} III_{cs2}	激活新加第二层柱 钝化原有结构
4	第四阶段	IV_{cs1} IV_{cs2}	激活新加第二层梁、板 钝化原有结构

(4) 计算条件假定

为方便模拟在原有结构上逐步加载和卸载的情况，接近实际施工过程中结构的受力状态，对施工模拟分析作如下假定：

1) 以基础及地基加固处理完毕，自重作用下沉降完成后，作为初始相对零位移状态。

2) 不考虑混凝土弹性模量随龄期变化对结构受力情况的影响，在拆除原有结构层时，新加结构层和原有结构层材料为常数，新加楼层已具备平面内刚度和承载能力，楼板设置考虑刚性板，梁、柱、墙考虑刚接。

3) 永久荷载根据荷载规范取值；施工期间活荷载的确定比较复杂，与施工工序和施工周期有关，目前尚无统一的标准。考虑到施工过程中堆载情况严重，根据最新荷载规范，

对将要拆除作业相邻的新加楼层楼面活荷载取值为 4.0kN/m^2。

4）由于施工周期较短，不考虑出现概率极小的偶然荷载，该厂房处于建筑密集区，楼层较低，本次分析不考虑地震荷载和风荷载的影响。

（5）施工模拟结果及分析

1）整体结构内力变化

根据结构构件的特点，运用大型有限元分析软件对划分的 4 个施工阶段分别建模计算，基于一般有限单元分析法，采用梁单元和板单元建立仿真分析模型，计算得到各工况下的结构内力图。第一阶段两个工况下结构内力图如图 6.27 所示。

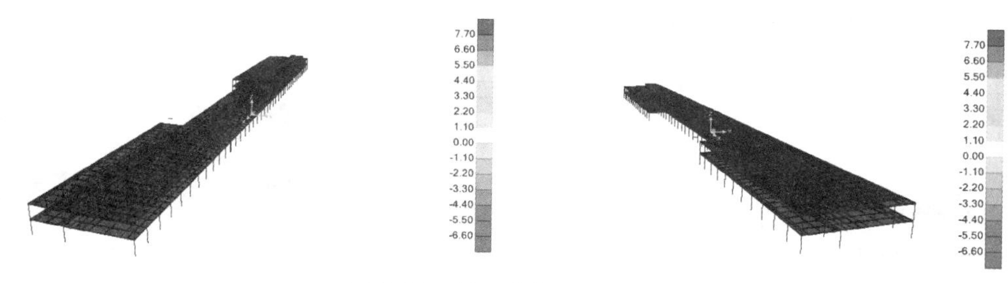

图 6.27　第一阶段结构内力图

从结构内力图可知：①在假定计算条件下，整个加固改造过程中，结构体系的变化对新旧水平构件内力影响不大。最大内力值出现在原有结构层横向梁和新加结构层横向框架梁中，是由于横向梁跨度大，且施工中活荷载取值较大导致。相对结构加层设计最终状态，施工期间结构荷载组合值较小，水平构件内力值低于加固改造后设计值，承载力完全满足要求。②厂房加固改造过程对原有排架柱轴力影响明显，其影响程度沿柱高方向依次减弱，且随着新老结构形式的转变，不同位置的排架柱轴力变化趋势不同。

2）排架柱内力变化

厂房原有排架柱承载力是否满足要求是本次加固改造能否顺利进行的关键。为进一步掌握排架柱内力在施工过程中的变化规律，选择局部轴线排架进行柱轴力分析。根据该增层改造设计方案，基于实际情况制定了先拆除后增层的施工顺序，将时变结构理论引入增层改造施工模拟分析中，以结构拆除时间为分界点将施工过程划分为 4 个阶段，分阶段建模计算得到整个过程中结构内力变化的规律。该结构增层改造对新旧水平构件内力影响不大，对原有排架柱轴力的影响较大，影响沿柱高方向逐渐减弱。

加固改造过程中排架柱由主要传力构件逐步成为次要构件，轴力值大幅度减小，只需在加固改造初始阶段临时加固处理；排架边柱在整个改造过程中基本在超初始状态轴力的情况下服役，应对其采取永久性补强加固处理。此外，根据计算结果可对施工过程进行调整，提高改造效率。

6.3.3 施工过程结构安全监测

整个施工过程中对厂房进行了施工监测，改造效果良好，验证了施工顺序的合理性，厂房现已投入使用，可见为保证施工的安全顺利进行，有必要进行恰当的施工模拟分析，做到心中有数，本工程实例能为今后类似工程提供参考。

1. 监测内容

为了确保该加固改造工程的工程质量和施工安全，应进行必要的监测工作，根据监测数据及时调整施工部位和工序。监测内容主要包括：

（1）受损严重的梁、柱内力监测；

（2）梁在不同工况下的挠度变形监测；

（3）裂缝开展情况跟踪监测。

2. 测点布置

根据监控关键区域的原则，在施工过程中，对受损最严重的12-26/（1/D）-F结构进行监测。

（1）梁柱内力监测布点

采用电阻应变计短期测试与光纤光栅传感器长期测试相结合的方法。对于梁构件均采用电阻应变计测试监控。在监控梁跨中处，底部原两侧纵筋上布置两个应变测点，同时在新加纵筋和混凝土相应部位上布置测点，共布置56个测点。

对于结构柱，由于受力比梁大，受上部荷载影响大，为了较好地对加固后结构受力状况进行长期测试评估，在受损严重柱的原有钢筋区域采用光纤光栅测试，共布置6个测点，其余采用电阻应变计测试监控，共布置37个测点。

（2）梁挠度变形监测布点

采用水准仪对梁1/4、1/2和3/4跨处挠度进行监测。

（3）裂缝跟踪监测布点

对12-26/（1/D）-F轴区域16个较宽裂缝位置采用智能裂缝测深仪进行跟踪监测。

3. 监测结果分析

（1）设置临时支撑梁的变形监测

临时支撑是加固施工的重点之一，是关系到施工能否顺利进行的关键因素。支撑设置在加固开始前完成，对支撑前后梁的挠度进行监测，结果见表6.5，表中‘－’为上挠，‘+’为下挠。

从表中可以看出，支撑完毕后梁的向下挠度均有不同程度减小，梁在支撑后跨中挠度基本控制在 $\pm L/500$ 之内。从数据及现场情况可以看出梁在实际支撑中存在如下特点：

1）在支撑反顶过程中，梁内力并非完全单调变化。当梁出现反向挠度，受力体系发生转换，梁体顶部纵向钢筋和混凝土由承受压应力变成拉应力，而底部纵向钢筋和混凝土则由拉应力转变为压应力。

支撑前后梁的挠度变形结果 表 6.5

梁轴号	临时支撑前挠度			临时支撑后挠度			挠度变形值		
	1/4 跨	1/2 跨	3/4 跨	1/4 跨	1/2 跨	3/4 跨	1/4 跨	1/2 跨	3/4 跨
13/E-F	12	21	13	8	11	8	− 7	− 10	− 6
15/E-F	11	19	16	5	8	5	− 6	− 11	− 11
16/(1/D)-F	9	18	12	7	13	10	− 2	− 5	− 2
21/(1/D)-F	18	23	15	2	6	2	− 16	− 17	− 13
24/(1/D)-F	11	13	8	7	9	5	− 4	− 6	− 4
……	……	……	……	……	……	……	……	……	……

2）梁挠度变化值受梁截面尺寸、上部荷载、约束条件及支撑结构体系等综合影响较大。截面尺寸大、荷载水平高的梁，跨中的弯矩值较大，对支撑有较高要求。

3）支撑处近似为一集中力作用，易造成被支撑梁局部应力过大。因此，支撑方案易采取两点或多点支撑，使梁构件受力均匀、合理。

（2）板拆除过程梁柱内力监测

局部楼面板拆除时，对其支承梁、柱进行实时监控。典型拆板过程应变图如图 6.28 所示，其为 12-26/（1/D）-F 拆除过程中周围梁柱构件应变图。本文中所有应变值，正值表示受拉，负值表示受压。

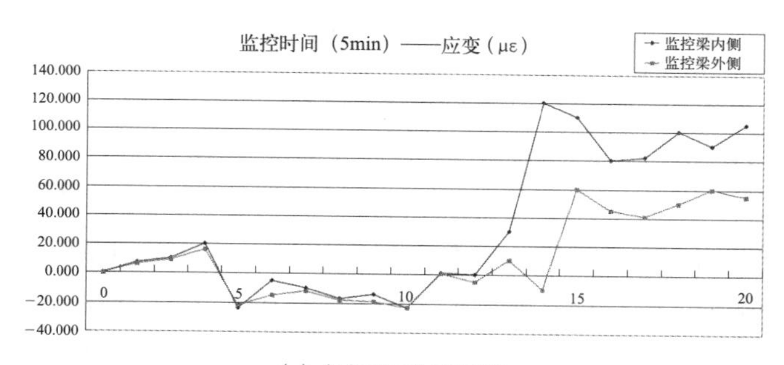

（a）拆板施工时梁应变

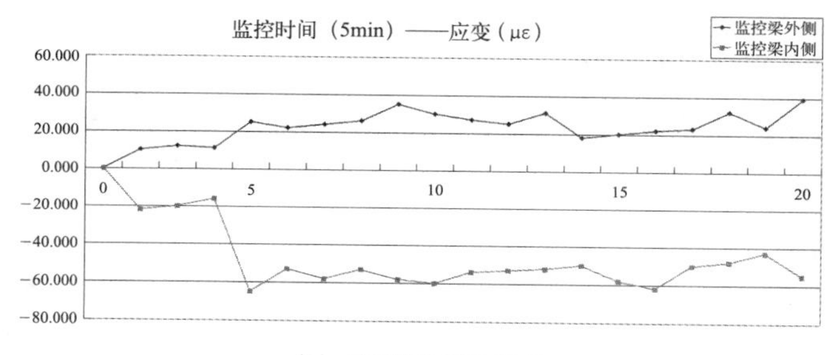

（b）拆板施工时柱应变

图 6.28 拆板施工梁柱应变图

（3）加固施工梁柱内力监测

1）梁柱钻孔对结构内力的影响监测

对柱顶和梁体的电锤钻孔分别进行应变监测，分析钻孔对梁柱构件的影响程度。柱顶端钻孔对梁影响较小，梁应变值均在 30με 内起伏波动；柱主筋应变值变化稍大，主要表现为受压，变化最大值达到 −120με，曲线表现出波动状。这可能是钻孔造成柱端混凝土局部破坏，受压面积减少，部分内力转移到纵筋的原因。因此，柱端钻孔直径大、个数多时，应对其进行必要的卸载和安全防护。

2）拆除卸载支撑结构应变与变形监测

卸载支撑的拆除作为结构构件的加载过程，对结构的影响在加固设计与施工时都应该引起充分重视。支撑拆除前后梁挠度变形值见表 6.6。

支撑拆除前后梁挠度变形值（单位 mm） 表 6.6

序号	变化值	1/4 跨	1/4 跨	1/4 跨
1	拆支撑前挠度	7	11	8
2	拆支撑后挠度	9	14	9
3	挠度变形实测值	2	3	1
4	挠度变形计算值	0.332	0.545	0.332

由表 6.6 可以看出，梁的挠度及其变化均在允许的范围内，实测值与计算值有所差别，原因可能是由于仪器系统误差以及测量误差引起的，同时计算模型与实际结构也存在一定误差。从整个拆除卸载支撑过程的监测分析数据可知：

①拆板和梁支撑前后梁新旧钢筋和新加混凝土均呈拉伸趋势，新加钢筋增加的幅度最大，其次为新加混凝土，再为原梁底筋。而柱的新旧钢筋和新加混凝土均呈受压趋势，应变变化幅度由原纵筋、新加纵筋、新加混凝土依次减小，但相差值不大。

②拆梁支撑时，梁柱测点的应变趋势与拆板支撑施工相似，但曲线较陡，变化值大些。主要是由于三方面的原因引起的，一方面，支撑拆除后，周围梁柱构件加载，梁柱混凝土和钢筋受力产生弹性或弹塑性变形；另一方面，板支撑拆除后，增加荷载很大部分由梁支撑分担卸载，当梁支撑拆除时，全部荷载均由梁承担并传给周围柱，使得应变骤增；再一方面，加固后原梁纵筋靠近中和轴，相对新加纵筋其对抵抗弯矩的作用较小。

（4）裂缝跟踪监测

测试频率根据施工进度由前期每天两次到后期每天一次，每个测点共测试了 36 个数据，测试结果如图 6.29 所示。由结果分析可知，在整个施工过程中，裂缝宽度变化不大，总体呈现出下降趋势，但并不是线形变化，而是呈上下反复变化的小幅度下降。

其原因可能为以下两点：①随着施工进行，天气逐渐变冷，砌体热胀冷缩引起裂缝宽度整体减小；②人工测量误差以及每天温度差异引起测量值呈现复杂变化。监测数据说明：在加固施工过程中，砌体结构受到的影响不大。

综上所述，由整个施工过程的监测结果可知，卸载支撑在整个施工过程中支撑的效果对加固质量起着重要的作用，本工程整个施工阶段受力均处于较合理状态。

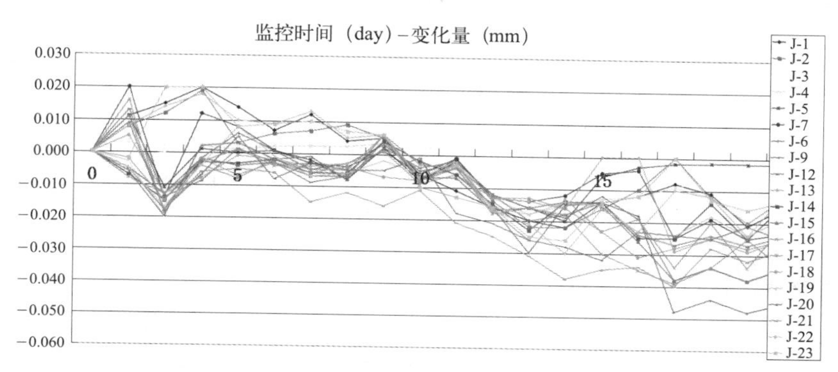

图 6.29 裂缝跟踪监测值

6.4 质量验收阶段

一、二号教学楼的加固改造工程主要加固措施有：基础采用扩大断面法加固、原梁柱采用增大截面法加固，原结构柱或主梁采用高强结构胶植筋加固等；在此对该加固改造工程所要进行的验收项目从材料进场、施工工序、竣工三个阶段进行介绍。

6.4.1 材料进场检测验收

该加固改造工程所用到的需进行验收的材料见表 6.7。

加固改造工程质量验收材料汇总 表 6.7

序号	检验材料	检验项目	检验数量	检验合格率
1	混凝土原材料	水泥	按照专业规范	100%
		外加剂	按照专业规范	100%
		粗、细骨料	按照专业规范	100%
		水质	按照专业规范	100%
2	钢筋	外观质量	按照专业规范	98%
		力学性能测验	按照专业规范	99%
3	裂缝修补用注浆料	安全性能	按照专业规范	100%
		工艺性能	按照专业规范	100%

续表

序号	检验材料	检验项目	检验数量	检验合格率
3	裂缝修补用注浆料	水质	按照专业规范	100%
		灌注用器具及封缝材料的质量	按照专业规范	100%
4	混凝土用结构界面胶	正拉粘结强度及其破坏形式	按照施工要求	100%
		剪切粘结强度及其破坏形式	按照施工要求	100%
		耐湿热老化性能	按照施工要求	100%
5	植筋用结构胶粘剂	工艺性能	按照施工要求	100%
		拉拔测试	按照施工要求	100%

（1）混凝土原材料的检测验收

无论是地基基础加固工程还是梁柱加固工程都必不可少的要用到混凝土材料，那么该工程对于混凝土原材料的验收主要包括对水泥、外加剂、粗细骨料、水质的检测，由于水质用的是华清学院的饮用水，故而可以直接使用。对于混凝土原材料的部分检测报告如图 6.30 所示。

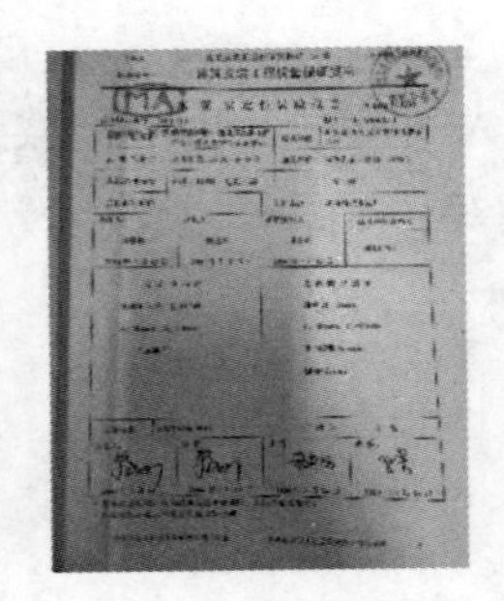

（a）水泥检测报告

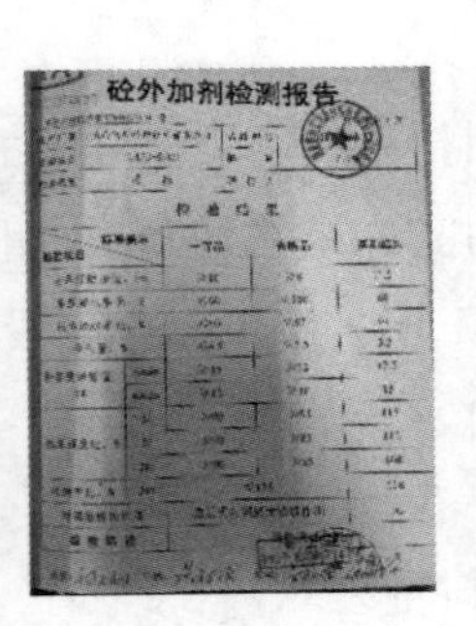

（b）混凝土外加剂检测报告

（c）细骨料检测报告

（d）粗骨料检测报告

图 6.30　混凝土原材料的质量检测相关报告

该工程对于混凝土原材料及混凝土本身的检测均参照《混凝土结构工程施工质量验收规范》GB 50204 规定进行，检测合格率达到 100%。

（2）钢筋的检测验收

对于基础和上部承重结构的增大截面法的加固工程，钢筋也是其中一项必不可少的加固材料，那么本加固工程钢筋的质量检测项目包括对钢筋的力学性能、抗震性能、化学性能、再生钢和钢号以及外观的检测。该工程对于钢筋的部分检测项目以及部分检测报告如图 6.31 所示。

对于一、二号教学楼的加固改造过程中用的钢筋的检测项目合格率大概为 98%，其中有一批钢筋进场检测时有锈蚀现象，经查原因，是由于材料进场前一周连续下雨，保护不周所致，后经钢筋除锈作业，对该批钢筋继续使用，其力学性能、抗震性能以及化学性能等均未受到影响。

（a）钢筋外观质量检测

（b）钢筋力学性能测试

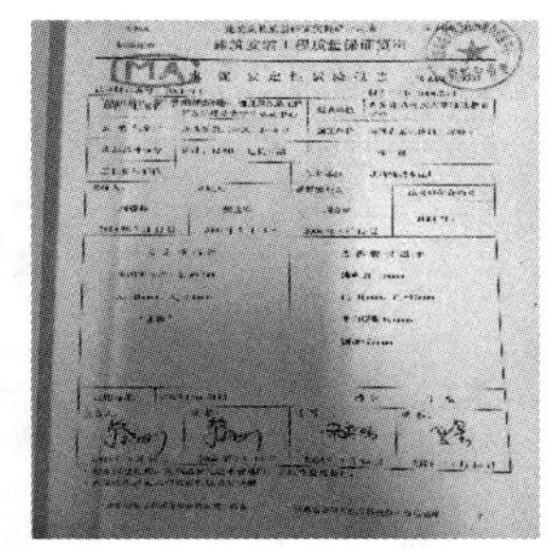

（c）力学性能检测报告

图 6.31　钢筋现场检测及检测报告

（3）裂缝修补材料用注浆料

一、二号教学楼即原陕钢厂的一、二号轧钢车间，均为 20 世纪 70 年代建造的排架结构单层工业厂房，厂房的部分构件及屋面等部位已经老化，出现部分裂缝，故而该工程的裂缝修补工程也必不可少。裂缝修补用材料为改性环氧注浆料，对其品种、型号、出厂日期及出厂检验报告等进行检查并对其安全性能和工艺性能进行见证抽样复验，其复检结果符合现行国家标准《混凝土结构加固设计规范》GB 50367 及其他相关规范的要求。

（4）混凝土用结构界面胶

该工程对于基础以及上部承重结构梁及原梁、柱的加固工程中应用到高强结构胶将钢筋植入，对于混凝土用结构界面胶的选用，用的是改性环氧类界面胶，结构界面胶一次进场到位。进场时，对其品种、型号、包装、中文标志、出厂日期、产品合格证、出厂检验报告等都进行了检查。同时还对该界面胶与混凝土的正拉粘结强度及其破坏形式、剪切粘结强度及其破坏形式、耐湿热老化性能进行了质量检测，并对界面胶的涂刷工艺针对每项加固工程至少试涂五处进行检测。

该工程的界面胶质量验收按照相关要求标准规定，按进场批次，每批见证抽取 3 件；从每件中取出一定数量界面剂经混匀后，为每一复验项目制作 5 个试件进行复验，并对每项结构界面胶涂刷作业均试涂三个界面。经复验，该工程检测到的结构界面胶均符合相关规范标准要求，且经观察试涂质量，发现涂刷均匀，操作简便，如图 6.32 所示。

（5）植筋结构胶粘剂

该工程对于结构梁及原梁的钢筋采用高强结构胶进行植筋。对该工程的植筋结构胶粘剂的检测是进场时首先对其品种、级别、批号、包装、中文标识、产品合格证、出厂日期、出厂检验报告等进行检查，并对其钢—钢拉伸抗剪强度、钢—混凝土正拉粘结强度和耐湿热老化性能等三项重要性能指标以及该胶粘剂不挥发物含量进行见证取样复验，并进行了试验，如图 6.33 所示。其检测结果均符合相关规范标准规定。

(a) 施工现场

(b) 界面处理

图 6.32 界面胶试涂

(a) 胶粘剂施工

(b) 植筋

图 6.33 植筋胶粘剂试验

6.4.2 施工工序质量验收

华清学院一、二号教学楼对梁、柱的加固措施采用的是增大截面法，即通过增加原构件的受力钢筋，同时在外侧新浇混凝土以增大截面，达到提高构件的承载力、刚度、稳定性和抗裂性的目的。这种加固方法具有施工工艺简单、实用经验丰富、受力可靠、加固费用较低等优点，很容易被人们接受，因而这种方法被大量应用于该工程项目。

(1) 基础加固工程

对于该工程基础的加固工程，其施工流程如图 6.34 所示。

1) 基础开挖

基础开挖采用机械加人工的方式进行，在开挖初期采用小型挖掘机以提高施工效率，

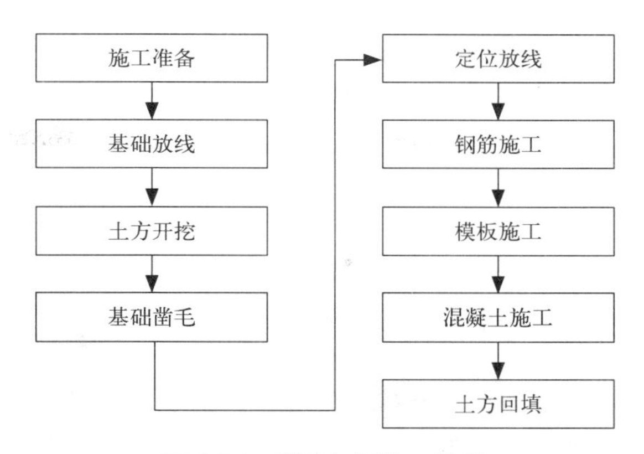

图 6.34　基础加固施工流程

随时开挖，人工配合机械随时修整，如图 6.35 所示。根据水平放线标高挖至基础顶面标高以上 100mm 处，之后采取人工挖土方式继续开挖清底，以避免机械开挖不慎损伤原结构基础结构的情况发生。清底人员必须根据设计标高做好清理工作，不得超挖。如果超挖不得将松土回填，以免影响基础的质量。对于土方开挖的质量验收检测按照《建筑地基基础工程施工质量验收规范》GB 50202 的相关规定进行。检验项目主要包括主控项目的标高、长度、宽度以及一般项目的表面平整度、基底土性等项目。检测结果为主控项目全部合格，一般项目满足规范要求。

2）界面处理

基础加固工程土方开挖后进行下一道工序，即界面处理。混凝土构件增大截面加固技术关键在于新、旧混凝土能否协同工作，核心是结合面剪力能否有效地传递。因而界面的处理十分重要，该工程采用的界面处理方法是人工凿沟槽，即采用尖锐、锋利凿毛机在基础表面凿出沟槽，如图 6.36 所示，并用钢丝刷等工具清除原基础构件表面的松动的骨料、砂砾、浮渣和粉尘，并用清洁的压力水进行清洁保持干净，之后对每个基础的表面进行观察和触摸检查，检查合格后才进行下一项作业。这是因为原基础表面经凿毛之后，虽曾经过一次清洗，但若作业人员稍有疏忽，仍有可能遗留一些影响新旧混凝土粘结强度的局部缺陷、损伤或污垢。另外在界面处理好后，按设计文件的要求涂刷结构界面剂，对结构界面胶也进行了进场复验。

本工程在实际检测过程中发现个别的界面处理不合格，依然存在松动石子、浮砂等现象，后经返工处理再次检查并经由监理工程师签字后才进行下道工序。

3）钢筋工程

新增受力钢筋、箍筋及各种锚固件、预埋件与原结构的正确连接和安装，是确保新增截面与原基础截面安全而可靠地协同工作的最重要一环。因此施工过程中应严格遵守相关规范规定，如图 6.37 所示。

该项目基础加固工程的钢筋的检测项目包括外观质量检测、纵向受力钢筋的连接方式的全数检验、钢筋安装质量的检验以及钢筋隐蔽工程的验收项目，如箍筋、横向钢筋的品种、规格、数量、间距、预埋件的规格、数量、位置等。经检测，以上项目基本满足相关规范规定。

图 6.35　基础土方开挖

图 6.36　基础界面凿毛

图 6.37　基础加固钢筋工程

4）模板工程

该项目基础加固工程中的模板工程质量检验类同传统项目的检验项目，对模板承载力及模板隔离剂的质量检验、模板安装过程中质量的控制以及预制构件模板安装偏差的控制。还包括模板拆除工序的质量控制，支架拆除时的混凝土强度等，按照相关规范规定进行检测验收，验收过程中存在个别不符合规范要求，后经重新调整继续施工。其部分施工过程图及检验报告如图 6.38、图 6.39 所示。

图 6.38　模板工程

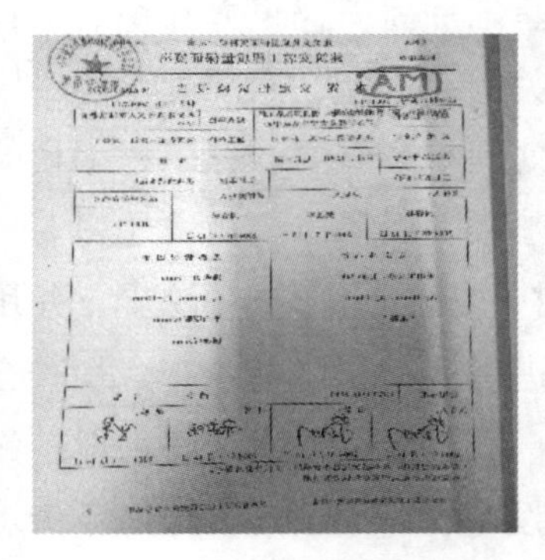
图 6.39　模板过程检验报告

5）混凝土工程

该项目基础加固工程中的混凝土分项工程施工工序质量检验包括水泥、混凝土中掺用外加剂、粉煤灰，普通混凝土所用的的粗、细骨料和拌合用水等原材料，配合比设计，混凝土施工等工序的质量检验，以及施工过程的混凝土强度的检验、施工缝及后浇带的质量的检验和养护过程中的质量检验。另外对基础加固工程中混凝土施工的质量验收从浇筑的质量、尺寸偏差、新旧混凝土结合面质量偏差（粘结质量、粘结强度）、新增混凝土保护层厚度的质量偏差等项目进行。该基础加固工程对于以上检验项目均符合规范要求，但是在浇筑完混凝土后对保护层厚度的检查存在一些偏差，通过返工整顿，恢复正常施工。其施工及检验报告如图 6.40、图 6.41 所示。

图 6.40 混凝土工程

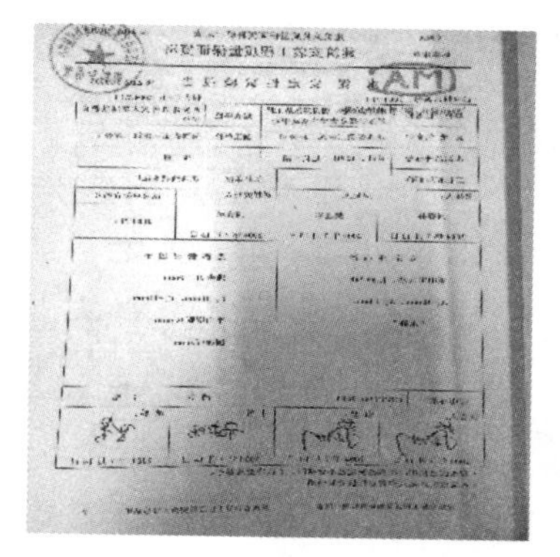

图 6.41 混凝土浇筑工程检测检验报告

6）土方回填

该基础加固工程的土方回填检测项目参照传统项目的相关规范《建筑地基基础工程施工质量验收规范》GB 50202 进行施工质量的检验，检验的项目均为合格。

（2）上部承重结构梁柱加固工程

对于该工程上部承重结构的加固工程，其施工流程如图 6.42 所示。

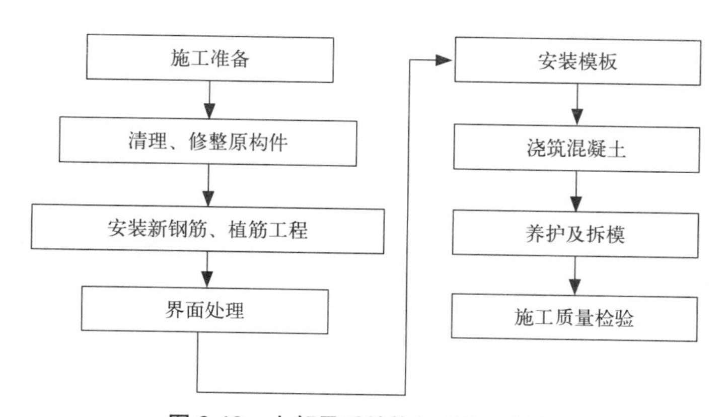

图 6.42 上部承重结构加固施工流程

上部承重结构梁柱的增大截面加固法的质量验收项目类似于基础增大截面法的检验项目。相对于基础增大截面加固法少了基础开挖和土方回填分项工程，该加固工程在浇筑混凝土前，对以下项目内容进行了检验：

1）界面处理及涂刷结构界面胶的质量；

2）新增的钢筋（包括植筋）的品种、规格、数量和位置；

3）新增的钢筋或植筋与原构件钢筋的连接构造及焊接质量；

4）植筋的质量；

5）预埋件的规格、位置。

其模板架设、钢筋加工、焊接和安装，以及新混凝土的配制（包括工作性能的检验）、浇筑、养护、强度检验及拆模时间等，均按照国家标准《混凝土结构工程施工质量验收规范》GB 50204的相关技术规程执行。

另外对于上部承重构件梁柱的加固工程也应用到了植筋分项工程，植筋工程的施工工序为：划线定位－钻孔－清除孔尘－灌注结构胶－钢筋处理－植入钢筋－养护固化－质量检验，如图6.43所示。

(a) 柱钻孔注入胶

(b) 植入钢筋

(c) 植筋完成

图6.43 植筋工程工艺

1）划线定位：设计图纸在植筋的平面位置上，用墨线或直尺划出纵横线条；

2）钻孔：钻孔一般要垂直混凝土构件平面，倾斜度不大于8°（特殊要求除外）；

3）清孔除尘：采用高压水冲洗（但是保证在植筋前，孔内已经达到干燥）；

4）注入胶：用专用工具将搅拌好的胶注入清洗过的孔内；

5）钢筋处理：用电动钢丝刷清除钢筋表面的锈蚀，用酒精清除钢筋表面油污及灰尘；

6）植入钢筋：将处理好的钢筋，植入灌注好结构胶的孔内；钢筋植入定位后保持3天，待结构胶固化原材料再受力。

（3）裂缝修补工程

该工程由于使用年限已经很久，大多数构件已经损坏老化，出现较多裂缝，因此，裂缝修补工程对于该改造项目也是异常重要。该工程的裂缝修补施工流程为：裂缝复查—制订技术修补方案—清理、修整—原构件含水率控制—裂缝修补施工—修补质量检验。界面处理分项工程的施工工艺与基础、梁柱等加固工程的相同，所以需要检测的项目也相同。其部分工艺流程如图6.44所示。

（a）裂缝面清理

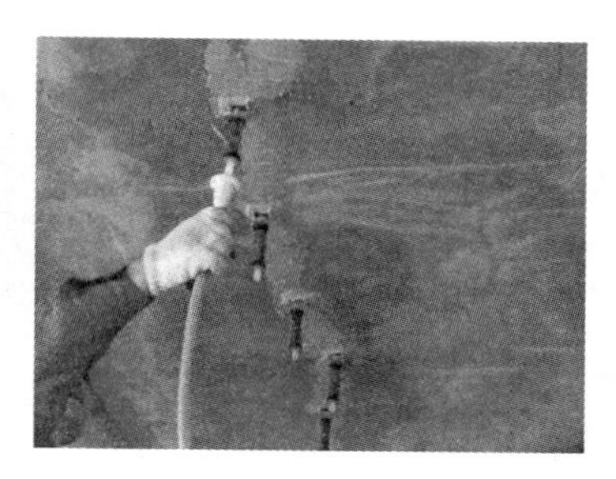

（b）裂缝注浆

（c）修补完成

图 6.44 裂缝修补措施

该工程采用的裂缝修补措施为注浆修补法。施工前对其裂缝修补胶液的品种、型号及进场复验报告进行了全数检查，以确保修补质量。七天之后，采用超声波探测法对浆体饱满度进行测定，见证抽测的数量为裂缝总数的 15%。检查结果为裂缝修补质量合格率达 90%，其中部分不合格的裂缝处返工重新施工，再对其进行检测。

（4）围护结构加固工程

该工程的围护结构改造主要分为两种，一种是幕墙结构，另一种是砖墙结构。砖墙围护结构的质量验收参照《砌体结构工程施工质量验收规范》GB 50203 进行验收活动，该项目所用砖墙围护结构的检验项目基本符合要求。

幕墙围护结构质量验收主控项目包括各种材料、构件、组件的检验，造型与立面分格的检测，玻璃质量检测，与主体结构连接件的检测，连接紧件螺栓的质量，明框幕墙玻璃安装的质量，幕墙防水检测，结构胶及密封胶打注检测等。以上质量验收检测项目均参照《建筑装饰装修工程质量验收规范》GB 50210 等相关规范。检测结果基本符合设计规范要求及质量验收规定。

另外还对一般项目包括表面质量、玻璃表面质量、铝合金型材表面质量、明框外露框或压条质量、密封胶缝、隐蔽节点以及明框幕墙的安装偏差进行了质量检验。检验的结果表明各项参数符合设计要求，如图 6.45 所示。

（a）幕墙材料检测报告

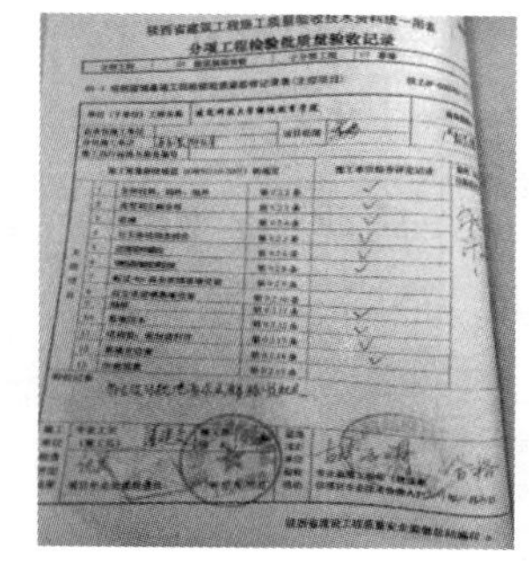

（b）幕墙安装主控项目检测报告

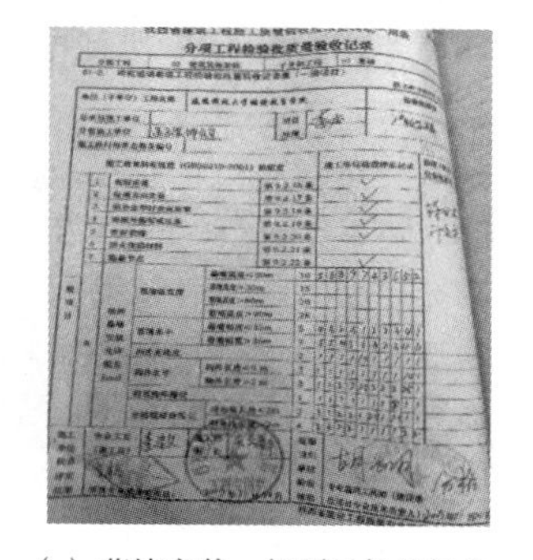

（c）幕墙安装一般项目检测报告

图 6.45 砖墙、幕墙结构及检测报告

(d) 砖墙围护内部结构

(e) 幕墙围护内部结构

(f) 幕墙围护外部结构

图 6.45　砖墙、幕墙结构及检测报告(续)

6.4.3　竣工验收

(1) 竣工验收组织

华清学院的一、二号教学楼加固改造工程质量验收的检验批及分项工程均由监理工程师组织施工单位专业技术负责人及专业质量负责人进行验收；子分部工程如界面处理工程也是由监理工程师组织施工单位项目负责人和技术、安全、质量负责人进行验收，验收时设计单位工程项目负责人及施工单位部门负责人一同参加验收；在各个子分部工程竣工验收完成后，施工单位将各个分部工程的验收报告呈交给华清学院，然后由华清学院指派其加固工程负责人组织施工、设计、监理等单位负责人进行分部工程竣工验收，如图 6.46 所示；各分部工程竣工验收合格后，再办理有关建档和备案等事宜。

由于该类改造项目在全国是首例，并无具体规范可供参考，多参照传统项目的质量验收规范。在竣工验收时出现几处争议，对于存在争议且对加固改造工程的安全和质量有影响的检测项目，交由陕西省西安市工程质量监督机构协调处理。

(a) 新增钢构件截面尺寸检测

(b) 混凝土强度检测

(c) 保护层厚度检测

(d) 钢结构硬度检测

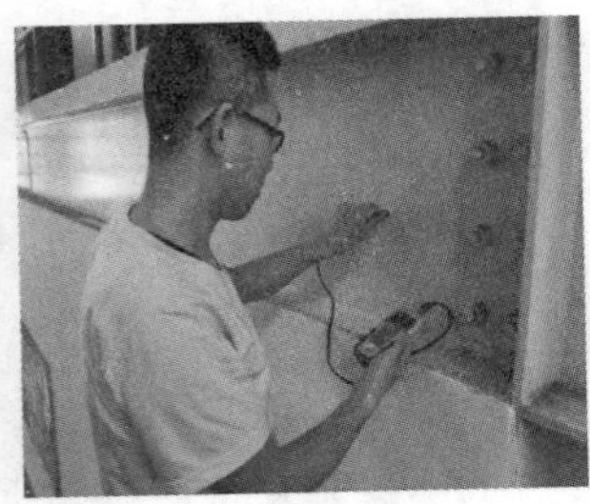
(e) 钢结构板厚检测

(f) 钢结构涂层厚度检测

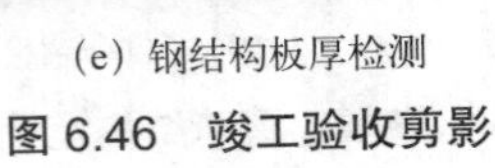
图 6.46　竣工验收剪影

（2）竣工验收要求

该加固改造工程的质量验收主要参照以下相关专业的验收规范标准：

1）《建筑工程施工质量验收统一标准》GB 50300；

2）《建筑地基基础工程施工质量验收规范》GB 50202；

3）《砌体结构工程施工质量验收规范》GB 50203；

4）《混凝土结构工程施工质量验收规范》GB 50204；

5）《钢结构工程施工质量验收规范》GB 50205；

6）《建筑装饰装修工程施工质量验收规范》GB 50210。

该加固改造工程的隐蔽工程在隐蔽前均已由施工单位通知有关单位进行验收，并形成文件，且竣工验收均在施工单位自行检查评定合格的基础上进行，对于涉及结构安全的检验项目如柱加固工程，均按规定进行见证取样检测，且其检测报告的有效性均得到监理人员的认可。

（3）竣工验收资料文件

华清学院一、二号教学楼加固改造工程项目的竣工验收资料包括：

1）设计变更文件及签证文件；

2）加固用原材料、产品出厂检验合格证及原材料、产品的进场见证抽样复验报告；

3）现场结构加固工程的各个工序如界面处理、新旧结构的连接处等的检查记录及检验报告；部分现场影像资料如图 6.47 所示；

（a）内部增层空间

（b）玻璃幕墙

（c）混凝土吊车梁

（d）新增钢结构吊车梁

图 6.47　竣工验收图片

4）施工过程的质量验收记录；

5）施工过程中隐蔽工程如混凝土浇筑前的钢筋工程的质量检查验收记录；

6）验收过程中出现质量问题的处理方案及后续验收记录；

7）其他装饰装修等质量验收文件和记录；

8）其他一般工程项目的质量验收记录和文件。

（4）验收质量不合格的处理

该项目在验收过程中对于质量不合格的分部分项工程，均由施工单位返工重做，并重新检查、再次验收。若经返工后仍不能满足安全使用要求的加固改造工程，则不能进行验收，直至满足要求。

6.5 使用维护阶段

西安建筑科技大学华清学院是在对陕钢厂经过再生利用而形成的大学教育园区，是旧工业建筑再生利用的典范。旧工业建筑再生利用项目，不同于以往新建项目，在使用维护阶段的检测与评定也呈现了独有的特点。

（1）定期清扫。原陕钢厂旧工业建筑再生利用后，基本保留了原有工业建筑的基本结构，虽然再生利用后教学园区没有原工业厂区的大量粉尘，但也应该定期清扫屋面，特别是在遇到大雪天气，应做好及时清理积雪的准备。

（2）主要结构构件维护。原陕钢厂旧工业建筑再生利用项目，是在保留原有承重结构和围护结构的情况下做的功能改变，因此对于原结构构件除了需要定期安全检测与评定之外，还需要定期保养维护。对裸露的钢构件刷涂防锈漆，对开裂的混凝土构件及时封补等。现以 2016 年 1 号教学楼日常定期检测与评定为例进行深入分析和总结，主要从结构性能检测、结构分析与校核、结构性能评定三个方面分别进行介绍。

6.5.1 结构性能检测

（1）现场检查结果

1）原始资料调查。原始资料调查包括：原设计图纸；竣工图；设计变更；工程洽商记录等。华清学院 1 号教学楼图纸资料基本齐全，本次检测与评定主要依据收集到的部分资料以及现状检查、检测结果进行结构性能评定。

2）地基基础检查。华清学院 1 号教学楼采用钢筋混凝土独立基础。在对基础的检查中，上部结构未发现明显的倾斜、变形等缺陷，建筑地基和基础无静载缺陷，地基基础基本完好。

3）排架柱现状检查。经检查目前排架柱现状基本完好，其中部分柱（39/J、40/J、41/J、42/J、43/J、44/J、45/J、47/J、51/J、52/J、53/J 等）采用增大截面法进行了加固处理，大部分柱脚存在抹灰脱落、破损等缺陷，部分柱（23/J、24/J、25J、35/J）存在抹灰破损、钢筋露筋、钢筋锈蚀、裂缝等严重缺陷，如图 6.48 所示。

（a）露筋

（b）保护层脱落

（c）裂缝

图 6.48　排架柱缺陷

4）原吊车梁检查。经检查，现场未发现吊车梁梁体存在明显的开裂、损伤、变形及腐蚀，极个别吊车梁存在竖向轻微裂缝，如图 6.49、图 6.50 所示。

图 6.49　排架柱裂缝

图 6.50　吊车梁缺陷

5）屋架、屋面板、屋面支撑系统检查。屋盖系统主体由钢屋架、混凝土屋面板、屋面支撑系统组成。经检查，屋架杆件布置及几何尺寸与原设计基本相符，但钢构件部分存在极个别锈蚀现象；节点板连接尚未出现螺栓松动、锈蚀现象；屋面板存在局部抹灰剥落现象，具体如图 6.51 所示。

6）围护结构系统检查。经检查，墙体存在抹灰脱落现象，尚未出现其他明显缺陷，如图 6.52 所示。

（2）现场检测结果

依据《民用建筑可靠性鉴定标准》GB 50292、《建筑结构检测技术标准》GB/T 50344 等规范，选择抽样方案，确定抽样比例，对结构构件进行现场检测。

1）构件尺寸复核。现场对华清学院 1 号教学楼排架柱进行了构件尺寸复核，复核结果见表 6.8。构件尺寸按实测值进行结构承载力验算。

图 6.51 屋盖系统缺陷

图 6.52 墙体抹灰脱落

柱构件尺寸复核结果

表 6.8

构件位置	图例	数据 (mm)		构件位置	图例	数据 (mm)	
13/J		a	405	40/J		a	815
		b	200				
		c	545			b	1470
		d	132				
15/J		a	395	43/J		a	820
		b	200				
		c	540			b	1470
		d	125				
……							

2）混凝土碳化及钢筋直径检测。现场对华清学院 1 号教学楼排架柱进行了碳化深度检测，部分检测结果见表 6.9，现场如图 6.53 所示。钢筋直径按实测值进行结构承载力验算，现场如图 6.54 所示。

混凝土碳化检测结果

表 6.9

构件位置	碳化深度（mm）	构件位置	碳化深度（mm）
13/J	3.0	21/J	2.5
14/J	3.5	25/J	3.5
15/J	2.5	28/J	3.0
16/J	3.0	32 /J	2.5
……			

图 6.53 碳化深度检测

图 6.54 钢筋直径检测

3）混凝土强度检测。现场对华清学院 1 号教学楼排架柱进行了混凝土强度回弹检测，现场如图 6.55、图 6.56 所示，部分检测结果见表 6.10，取实测值进行结构承载力验算。

图 6.55 混凝土强度检测

图 6.56 砂浆强度检测

混凝土强度检测结果 表 6.10

构件位置	平均值 m^{c}_{fcu} (MPa)	标准差 s^{c}_{fcu} (MPa)	最小值 $f^{c}_{cu,min}$ (MPa)	推定值 $f_{cu,e}$ (MPa)
13/J	42.4	3.37	37.0	36.9
15/J	41.7	3.97	35.4	35.2
16/J	41.7	3.72	36.7	35.6
21/J	40.8	3.15	36.8	35.6
25/J	41.5	2.78	37.4	36.9
28/J	41.6	3.50	36.4	35.8
……				

4）钢筋配置检测。现场对华清学院 1 号教学楼排架柱进行了钢筋配置检测，现场如图 6.57、图 6.58 所示。钢筋配置按实测数据进行承载力验算。

图 6.57　构件截面尺寸检测

图 6.58　钢筋配置及保护层厚度检测

5）混凝土钢筋保护层厚度检测。现场对华清学院 1 号教学楼排架柱进行了混凝土钢筋保护层厚度检测，部分检测结果见表 6.11，取实测数据进行承载力验算。

柱钢筋保护层厚度检测结果　　表 6.11

构件位置	保护层厚度（mm）					
13/J	38	35	37	35	35	39
14/J	35	36	38	32	35	37
18/J	38	42	41	37	42	36
23/J	37	39	35	40	37	38
28/J	36	41	38	36	39	35
32/J	38	35	39	37	39	36
……						

6）混凝土密实度检测。现场对华清学院 1 号教学楼结构缺陷较为明显的排架柱进行了混凝土密实度检测，观测位置及数据分别如图 6.59、图 6.60 所示，部分检测结果见表 6.12。

图 6.59　构件混凝土密实度检测

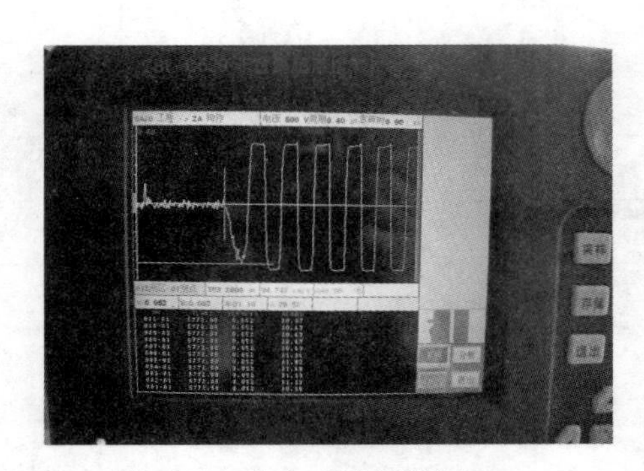

图 6.60　密实度检测结果

混凝土密实度检测结果

表 6.12

构件位置	测点号	测距(mm)	声速(km/s)	幅度(dB)	测点号	测距(mm)	声速(km/s)	幅度(dB)
24/J	001-01	5772	0.052	30.10	007-01	5772	0.052	30.63
	002-01	5772	0.052	31.13	008-01	5772	0.052	32.67
	003-01	5772	0.052	31.13	009-01	5772	0.052	30.63
	004-01	5772	0.052	31.60	010-01	5772	0.052	30.63
	005-01	5772	0.052	31.82	011-01	5772	0.052	30.37
	006-01	5772	0.052	31.36	012-01	5772	0.052	30.37
……								

7）钢结构里氏硬度检测。现场对华清学院 1 号楼钢柱及钢梁进行了里氏硬度检测，现场如图 6.61、图 6.62 所示，部分检测结果见表 6.13，取实测数据进行承载力验算。

图 6.61　构件里氏硬度检测

图 6.62　构件里氏硬度检测

钢构件钢材抗拉强度检测表

表 6.13

构件位置	部位	抗拉强度 δ_b（MPa）			平均值 δ_b（MPa）	对应钢材抗拉强度 δ_b 的范围
10/J	腹板	662	594	644	648	>460
	翼缘	651	698	637		
43/F	腹板	716	655	712	678	>460
	翼缘	684	640	662		
……						

8）钢构件防腐涂层厚度检测。现场对华清学院 1 号楼钢结构部分进行了钢构件防腐涂层厚度检测，现场如图 6.63、图 6.64，部分检测结果见表 6.14 所示。

图 6.63 构件涂层厚度检测

图 6.64 构件涂层厚度检测

钢构件涂层厚度检测结果

表 6.14

构件位置	部位	检测结果（μm）					构件位置	部位	检测结果（μm）				
10/J	腹板	255	266	254	284	250	20-21/F	腹板	357	353	366	320	330
	翼缘	292	241	262	307	299		翼缘	322	310	248	320	278
4/M	腹板	362	297	273	326	376	21-22/F	腹板	357	353	366	320	330
	翼缘	163	172	165	178	134		翼缘	329	404	427	383	396
43/F	腹板	320	736	638	572	467	1-5/M	腹板	204	232	207	249	186
	翼缘	347	407	335	480	491		翼缘	248	272	209	210	235
……													

9）变形观测。现场对华清学院 1 号教学楼进行了倾斜观测和沉降观测，观测位置及数据如图 6.65 所示。

根据现场观测结果可知：华清学院 1 号教学楼在沉降观测期间，符合《建筑变形测量规范》JGJ 8—2007，整体沉降速率不大于 0.02 ~ 0.04mm/d 的沉降稳定性指标要求。依据《民用建筑可靠性鉴定标准》GB 50292，牛腿柱侧向位移＜＜ $H/200$，砌体墙侧向位移＜＜ $H/350$，均评定为 A_u 级。

6.5.2 结构分析与校核

通过对华清学院 1 号教学楼进行现场检测，根据现场数据及搜集到的实测数据，建立计算模型并进行承载力计算。

（1）承载力计算说明

本次验算构件材料强度按照现场检测后推定强度，以现行规范的材料强度确定混凝土及钢筋的等级。采用建筑工程设计计算软件 PKPM 进行结构承载力校核验算，计算的主要流程如下：建立计算模型；输入结构整体信息、荷载作用信息和其他结构设计参数等；按照实测值调整结构计算控制参数（如几何尺寸、强度等），以保证结构计算分析结果可

(a) 沉降观测

(b) 沉降观测

(c) 排架柱垂直度检测

(d) 墙体垂直度检测

图 6.65 变形监测工作剪影

以真实反映结构现状；进行整体结构计算，并对计算结果进行总结归纳。

(2) 计算荷载

1) 荷载种类。恒载：包括构件自重、抹灰、装饰重量等；活荷载：屋面活荷载、楼面活荷载等；地震作用。

2) 荷载取值。按原设计和使用要求，上人屋面活荷载标准值取 2.0 kN/m^2，非上人屋面活荷载标准值取 0.7 kN/m^2；风荷载：0.45kN/m^2；地震作用：抗震设防烈度为 7 度，设计基本地震加速度值为 0.10g，设计地震第一组；其余荷载按《建筑结构荷载规范》GB 50009 取值。

3) 荷载效应组合

荷载效应组合按公式 (6-1) 计算：

$$S=\gamma_{\mathrm{G}}S_{\mathrm{Gk}}+\gamma_{\mathrm{Q}_1}S_{\mathrm{Q}_1\mathrm{k}}+\sum_{i=2}^{n}\gamma_{\mathrm{Q}_i}\psi_{\mathrm{c}_i}S_{\mathrm{Q}_i\mathrm{k}} \tag{6-1}$$

式中：γ_{G}——永久荷载的分项系数；

γ_{Q_1}、γ_{Q_i}——分别为第 1 个和第 i 个可变荷载的分项系数；

S_{Gk}——按永久荷载的标准值 G_{k} 计算的荷载效应值；

$S_{\mathrm{Q}_1\mathrm{k}}$——按第 1 个可变荷载的标准值 $\mathrm{Q}_{1\mathrm{k}}$ 计算的荷载效应值，该荷载的效应大于其他

任意第 i 个可变荷载的效应；

S_{Q_ik}——按第 i 个可变荷载的标准值 Q_{ik} 计算的荷载效应值；

γ_G、γ_{Q_1}、γ_{Q_i}——分别为永久荷载、第 1 个可变荷载和其他第 i 个可变荷载的荷载效应系数；

ψ_{c_i}——第 i 个可变荷载 Q_i 的组合值系数。

进行承载力验算时，分项系数分别取为 $\gamma_G=1.2$，$\gamma_{Q_1}=1.4$。

(3) 验算结果

1）整体计算模型。采用 PKPM 软件建模进行计算分析，简化后的整体模型如图 6.66 所示。

图 6.66　计算模型

2）计算结果。通过建模计算与结构实体对比分析，梁、柱等承重构件安全裕度均大于 1.0，承载能力满足要求。

6.5.3　结构性能评定

华清学院 1 号教学楼结构可靠性评定，包括安全性评定和使用性评定，按照构件、子单元和鉴定单位逐级进行评定。

(1) 构件评级

1）安全性评级。混凝土构件的安全性评级按承载能力、构造以及不适于继续承载的位移（变形）和裂缝四个检查项目，分别评定每一受检构件的等级，并取其中最低一级作为该构件安全性等级。由于部分排架柱存在积露筋、裂缝等缺陷，最终确定构件安全性评级为 b_u 级。

2）使用性评级。混凝土构件的使用性评级应按位移和裂缝两个检查项目，分别评定每一受检构件的等级，并取其中较低一级作为该构件使用性等级。由于部分排架柱、梁存在长度不等的裂缝缺陷，混凝土构件使用性评级为 b_s 级。

(2) 子单元评级

1）地基基础评级

①安全性评级。经过现场对地基基础的观测，并未发现由不均匀沉降引起的竖向构件歪斜变形和明显的有害裂缝，地基基础系统安全性评定为 A_u 级。

②使用性评级。地基持力层情况良好，上部结构未发现因不均匀沉降造成的结构构件开裂和倾斜，建筑地基和基础无静载缺陷，地基基础基本完好，地基基础系统使用性评定为 A_s 级。

2）上部承重结构系统评级

①安全性评级。上部承重结构的安全性评定等级，应根据各种构件的安全性等级、结构整体性等级以及结构侧向位移等级进行确定，见表 6.15。

上部承重结构安全性评级　　表 6.15

混凝土构件	结构整体性	侧向位移	安全性评级
B_u	A_u	A_u	B_u

②使用性评级。上部承重结构的使用性评定等级，应根据各种构件的使用性等级和结构的侧向位移等级进行评定，见表 6.16

上部承重结构使用性评级　　表 6.16

构件	侧向位移	使用性评级
B_s	A_s	B_s

3）围护结构评级

①安全性评级。围护系统承重部分的安全性评定等级，应根据该系统专设的和参与该系统工作的各种构件的安全性等级，以及该部分结构整体性的安全性等级进行评定，见表 6.17。

围护系统结构安全性评级　　表 6.17

屋面	围护墙	结构间联系	结构布置及整体性	安全性评级
B_u	A_u	A_u	A_u	B_u

②使用性评级。围护系统的使用性评定等级，应根据该系统的使用功能等级及其承重部分的使用性等级进行评定如表 6.18 所示。

围护系统使用性评级　　表 6.18

屋面防水	吊顶	非承重内墙	外墙	门窗	地下防水	其他防护	使用性评级
A_s	A_s	B_s	A_s	A_s	A_s	A_s	B_s

（3）鉴定单元可靠性综合评级

华清学院 1 号教学楼可靠性综合评级结果见表 6.19。

可靠性综合评级结果　　表 6.19

<table>
<tr><th colspan="2">层次</th><th>二</th><th>三</th></tr>
<tr><th colspan="2">层名</th><th>子单元评定</th><th>评定单元综合评定</th></tr>
<tr><td rowspan="4">安全性评定</td><td>等级</td><td>A_u、B_u、C_u、D_u</td><td>A_{su}、B_{su}、C_{su}、D_{su}</td></tr>
<tr><td>地基基础</td><td>A_u</td><td rowspan="3">B_{su}</td></tr>
<tr><td>上部承重结构</td><td>B_u</td></tr>
<tr><td>围护系统</td><td>B_u</td></tr>
<tr><td rowspan="4">使用性评定</td><td>等级</td><td>A_s、B_s、C_s</td><td>A_{ss}、B_{ss}、C_{ss}、D_{ss}</td></tr>
<tr><td>地基基础</td><td>A_s</td><td rowspan="3">B_{ss}</td></tr>
<tr><td>上部承重结构</td><td>B_s</td></tr>
<tr><td>围护系统</td><td>B_s</td></tr>
<tr><td rowspan="4">可靠性评定</td><td>等级</td><td>A、B、C、D</td><td>Ⅰ、Ⅱ、Ⅲ、Ⅳ</td></tr>
<tr><td>地基基础</td><td>A</td><td rowspan="3">Ⅱ</td></tr>
<tr><td>上部承重结构</td><td>B</td></tr>
<tr><td>围护系统</td><td>B</td></tr>
</table>

依据《民用建筑可靠性鉴定标准》GB 50292，华清学院 1 号教学楼可靠性评定为Ⅱ级，即可靠性略低于鉴定标准对Ⅰ级的要求，但尚不显著影响整体的承载功能和使用功能。

（4）加固修复建议

针对可靠性评定等级为Ⅱ级的现状，结合结构实际情况建议采取以下措施进行修复：

1）对混凝土构件锈胀剥落部位，将表面疏松混凝土彻底凿除，钢筋除锈，采用砂浆或防腐混凝土进行修补；裂缝部位采用压力灌浆进行封闭，最后整体涂刷混凝土保护液。

2）对内承重墙体抹灰脱落区域进行修复，对屋顶缺陷部位裸露锈蚀区域进行除锈，表面凿毛并增补高强混凝土。

参考文献

[1] 李慧民．土木工程安全管理教程 [M]. 北京：冶金工业出版社，2013.

[2] 李慧民．土木工程安全检测与鉴定 [M]. 北京：冶金工业出版社，2014.

[3] 李慧民．土木工程安全生产与事故案例分析 [M]. 北京：冶金工业出版社，2015.

[4] 孟海，李慧民．土木工程安全检测、鉴定、加固修复案例分析 [M]. 北京：冶金工业出版社，2016.

[5] 中华人民共和国住房和城乡建设部．建筑结构检测技术标准 GB/T 50334—2004 [S]. 北京：中国建筑工业出版社，2009.

[6] 中华人民共和国住房和城乡建设部．混凝土结构现场检测技术标准 GB/T 50784—2013[S]. 北京：中国建筑工业出版社，2013.

[7] 中华人民共和国住房和城乡建设部．钢结构现场检测技术标准 GB/T 50621—2010[S]. 北京：中国建筑工业出版社，2010.

[8] 重庆市土地房屋管理局．危险房屋鉴定标准 JGJ 125—99[S]. 北京：中国建筑工业出版社，1999.

[9] 四川省建设委员会．民用建筑可靠性鉴定标准 GB 50292—2015[S]. 北京：中国建筑工业出版社，2015.

[10] 中冶建筑研究总院有限公司．工业建筑可靠性鉴定标准 GB 50144—2008[S]. 北京：中国建筑工业出版社，2008.

[11] 西安建筑科技大学．旧工业建筑再生利用技术标准 T-CMCA4yyy—2017[S]. 北京：冶金工业出版社，2017.

[12] 王林．结构有限元分析实用方法及技巧 [J]. 钢铁技术，2008，(05)：45-48+52.

[13] 赵玲娴，郑七振，杨珏，王宝梁．工业厂房加层改造施工过程的模拟分析 [J]. 水资源与水工程学报，2015，(02)：204-208.

[14] 杨晓婧．既有工业建筑增层改造结构方案选型 [J]. 工程抗震与加固改造，2014，(04)：126-130.

[15] 吴晶晶．单层工业厂房抽柱改造的全过程受力分析 [D]. 苏州：苏州科技学院，2015.

[16] 丁丽萍．钢结构厂房托梁拔柱改造技术与安全管理研究 [D]. 武汉：华中科技大学，2011.

[17] 胡海波．火灾后混凝土结构力学性能分析及加固施工监控应用研究 [D]. 长沙：湖南大学，2008.

[18] 欧阳煜，胡莹，蔡志鸿．某改造建筑局部外墙的加固施工全过程分析 [J]. 施工技术，2009，(11)：80-82.

[19] 宋奕潮．某既有钢筋混凝土单层工业厂房加固方法比较研究 [D]. 西安：西安建筑科技大学，2014.